BIBLIOTHÈQUE COLONIALE INTERNATIONALE
Institut colonial international. — Bruxelles

7me SÉRIE

Les
différents systèmes
d'Irrigation

Documents officiels précédés de notices historiques

Tome II

CANADA. — COLOMBIE BRITANNIQUE. — ÉTATS-UNIS DE L'AMÉRIQUE DU NORD

INSTITUT COLONIAL INTERNATIONAL
36, RUE VEYDT, BRUXELLES

BRUXELLES	**PARIS**	**LONDRES**
Établissements généraux d'imprim., successeurs de Ad. Mertens. 14, rue d'Or, 14.	Augustin CHALLAMEL rue Jacob, 17.	LUZAC & Co Great Russel street, 46, W. C.

BERLIN	**LA HAYE**
A. ASHER & Co 13, Unter den Linden, W.	BELINFANTE (Frères) Tweede Wagenstraat, 100-102

1907

PUBLICATIONS

DE

L'INSTITUT COLONIAL INTERNATIONAL

36, rue Veydt, à Bruxelles.

***

15 fr. le volume.

Compte rendu des séances tenues à Bruxelles les 28 et 29 mai 1884. — Discussion de la question : « **De l'influence du climat sur les progrès de la colonisation.** » — Mémoire de Sir William Moore. — (*Epuisé.*)

Compte rendu de la session tenue à La Haye en septembre 1895. — Suite de la discussion de la question : « **De l'influence du climat sur les progrès de la colonisation.** » — « **La main-d'œuvre, le contrat de travail et le louage d'ouvrage aux Colonies.** » Rapports de S. Ex. M. le Dr Herzog pour les Colonies allemandes, de M. J. Chailley pour les Colonies françaises, de M. van der Lith pour les Indes orientales néerlandaises. Discussion de cette question. — « **Du recrutement des fonctionnaires coloniaux.** » Rapport de M. J. Chailley : France, Grande-Bretagne, Hollande. Discussion de cette question.

Compte rendu de la session tenue à Berlin en septembre 1897. — « **La Main-d'œuvre aux Colonies.** » Discussion de cette question. — « **Le recrutement des fonctionnaires coloniaux.** » Discussion de cette question. — **Rapport sur le travail dans les possessions espagnoles d'outre-mer,** par Don Antonio Maria Fabié. — « **Des relations financières entre la Métropole et les Colonies.** » — Rapport sur l'organisation du **Protectorat de la Compagnie de la Nouvelle-Guinée,** par S. Ex. M. le Dr Herzog. — Rapport sur l'organisation financière des **Protectorats allemands du Kamerun, du Togo, de l'Afrique du Sud-Ouest, de l'Afrique orientale et des Iles Marshall,** par S. Ex. M. R. Kraetke. — **Relations financières entre la Belgique et l'Etat Indépendant du Congo.** — **Régime foncier :** Organisation agraire du **Turkestan,** par M. Serge de Proutschenko.

Compte rendu de la session tenue à Bruxelles en mai 1899. — Discussion de la question de « **La main-d'œuvre aux Colonies** ». — « Projet d'un règlement adopté par l'Institut Colonial International en vue de l'utilisation de la main-d'œuvre exotique dans les colonies ». — Discussion de la question « **Les Protectorats** ». Rapport sur les **Protectorats dans l'Inde britannique,** par M. J. Chailley. — Discussion de la question « **Les Chemins de fer aux Colonies et dans les pays neufs.** » Rapport de la commission chargée d'étudier cette question. — Rapport sur le **Régime foncier** aux Indes orientales néerlandaises, par M. le Dr G.-K. Anton.

Compte rendu de la session tenue à Paris en août 1900. — Discussion de la question de « **l'Education professionnelle des indigènes dans les colonies de fondation récente.** » Rapport de Mgr A. Le Roy sur cette question. — Discussion de la question : « **Les Chemins de fer aux Colonies et dans les pays neufs.** » — Discussion de la question : « **Les Sanatoria.** » Rapport de M. le Dr Dryepondt sur cette question. — **Le Régime foncier dans l'Etat Indépendant du Congo,** par M. le Dr G.-K. Anton. — **Le Régime foncier dans les Colonies françaises,** par M. le Dr G.-K. Anton.

Compte rendu de la session tenue à La Haye en mai 1901. — Discussion de la question du « **Régime foncier aux Colonies** ». — Discussion de la question « **Des Rapports financiers entre la Métropole et les Colonies** ». — Rapport de M. M. Chotard sur cette question. — Discussion de la question « **l'Enseignement Colonial** ». — Rapport de M. J. Chailley sur la « **Meilleure manière de légiférer pour les Colonies** ».

Compte rendu de la session tenue à Londres en mai 1903. — Discussion de la question du « Régime foncier aux Colonies ». — Discussion de la question « Des Rapports Politiques entre la Métropole et les Colonies ». — Discussion de la question « De l'Enseignement Colonial ». — Rapport de M. G. K. Anton « **Le régime foncier aux colonies anglaises** ». — Rapport de M. Arthur Girault « **Des rapports politiques entre Métropole et colonies** ». — Rapport de M. J. Chailley « **La législation qui convient aux colonies** ». — Rapport de M. Henri Froidevaux « **L'enseignement colonial général. Constitution, organisation, état actuel** ». — Rapport de Sir Alfred Lyall « **Rapport sur l'irrigation dans l'Inde** ». — Rapport de M. Paul de Valroger « **Régime minier des Guyanes anglaise, française et hollandaise** ».

Compte rendu de la session tenue à Wiesbaden en mai 1904. — Discussion de la question : « **La meilleure manière de légiférer pour les colonies** ». — Discussion de la question : « **Le régime minier aux colonies** ». — Discussion de la question : « **Les différents systèmes d'irrigation aux colonies** ». — Discussion de la question : « **De la constitution et de l'organisation du capital aux colonies** ». — Rapport de M. Paul de Valroger : « **Les législations minières des colonies anglaises, françaises et allemandes d'Afrique et de l'Etat Indépendant du Congo** ». — Rapport de M. J. W. Post : « **L'irrigation aux Indes orientales néerlandaises** ». — Rapport de M. le Dr Julius Scharlach : « **La constitution et l'organisation du capital aux colonies** ». — Note sur l'hydraulique en **Algérie et en Tunisie**.

Compte rendu de la session tenue à Rome en avril 1905. — Discussion de la question « **Des Irrigations** ». — Discussion de la question « **Le Régime minier aux Colonies** ». — Discussion de la question « **De l'Enseignement colonial** ». — Discussion de la question « **L'Emigration** ». — Résumé du **Rapport de la Commission Anglo-Indienne sur les irrigations**. — Rapports : 1º **Sur l'utilisation de l'eau dans les pays sous-tropicaux**; 2º **Sur les modes d'irrigation dans les parties arides de l'Afrique du Sud**, par M. Th. Rehbock. — Rapport sur **Les irrigations aux Etats-Unis d'Amérique et aux îles Hawaï**, par M. O. P. Austin. — Rapport sur le **Régime des irrigations en Extrême-Orient** par M. A. de Pouvourville. — Note sommaire sur les **Irrigations en Italie**, préparée par les soins du Ministère de l'Agriculture. — Rapport sur l'**Enseignement colonial italien**, par M. L. Nocentini. — Rapport sur l'**Enseignement colonial en Belgique**, par M. F. Cattier. — Notes sur la **Législation et les statistiques comparées de l'émigration et de l'immigration**, par M. L. Bodio. — Rapport sur les **Lois organiques des Colonies néerlandaises**, par M. le Dr C. Th. van Deventer. — Note sur le **Décret organique du Gouvernement local de l'Etat Indépendant du Congo**, par M. C. Janssen. — Rapport complémentaire sur la constitution et l'organisation du capital pour les colonies, par M. le Dr J. Scharlach. — Rapport sur le **Crédit à accorder aux indigènes**, par M. A. Zimmermann. — Note sur la **Formation des fonctionnaires de l'ordre judiciaire dans les Indes Orientales néerlandaises**, par M. le Dr C. Pijnacker-Hordijk.

Publications éditées sous les Auspices de l'Institut Colonial International

M. le professeur Dr **G. K. Anton**. « **LE RÉGIME FONCIER AUX COLONIES**, précédé d'une préface de M. J. Chailley. — Indes Orientales néerlandaises. — Politique domaniale et agraire dans l'Etat Indépendant du Congo. — Colonies françaises. — Colonies anglaises. . . . . 1 vol., 415 pages, fr. 10.00.

PUBLICATIONS

DE

L'INSTITUT COLONIAL INTERNATIONAL

36, rue Veydt, à Bruxelles.

———◆———

BIBLIOTHÈQUE COLONIALE INTERNATIONALE

20 fr. le volume.

1re Série. — **La Main-d'œuvre aux Colonies**. Documents officiels sur le contrat de travail et le louage d'ouvrage aux Colonies.
Tome I. — Colonies allemandes. — État Indépendant du Congo. — Colonies françaises. — Indes orientales néerlandaises. — 1895.
Tome II. — Inde britannique. — Colonies anglaises. — 1897.
Tome III. — Colonies françaises (*suite*). — Surinam. — 1898.

2e Série. — **Les Fonctionnaires coloniaux**.
Tome I. — Espagne. — France. — 1897.
Tome II. — Pays-Bas. — État Indépendant du Congo. — Inde britannique. — 1897.

3e Série. — **Le Régime foncier aux Colonies**.
Tome I. — Inde britannique. — Colonies allemandes. — 1898.
Tome II. — État Indépendant du Congo. — Colonies françaises. — 1899.
Tome III. — Tunisie. — Érythrée. — Philippines. — 1899.
Tome IV. — Indes orientales néerlandaises. — 1899.
Tome V. — Lagos. — Sierra-Leone. — Gambie. — Natal. — Bornéo septentrional britannique. — Cap de Bonne-Espérance. — Rhodésie. — Basutoland. — Iles Salomon. — Iles Fidji. — Côte-d'Or. — 1902.
Tome VI (Premier supplément). — Colonies françaises. — Indes orientales néerlandaises. — Colonies allemandes. — 1905.

4e Série. — **Le Régime des protectorats**.
Tome I. — Indes orientales néerlandaises. — Protectorats français en Asie et en Tunisie. — 1899.
Tome II. — Les protectorats français en Afrique et en Océanie. — 1899.

5e Série. — **Les Chemins de fer aux Colonies et dans les pays neufs**.
Tome I. — Rapport de la Commission spéciale nommée à Berlin. Conclusions des rapporteurs. — Questionnaire. — Réponses au questionnaire. — 1900.
Tome II. — Congo. — Indian Midland Railway. — The Southern Mahratta Railway. — Usambara. — Sud-Ouest Brésilien. — Chili. — Transsibérien. — Inde portugaise. — 1900.
Tome III. — Tunisie. — Algérie. — Sénégal. — Soudan. — Indes orientales néerlandaises. — Transvaal. — Angola. — 1900.

PUBLICATIONS

DE

L'INSTITUT COLONIAL INTERNATIONAL

36, rue Veydt, à Bruxelles.

------

15 fr. le volume.

Compte rendu des séances tenues à Bruxelles les 28 et 29 mai 1884. — Discussion de la question : « **De l'influence du climat sur les progrès de la colonisation.** » — Mémoire de Sir William Moore. — (*Épuisé.*)

Compte rendu de la session tenue à La Haye en septembre 1895. — Suite de la discussion de la question : « **De l'influence du climat sur les progrès de la colonisation.** » — « **La main-d'œuvre, le contrat de travail et le louage d'ouvrage aux Colonies.** » Rapports de S. Ex. M. le Dr Herzog pour les Colonies allemandes, de M. J. Chailley pour les Colonies françaises, de M. van der Lith pour les Indes orientales néerlandaises. Discussion de cette question. — « **Du recrutement des fonctionnaires coloniaux.** » Rapport de M. J. Chailley : France, Grande-Bretagne, Hollande. Discussion de cette question.

Compte rendu de la session tenue à Berlin en septembre 1897. — « **La Main-d'œuvre aux Colonies** » Discussion de cette question. — « **Le recrutement des fonctionnaires coloniaux.** » Discussion de cette question. — **Rapport sur le travail dans les possessions espagnoles d'outre-mer**, par Don Antonio Maria Fabié. — « **Des relations financières entre la Métropole et les Colonies.** » — Rapport sur l'**organisation du Protectorat de la Compagnie de la Nouvelle-Guinée**, par S. Ex. M. le Dr Herzog. — Rapport sur l'**organisation financière des Protectorats allemands du Kamerun, du Togo, de l'Afrique du Sud-Ouest, de l'Afrique orientale et des Iles Marshall**, par S. Ex. M. R. Kraetke. — **Relations financières entre la Belgique et l'État Indépendant du Congo.** — Régime foncier : **Organisation agraire du Turkestan**, par M. Serge de Proutschenko.

Compte rendu de la session tenue à Bruxelles en mai 1899. — Discussion de la question de « **La main-d'œuvre aux Colonies** ». — « **Projet d'un règlement adopté par l'Institut Colonial International en vue de l'utilisation de la main-d'œuvre exotique dans les colonies** ». — Discussion de la question « **Les Protectorats** ». Rapport sur les **Protectorats dans l'Inde britannique**, par M. J. Chailley. — Discussion de la question « **Les Chemins de fer aux Colonies et dans les pays neufs.** » Rapport de la commission chargée d'étudier cette question. — Rapport sur le **Régime foncier** aux Indes orientales néerlandaises, par M. le Dr G.-K. Anton.

Compte rendu de la session tenue à Paris en août 1900. — Discussion de la question de « **l'Éducation professionnelle des indigènes dans les colonies de fondation récente.** » Rapport de Mgr A. Le Roy sur cette question. — Discussion de la question : « **Les Chemins de fer aux Colonies et dans les pays neufs.** » — Discussion de la question : « **Les Sanatoria.** » Rapport de M. le Dr Dryepondt sur cette question. — **Le Régime foncier dans l'État Indépendant du Congo**, par M. le Dr G.-K. Anton. — **Le Régime foncier dans les Colonies françaises**, par M. le Dr G.-K. Anton.

Compte rendu de la session tenue à La Haye en mai 1901. — Discussion de la question du « **Régime foncier aux Colonies** ». — Discussion de la question « **Des Rapports financiers entre la Métropole et les Colonies** ». — Rapport de M. M. Chotard sur cette question. — Discussion de la question « **l'Enseignement Colonial** ». — Rapport de M. J. Chailley sur la « **Meilleure manière de légiférer pour les Colonies** ».

Compte rendu de la session tenue à Londres en mai 1903. — Discussion de la question du « Régime foncier aux Colonies ». — Discussion de la question « Des Rapports Politiques entre la Métropole et les Colonies ». — Discussion de la question « De l'Enseignement Colonial ». — Rapport de M. G. K. Anton « **Le régime foncier aux colonies anglaises** ». — Rapport de M. Arthur Girault « **Des rapports politiques entre Métropole et colonies** ». — Rapport de M. J. Chailley « **La législation qui convient aux colonies** ». — Rapport de M. Henri Froidevaux « **L'enseignement colonial général. Constitution, organisation, état actuel** ». — Rapport de Sir Alfred Lyall « **Rapport sur l'irrigation dans l'Inde** ». — Rapport de M. Paul de Valroger « **Régime minier des Guyanes anglaise, française et hollandaise** ».

Compte rendu de la session tenue à Wiesbaden en mai 1904. — Discussion de la question : « **La meilleure manière de légiférer pour les colonies** ». — Discussion de la question : « **Le régime minier aux colonies** ». — Discussion de la question : « **Les différents systèmes d'irrigation aux colonies** ». — Discussion de la question : « **De la constitution et de l'organisation du capital aux colonies** ». — Rapport de M. Paul de Valroger : « **Les législations minières des colonies anglaises, françaises et allemandes d'Afrique et de l'Etat Indépendant du Congo** ». — Rapport de M. J. W. Post : « **L'irrigation aux Indes orientales néerlandaises** ». — Rapport de M. le Dr Julius Scharlach : « **La constitution et l'organisation du capital aux colonies** ». — Note sur **l'hydraulique en Algérie et en Tunisie**.

Compte rendu de la session tenue à Rome en avril 1905. — Discussion de la question « **Des Irrigations** ». — Discussion de la question « **Le Régime minier aux Colonies** ». — Discussion de la question « **De l'Enseignement colonial** ». — Discussion de la question « **L'Emigration** ». — Résumé du **Rapport de la Commission Anglo-Indienne sur les irrigations**. — Rapports : 1o **Sur l'utilisation de l'eau dans les pays sous-tropicaux**; 2o **Sur les modes d'irrigation dans les parties arides de l'Afrique du Sud**, par M. Th. Rehbock. — Rapport sur **Les irrigations aux Etats-Unis d'Amérique et aux îles Hawaï**, par M. O. P. Austin. — Rapport sur le **Régime des irrigations en Extrême-Orient** par M. A. de Pouvourville. — Note sommaire sur les **Irrigations en Italie**, préparée par les soins du Ministère de l'Agriculture. — Rapport sur **l'Enseignement colonial italien**, par M. L. Nocentini. — Rapport sur **l'Enseignement colonial en Belgique**, par M. F. Cattier. — Notes sur la **Législation et les statistiques comparées de l'émigration et de l'immigration**, par M. L. Rodio. — Rapport sur les **Lois organiques des Colonies néerlandaises**, par M. le Dr C. Th. van Deventer. — Note sur le **Décret organique du Gouvernement local de l'Etat Indépendant du Congo**, par M. C. Janssen. — Rapport complémentaire sur la **constitution et l'organisation du capital pour les colonies**, par M. le Dr J. Scharlach. — Rapport sur le **Crédit à accorder aux indigènes**, par M. A. Zimmermann. — Note sur la **Formation des fonctionnaires de l'ordre judiciaire dans les Indes Orientales néerlandaises**, par M. le Dr C. Pijnacker-Hordijk.

Publications éditées sous les Auspices de l'Institut Colonial International

M. le professeur Dr **G. K. Anton. « LE RÉGIME FONCIER AUX COLONIES**, précédé d'une préface de M. **J. Chailley**. — Indes Orientales néerlandaises. — Politique domaniale et agraire dans l'Etat Indépendant du Congo. — Colonies françaises. — Colonies anglaises. . . . . 1 vol., 415 pages, fr. 10.00.

LES
DIFFÉRENTS SYSTÈMES D'IRRIGATION

BIBLIOTHÈQUE COLONIALE INTERNATIONALE
Institut colonial international. — Bruxelles

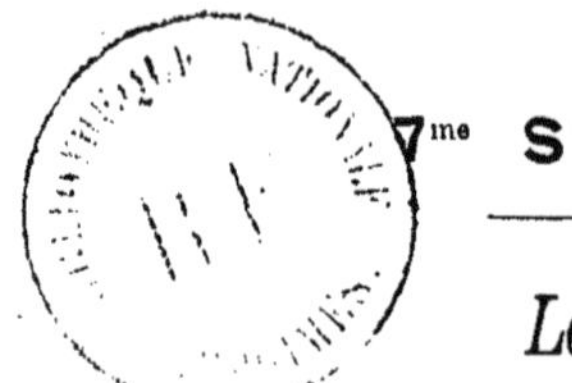

7me SÉRIE

Les
différents systèmes
d'Irrigation

Documents officiels précédés de notices historiques

Tome II

CANADA. — ETATS-UNIS DE L'AMÉRIQUE DU NORD.

INSTITUT COLONIAL INTERNATIONAL
36, RUE VEYDT, BRUXELLES

BRUXELLES	PARIS	LONDRES
Établissements généraux d'imprim., successeurs de Ad. Mertens. 14, rue d'Or, 14.	AUGUSTIN CHALLAMEL rue Jacob, 17.	LUZAC & Co Great Russel street, 46, W. C.

BERLIN	LA HAYE
A. ASHER & Co 13, Unter den Linden, W.	BELINFANTE (FRÈRES) Tweede Wagenstraat, 100-102.

1907

CANADA

Canada

RAPPORT sur l'IRRIGATION

DANS LE CANADA

PAR

M. R. A. VAN SANDICK, C. I.

Secrétaire-Général de l'Institut Royal des Ingénieurs Néerlandais

Rédacteur en Chef du « De Ingenieur »

Ancien Ingénieur du Waterstaat aux Indes Orientales Néerlandaises

Membre Associé de l'Institut Colonial International

L'immense territoire du Canada (*Dominion of Canada*), qui s'étend de l'Océan Pacifique jusqu'à l'Océan Atlantique, se divise en deux zones distinctes : la zone humide et la zone aride.

Les conditions climatériques de la partie est, les provinces anciennes, situées dans la zone humide, sont telles que le besoin d'une augmentation par moyens artificiels, de l'eau de pluie pour l'agriculture ne se fait pas sentir. Dans ces provinces on s'occupe plus de drainage que d'irrigation et la législation sur l'eau se borne à des lois sur le drainage (*Drainage Acts*), tandis que jusqu'ici on n'a pas senti le besoin de faire des lois sur l'irrigation (*Irrigation Acts*).

Dans la partie ouest et nord-ouest du Canada l'importance des questions d'irrigations ne s'est manifestée que dans les dernières années, spécialement dans la province de la Colombie Britannique (*Britisch Columbia*) et dans les Territoires du Nord-Ouest (*North-West Territories*).

Dans la Colombie Britannique, la province la plus occidentale du Canada, on applique l'irrigation, mais les systèmes d'endiguements, de dessèchements et de drainages y ont plus d'importance.

Les Territoires du Nord-Ouest sont, au contraire, une région typique d'irrigations. En 1870, le gouvernement du Canada, par l'achat des droits et titres de la Compagnie de la Baie Hudson (*Hudson's Bay Company*), prit possession d'un territoire immense, situé dans le nord-ouest et connu sous le nom de *Rupert's land*.

En 1873, le territoire de Manitoba, situé dans la partie de cette nouvelle acquisition, fut constitué en province. La quantité annuelle d'eau de pluie y était généralement suffisante pour s'assurer des récoltes normales.

Le chemin de fer « *Canadian Pacific* » ouvrit, en 1883, les plaines immenses, situées au nord et à l'ouest du Manitoba, c'est-à-dire les territoires d'Assiniboia, d'Alberta, de Saskatchewan et d'Athabasca. Ces territoires sont situés en partie dans la région aride ou l'agriculture ne réussit guère sans irrigations. Cette partie aride est limitée : au sud par la frontière sud du Canada et des États-Unis de l'Amérique, à l'ouest et au nord par une ligne commençant à la frontière sud du Canada au point d'intersection de la méridienne de 102° longitude ouest de Greenwich, tracée dans la direction nord-ouest, jusqu'au parallèle de 51°30 et de là au *Rocky Mountains* et au sud également par les *Rocky Mountains*.

Une sage prévoyance a su éviter dans le Canada les fautes commises dans d'autres pays neufs, où la colonisation et le défrichement (*reclamation*) général des terrains vierges ont précédé la législation sur l'eau, et où ordinairement les droits sur l'eau (*water rights*) précèdent les lois sur l'eau (*water laws*). Dans le Canada, au

contraire, on a légiféré sur les irrigations en temps utile, au moment où les colons étaient rares et qu'il y restait encore une grande étendue de terrains non cultivés.

Ainsi le législateur, pour la partie aride du Canada, eut la chance unique de pouvoir légiférer à son aise, sans être entravé par les droits acquis. Il en a profité pour faire une œuvre de législation remarquable par sa logique et par sa simplicité.

La loi canadienne ne reconnaît pas la doctrine commune des droits riverains (*common-law of riparian rights*) qui est la base des lois sur l'usage de l'eau dans beaucoup d'autres pays et qui est si préjudiciable au développement de l'agriculture par les irrigations.

L'eau, non seulement celle des rivières navigables et flottables, mais, de fait toute l'eau naturelle est déclarée propriété de l'État et de la Couronne et l'usage et la distribution de l'eau restent sous la direction et le contrôle permanentes du Gouvernement, pour le bénéfice du public.

L'abolition de tout droit privé sur l'eau a pour conséquence la nécessité absolue pour l'État de tenir en main le contrôle de la distribution et de l'usage de l'eau, en posant le principe que la législation encourage l'affectation de capitaux dans les travaux d'irrigation, crée un droit égal à tous les usages de l'eau et amène des usages à tirer de l'eau le plus grand bénéfice possible.

Du fait que l'eau, par son usage pour les irrigations, devient une quantité commerciale représentant une valeur bien définie, le législateur canadien a entouré l'achat, la vente, le transfert et l'usage de l'eau de garanties légales, aussi stables et formelles que celles qu'on trouve dans le droit civil européen pour garantir les immeubles et autres propriétés privées.

L'abolition complète, sans aucune réticence, des droits

riverains, qui caractérise la législation sur l'eau dans la partie aride du Canada, est énoncée positivement et clairement dans l'article 4 de la Loi sur les Irrigations dans le Nord-Ouest (*North-West Irrigation Act*), ainsi conçu :

« La propriété et le droit d'utiliser en tout temps l'eau
» de toute rivière, cours d'eau, lac, ruisseau, ravin,
» gorge (*cañon*), lagune, marais, marécage, ou autre
» étendue ou nappe d'eau, pour les fins de la présente Loi,
» seront considérés comme appartenant à la Couronne,
» à moins et jusqu'à ce que, et seulement en tant que
» quelque droit à cette eau ou à son usage, incompatible
» avec le droit de la Couronne, et qui n'est pas un droit
» public ou un droit commun au public, soit établi ; et, à
» l'exception de l'exercice de quelque droit légal existant
» à l'époque de ce détournement ou de cet usage, personne
» ne détournera ou n'emploiera l'eau d'aucune rivière,
» cours d'eau, lac, ruisseau, ravin, gorge (*cañon*), lagune,
» marais, marécage ou autre étendue ou nappe d'eau,
» autrement qu'en conformité des dispositions de la pré-
» sente loi (1) ».

Note préliminaire à la publication des documents relatifs aux irrigations dans le Canada.

Nous croyons pouvoir nous borner à publier sur les irrigations dans le Canada les documents suivants :

I. La législation des territoires du nord-ouest.

(1) The property in and the right to the use of all the water at any time in any river, stream, watercourse, lake, creek, ravine, cañon, lagoon, swamp, marsh or other body of water shall, for the purpose of this Act, be deemed to be vested in the Crown, unless and until and except only so far as some right therein, or to the use thereof, inconsistent with the right of the Crown, and which is not a public right or a right common to the public, is established : and save in the exercise of any legal right existing at the time of such diversion or use, no person shall divert or use any water from any river, stream, watercourse, lake, creek, ravine, cañon, lagoon, swamp, marsh, or other body of water, otherwise than under the provisions of this Act.

Il est vrai qu'en 1905 ces territoires ont été constitués en provinces, mais les lois fédérales édictées pour les territoires restent en vigueur pour les provinces.

1. La première loi sur les irrigations fut adoptée par le Parlement de Canada sous le nom de « Loi sur les irrigations dans le Nord-Ouest (*North-West Irrigation Act*) de 1894 ». La loi fut amendée respectivement en 1895 et en en 1898 et c'est le texte de cette loi amendée que nous publions en premier lieu.

2. Statuts, règlements et formules prescrits par le Ministre de l'Intérieur en exécution de l'article 51 de la loi de 1898 sur les irrigations dans le Nord-Ouest.

3. Abrégé de l'ordonnance sur les irrigations dans les districts du Nord-Ouest (*North-West Irrigation District Ordinance*).

II. Législation de la province de la Colombie Britannique (*British Columbia*).

Dans la province de la Columbie Britannique, l'irrigation est encore dans son enfance. Elle reste encore si intimement liée aux autres travaux de défrichement que le législateur a combiné dans une seule loi les différents sujets qui se rapportent au droit public et au droit civil sur l'eau. Il n'y a pas une loi spéciale sur les irrigations, mais une seule loi s'applique aux drainages, aux endiguements et aux irrigations des terrains. Nous ne jugeons pas utile de reproduire seulement les articles sur l'irrigation, mais nous préférons publier le texte complet des lois provinciales sur l'eau en général.

Nous publierons ainsi :

1. La loi de 1894 sur les drainages, les endiguements et les irrigations (*Drainage Dyking and Irrigation Act 1894*).

C'est la seule loi qui régit les travaux de drainages, d'endiguements et d'irrigations, dus à l'initiative privée, exécutés et dirigés par des particuliers sous le contrôle de commissaires, nommés conformément aux prescriptions de la loi.

Les lois suivantes prévoient exclusivement la construction des travaux hydrauliques par le Gouvernement :

2. La loi de 1897 sur les drainages, les endiguements et les irrigations (*Drainage, Dyking and Irrigation Act. 1897*).

3. La loi de 1897 sur les obligations relatives aux endiguements (*Dyking Debenture Act 1897*) ;

4. La loi de 1898 sur les endiguements (*Public Dyking Act 1898*) ;

5. La loi de 1899 sur les endiguements amendant celle de 1898 (*Public Dyking Act 1898 Amendment Act 1899*) ;

6. La loi de 1900 sur les endiguements amendant celle de 1898 (*Public Dyking Act 1898 Amendment Act 1900*);

7. La loi de 1901 amendant la loi sur les drainages, les endiguements et les irrigations (*Drainage Dyking and Irrigation Act Amendment Act 1901*) ;

8. La loi de 1901 confirmant les taxes d'endiguements (*Dyking Assessment Confirmation Act 1901* ;

9. La loi de 1902 amendant la loi de 1898 sur les endiguements (*Public Dyking Act 1898, Amendment Act 1902*).

La Haye, Avril 1907.

TERRITOIRES DU NORD-OUEST.

Loi de 1898 sur les Irrigations dans le Nord-Ouest.

*Loi portant modification et codification des lois
sur les irrigations dans le Nord-Ouest de 1894 et 1895.*

Sanctionné le 13 juin 1898.

Sa Majesté, par et avec l'avis et le consentement du
Sénat et de la Chambre des Communes du Canada, décrète
ce qui suit :

1. La présente Loi pourra être citée sous le titre : *Loi
sur les irrigations dans le Nord-Ouest*, 1898.

2. Dans la présente Loi, à moins que le contexte n'exige
une interprétation différente :

a) L'expression « Ministre » signifie le Ministre de
l'Intérieur ;

The North-west Irrigation Act 1898.

*An Act to amend and consolidate the North-west
Irrigation Acts of 1894 and 1895.*

Assented, to 13th June, 1898.

Her Majesty, by and with the advice and consent of the Senate
and House of Commons of Canada, enacts as follows : —

1. This Act may be cited as *The North-west Irrigation Act*, 1898.

2. In this Act, unless the context otherwise requires, —

a) The expression « Minister » means the Minister of the Interior ;

b) L'expression « Département » signifie le Ministère de l'Intérieur à Ottawa ;

c) L'expression « commissaire » signifie le commissaire des travaux publics pour les territoires du Nord-Ouest ;

d) L'expression « ingénieur en chef » signifie le chef des ingénieurs et arpenteurs du département des travaux publics pour les territoires du Nord-Ouest ;

e) L'expression « arpenteur fédéral » signifie un arpenteur légalement autorisé, en vertu de la *loi des terres fédérales,* à arpenter des terres fédérales ;

f) L'expression « compagnie » signifie toute compagnie constituée en corporation, dont les objets et pouvoirs s'étendent à la construction et l'exploitation, ou comprennent la construction ou l'exploitation de travaux d'irrigation ou autres exécutés en vertu de la présente loi, ou l'exercice, sous son empire, de l'industrie, de la fourniture ou de la vente d'eau pour des fins d'irrigation ou autres,

---

b) The expression « Department » means the Department of the Interior at Ottawa ;

c) The expression « Commissioner » means the Commissioner of Public Works for the North-west Territories ;

d) The expression « Chief Engineer » means the Chief Engineer and Surveyor of the Department of Public Works for the North-west Territories ;

e) The expression « Dominion land surveyor » means a surveyor duly authorized, under the provisions of *The Dominion Lands Act,* to survey Dominion lands ;

f) The expression « company » means any incorporated company, the object and powers of which extend to or include the construction or operation of irrigation or other works under this Act, or the carrying on thereunder of the business of the supply or the sale of water for irrigation or other purposes, and includes any person who has been authorized or has applied for authority to construct

et comprend aussi toute personne qui a été autorisée ou qui a demandé d'être autorisée à construire et exploiter de pareils travaux ou à exercer cette industrie, ou qui a obtenu un permis en vertu de l'article 11 de la présente loi ; et elle comprend aussi toute circonscription d'irrigation constituée en corporation par une ordonnance des territoires du Nord-Ouest ;

g) L'expression « travaux » ou « ouvrages » signifie et comprend tous digues, barrages, pertuis, empellements, vannes, brise-lames, drains, égouts, fossés, bassins, réservoirs, canaux, tunnels, ponts, ponceaux, caissons, levées, terrassements, endiguements, déversoirs, aqueducs, tuyaux, pompes, et tous appareils ou moyens pour transporter ou conduire l'eau, ou tous autres ouvrages dont la construction ou l'exécution est autorisée par la présente loi ;

h) L'expression « effet utile de l'eau » signifie l'étendue

---

or operate such works or carry on such business, or who has obtained a license under section 11 of this Act, and also includes any irrigation district incorporated under an ordinance of the Northwest Territories ;

g) The expression « works » means and includes any dykes, dams, weirs, flood-gates, breakwaters, drains, ditches, basins, reservoirs, canals, tunnels, bridges, culverts, cribs, embankments, headworks, flumes, aqueducts, pipes, pumps, and any contrivance for carrying or conducting water or other works which are authorized to be constructed under the provisions of this Act ;

h) The expression « duty of water » means the area of land that a unit of water will irrigate, which unit is the discharge of one cubic foot of water per second ;

i) The expression « licensee » means any person or company who is granted a license in accordance with the provisions of this Act.

de terrain qu'une unité d'eau peut irriguer, laquelle unité est le débit d'un pied cube d'eau par seconde ;

i) L'expression « licencié » signifie toute personne ou compagnie à qui il a été accordé un permis ou une autorisation en conformité des dispositions de la présente loi.

3. La présente loi s'appliquera aux territoires du Nord-Ouest, à l'exception des districts provisoires de Yukon, de Mackenzie, de Franklin et d'Ungava.

4. La propriété et le droit d'utiliser en tout temps l'eau de toute rivière, cours d'eau, lac, ruisseau, ravin, gorge (*cañon*), lagune, marais, marécage ou autre étendue ou nappe d'eau, pour les fins de la présente loi, seront considérés comme appartenant à la Couronne, à moins et jusqu'à ce que, et seulement en tant que quelque droit à cette eau ou à son usage, incompatible avec le droit de la Couronne, et qui n'est pas un droit public ou un droit commun au public, soit établi ; et, sauf dans l'exercice de quelque droit légal existant à l'époque de ce détournement

3. This Act shall apply to the North-west Territories. except the provisional districts of Yukon, Mackenzie, Franklin and Ungava.

4. The property in and the right to the use of all the water at any time in any river, stream, watercourse, lake, creek, ravine, cañon, lagoon, swamp, marsh or other body of water shall, for the purposes of this Act, be deemed to be vested in the Crown, unless and until and except only so far as some right therein, or to the use thereof, inconsistent with the right of the Crown, and which is not a public right or a right common to the public, is established ; and, save in the exercise of any legal right existing at the time of such diversion or use, no person shall divert or use any water from any river, stream, watercourse, lake, creek, ravine, cañon, lagoon, swamp, marsh or other body of water, otherwise than under the provisions of this Act.

ou usage, personne ne détournera ou n'emploiera l'eau d'aucune rivière, cours d'eau, lac, ruisseau, ravin, gorge (*cañon*), lagune, marais, marécage ou autre étendue ou nappe d'eau, autrement qu'en conformité des dispositions de la présente loi.

5. Sauf en exécution d'une convention ou d'un engagement existant à l'époque de la sanction de la présente loi, aucune concession de terrains ou d'aucun droit à des terrains ne sera faite à l'avenir par la Couronne de manière à conférer au concessionnaire quelque propriété ou intérêt exclusif ou autre, ou quelque droit ou privilège exclusif à l'égard d'aucun lac, rivière, cours d'eau ou autre nappe d'eau, ou à l'égard de l'eau qu'ils contiennent ou qui y entre, ou au terrain qui en forme le lit ou les rives.

6. Après la sanction de la présente loi, aucun droit de détourner constamment ou d'utiliser exclusivement l'eau d'aucune rivière, cours d'eau, lac, ruisseau, ravin,

---

5. Except in pursuance of some agreement or undertaking existing at the time of the passing of this Act, no grant shall be hereafter made by the Crown of lands or of any estate, in such terms as to vest in the grantee any exclusive or other property or interest in or any exclusive right or privilege with respect to any lake, river, stream or other body of water, or in or with respect to the water contained or flowing therein, or the land forming the bed or shore thereof.

6. After the passing of this Act, no right to the permanent diversion or to the exclusive use of the water in any river, stream, watercourse, lake, creek, ravine, cañon, lagoon, swamp, marsh or other body of water, shall be acquired by any riparian owner or any other person by length of use or otherwise than as it may be acquired or conferred under the provisions of this Act unless it is

gorge (*cañon*), lagune, marais, marécage ou autre étendue ou nappe d'eau, ne sera acquis par aucun propriétaire riverain ou aucune autre personne par durée d'usage
ou autrement qu'il ne peut être acquis ou conféré en vertu
des dispositions de la présente loi, à moins qu'il ne soit
acquis par une concession faite à la suite de quelque convention ou engagement existant lors de la sanction de
la présente loi.

7. 1° Toute personne ou corporation qui jouit de droits
au sujet de l'eau, d'une nature semblable à ceux qui
peuvent être acquis en vertu de la présente loi, ou qui,
avec ou sans autorisation, a construit et exploité des
travaux ou ouvrages pour l'utilisation de l'eau, devra
obtenir un permis ou une autorisation en vertu de la présente loi avant le premier jour de juillet mil huit cent
quatre-vingt dix-huit.

2° Si ce permis ou cette autorisation est obtenu dans le
délai prescrit, l'exercice de ces droits pourra ensuite se
continuer, et ces travaux ou ouvrages pourront se pour-

---

acquired by a grant made in pursuance of some agreement or undertaking existing at the time of the passing of this Act.

7. 1° Every company or person who holds water rights of a
class similar to those which may be acquired under this Act, or
who, with or without authority, has constructed or is operating
works for the utilization of water, shall obtain a license under this
Act before the first day of July one thousand eight hundred and
ninety-eight.

2° If such license is obtained within the time limited, the exercise of such rights may thereafter be continued, and such works
may be carried on under the provisions of this Act, otherwise such
rights or works, and all the interest of such person therein, shall
without any demand or proceeding be absolutely forfeited to Her

suivre en conformité des dispositions de la présente loi ;
autrement, ces droits ou travaux, et tous les intérêts de
cette personne dans ces droits ou travaux seront, sans
aucune demande ou procédure, absolument confisqués au
profit de Sa Majesté, et il pourra en être disposé selon que
le Gouverneur en Conseil le jugera à propos.

3° Sauf dans le cas de demandes d'eau pour les besoins
domestiques, ainsi qu'il y est ci-dessous pourvu, les
demandes de permis ou d'autorisation seront faites de la
même manière que pour les autres permis ou autorisations
en vertu de la présente loi, et les procédures seront les
mêmes à leur égard, et les mêmes renseignements seront
fournis à leur sujet.

8. 1° L'on pourra acquérir le droit d'utiliser toute eau,
dont la propriété est attribuée à la Couronne, pour des
besoins domestiques, d'irrigation et autres, sur demande
à cet effet faite ainsi que ci-après prescrit ; et toutes
demandes faites en conformité de la présente loi auront
priorité entre elles à l'exception de celles faites en vertu

Majesty and may be disposed of or dealt with as the Governor in
Council sees fit.

3° Except in case of applications for water for domestic purposes, as hereinafter provided, the applications for such license
shall be made in the same manner as for other licenses under this
Act and the like proceedings shall be had thereon and like
information furnished in connection therewith.

8. 1° Any water the property in which is vested in the Crown
may be acquired, for domestic, irrigation, or other purposes, upon
application therefor as hereinafter provided ; and all applications
made in accordance with the provisions of this Act shall have
precedence, except applications under section 7, according to the
date of filing them with the commissioner.

de l'article 7, suivant la date de leur remise entre les mains du commissaire.

2° Le droit d'utiliser l'eau pourra être acquis pour trois catégories différentes, savoir : 1° pour un but domestique, comprenant les besoins de ménage et les besoins sanitaires, l'abreuvage du bétail et tous les besoins des chemins de fer ou des manufactures activées par la vapeur ; mais ne comprenant pas la vente ou l'échange de l'eau pour ces besoins ; 2° pour l'irrigation et 3° pour autres fins.

9. Il ne sera accédé à aucune demande lorsque l'usage projeté de l'eau priverait quelqu'un dont la propriété touchera à une rivière, un cours d'eau, un lac ou quelque autre source d'approvisionnement, de l'eau dont il aurait besoin pour des fins domestiques.

10. Toute personne qui aura l'intention ou projettera de faire quelques travaux en vertu de la présente loi pourra, en soumettant une description générale de ces travaux et

---

2° The purposes for which the right to water may be acquired are of three classes, namely : First, domestic purposes, which shall be taken, to mean household and sanitary purposes and the watering of stock, and all purposes connected with the working of railways or factories by steam, but shall not include the sale or barter of water for such purposes; second, irrigation purposes; and, third, other purposes.

9. No application for any purpose shall be granted where the proposed use of the water would deprive any person owning lands adjoining the river, stream, lake or other source of supply of whatever water he requires for domestic purposes.

10. Any person contemplating or projecting any works under this Act, may, upon submitting a general description of such works and upon payment of a fee of three dollars, obtain from the chief engineer a license to do the necessary preliminary work in

sur paiement d'un honoraire de trois dollars, obtenir de l'ingénieur en chef un permis de faire l'ouvrage préliminaire nécessaire au sujet de la localisation de ces travaux; et, après qu'elle aura obtenu ce permis, elle pourra, avec les aides nécessaires, pénétrer sur tous terrains publics ou privés pour faire des nivellements, des arpentages et tout autre travail nécessaire se rattachant à cette localisation, mais sans causer de dommages inutiles.

11. Tout solliciteur qui demandera un permis en vertu de la présente loi, sauf ainsi que ci-dessous prévu, remettra au commissaire les documents suivants :

a) Un mémoire fait en double, sur des formules fournies par le commissaire, dans lequel le solliciteur énoncera son nom, son domicile et son occupation, sa position financière, la source d'où l'eau devra être prise, la situation de la prise d'eau, la quantité probable d'eau dont il aura besoin, les dimensions et la nature des travaux à faire, la superficie et la situation du terrain à irriguer, la

---

connection with the location of such works ; and after he obtains such license, he may, with such assistants as are necessary, enter into and upon any public or private lands to take levels, make surveys, and do other necessary work in connection with such location, doing no unnecessary damage.

11. Every applicant for license under this Act, except as hereinafter provided, shall file with the commissioner the following documents :—

a) a memorial, in duplicate, on forms provided by the commissioner, in which the applicant shall set forth his name, residence and occupation, his financial standing, the source from which water is to be diverted, the point of diversion, the probable quantity of water to be used, the size and character of the works to be constructed, the area and location of the land to be irrigated, the value of such land in its present state, including improve-

valeur de ce terrain dans son état actuel y compris les améliorations, le nombre probable de consommateurs, et le tarif, s'il y en a, pour la vente de l'eau ; mais si la demande est faite par une Compagnie, le mémoire devra aussi énoncer les noms de ses directeurs et officiers et leurs domiciles, la date de sa constitution en corporation, le chiffre de son capital social souscrit, celui du capital versé, le mode projeté pour l'obtention d'autres fonds, s'il en est besoin, et les fins pour lesquelles la Compagnie est constituée ;

b) Une demande, faite sur des formules fournies par le commissaire, du droit de construire tout canal, fossé, réservoir, ou d'autres ouvrages mentionnés dans le mémoire, en travers de toute réserve de chemin ou de tout chemin public localisé, qui pourraient être atteints par ces travaux ;

c) Un plan général en double, sur toile à calquer, dressé à une échelle de pas moins d'une pouce au mille, indiquant

---

ments, the probable number of consumers, and the rate, if any, to be charged for water sold ; but if the applicant is an incorporated company, the memorial shall also set forth the names of its directors and officers and their places of residence, the date of its incorporation, the amount of the company's subscribed capital, the amount of its paidup capital, the proposed method of raising further funds, if needed, and the purposes for which the company is incorporated ;

b) an application, on forms provided by the commissioner, for the right to construct any canal, ditch, reservoir, or other works referred to in the memorial, across any road allowance or surveyed public highway, which may be affected by such works ;

c) a general plan, in duplicate, on tracing linen, drawn to a scale of not less than one inch to a mile, showing the source of

la source d'approvisionnement, la position du point de prise d'eau, la localisation des canaux ou fossés principaux, l'étendue de terrain à irriguer, le nom du propriétaire de chaque parcelle de terrain traversée par le canal ou fossé, ou par tous réservoirs ou autres travaux s'y rattachant, et la situation et superficie de tous étangs, réservoirs et bassins que l'on se proposera de créer pour amasser l'eau ; et

d) Un plan en double, sur toile à calquer, indiquant en détail tous les barrages, digues, coursiers, ponceaux ou autres constructions à faire en rapport avec l'entreprise projetée.

12. Dans le cas de tous fossés ou canaux ayant un débit de plus de vingt-cinq pieds cubes d'eau par seconde, les solliciteurs devront fournir, en sus des renseignements précédents, les cartes ou plans qui suivent, en double :

a) Une coupe longitudinale du fossé, montrant le fond et le niveau de service projeté, l'échelle horizontale de

---

supply, the position of the point of in-take, the location of the main canals or ditches, the tract of land to be irrigated, the name of the owner of each parcel of land crossed by the canal, or ditch, or by any reservoir or other works connected therewith, or to be irrigated therefrom, and the position and area of all ponds, reservoirs and basins intended to be constructed for the storage of water ; and

d) a plan, in duplicate, on tracing linen, showing in detail all headworks, dams, flumes, bridges, culverts or other structures to be erected in connection with the proposed undertaking.

12. In the case of all ditches or canals carrying more than twenty-five cubic feet of water per second, in addition to the above information the applicants shall furnish the following maps or plans, in duplicate :—

a) a longitudinal profile of the ditch, showing the bottom and

ce profil devant être de pas moins d'un pouce par quatre cents pieds, et l'échelle verticale de pas moins d'un pouce par vingt pieds ;

b) Un plan donnant des coupes transversales à un nombre de points suffisant pour montrer tous les différents profils du fossé lorsqu'il sera fait, spécialement sur les flancs de coteaux ou ailleurs que remplira quelque partie de l'eau à transporter. Lorsque l'eau devra être conduite par des tranchées, le plan montrera aussi des coupes transversales aux endroits où la plus courte distance horizontale d'un côté ou de l'autre du fond du fossé à la surface du terrain sera moindre que le double de la largeur du fond du fossé en cet endroit. Ce plan sera fait à une échelle horizontale et verticale d'un pouce par vingt pieds ;

c) Des plans de tous digues, caissons, barrages coffrages, levées ou autres ouvrages projetés pour obstruer quelque rivière, cours d'eau, lac ou autre source d'ali-

---

the proposed service water line, the horizontal scale being not less than one inch to four hundred feet, and the vertical scale not less than one inch to twenty feet ;

b) a plan showing cross-sections at a sufficient number of points to fully illustrate all the different forms which the ditch when constructed will take, particularly on side-hills or elsewhere where any portion of the water is to be conveyed in fill. When water is to be conveyed in cut there shall also be shown on this plan cross-sections at points where the shortest horizontal distance from either side of the bottom of the ditch to the surface of the ground is less than double the bottom width of the ditch at that point. This plan shall be drawn on a horizontal and vertical scale of one inch to twenty feet ;

c) plans of any dams, cribs, embankments or other works proposed to obstruct any river, stream, lake or other source of

mentation, ou pour créer un étang, réservoir ou bassin quelque part, ou qui pourront avoir cet effet, seront préparés à une échelle longitudinale de pas moins d'un pouce par cent pieds, et pour les coupes transversales à une échelle de pas moins d'un pouce par vingt pieds ; ils indiqueront quels matériaux l'on se proposera d'employer et comment ils le seront dans ces travaux. Le bois, les fascines, la pierre, la brique et les autres matériaux employés dans ces travaux seront indiqués en détail à une échelle de pas moins d'un pouce par quatre pieds;

d) Des cartes ou plans de coupes transversales montrant la surface du terrain sous les étangs, réservoirs ou bassins, ainsi que la ligne de surface des eaux qu'ils seront destinés à contenir ; l'échelle horizontale de ces cartes ou plans ne sera pas de moins d'un pouce par cent pieds, et l'échelle verticale de pas moins d'un pouce par vingt pieds ; et il sera indiqué un nombre suffisant de lignes de niveau pour permettre de calculer exactement le contenu

---

water supply, or in order to create a pond, reservoir or basin of water anywhere, or which may have that effect, prepared on a longitudinal scale of not less than one inch to one hundred feet, and for cross-sections on a scale of not less than one inch to twenty feet, and showing what material is intended to be used and how placed in such works. The timber, brush, stone, brick or other material used in such works shall be shown in detail to a scale of not less than one inch to four feet ;

d) cross-section maps or plans showing the surface of the ground under such pond, reservoir or basin of water, and also the surface of the water proposed to be held therein ; the horizontal scale of the said maps or plans shall be not less than one inch to one hundred feet; and the vertical scale shall be not less than one inch to twenty feet; and a sufficient number of lines of levels shall be shown, so that the contents of the pond, reservoir or basin of

de chaque étang, réservoir ou bassin. Si les cartes ou plans indiquent les niveaux par des lignes de contour, elles seront dressées à une échelle suffisamment grande pour que les lignes de contour montrent une distance verticale entre elles de pas plus d'un pied. Les cartes ou plans contiendront des renseignements suffisants pour montrer distinctement quelles propriétés seront affectées par la création de ces étangs, réservoirs ou bassins, et la manière dont elles seront affectées, et ils montreront en détail, à une échelle de pas moins d'un pouce par quatre pieds, comment on se proposera de contrôler et tirer l'eau de ces étangs, réservoirs ou bassins.

13. Les mémoires et plans déposés ainsi que ci-dessus prescrit, ou une copie exacte de ces pièces, seront toujours mises à la disposition du public au département et au bureau du commissaire à Régina.

14. Chaque fois qu'il le jugera à propos, le ministre pourra ordonner qu'une copie du mémoire et des plans soit

water may be accurately determined. If the maps or plans show the levels by contour lines, they shall be on a scale sufficiently large that the contour lines shall show a vertical distance between them not exceeding one foot. The maps or plans shall have sufficient information to show clearly the property likely to be affected by the creation of such ponds, reservoirs or basins of water, and the manner in which affected, and shall show in detail, on a scale of not less than one inch to four feet, the proposed manner of controlling and drawing off the water from any such pond, reservoir or basin.

13. The memorials and plans filed as above prescribed, or a true copy thereof, shall be open for examination by the public at all times in the department and at the office of the commissioner at Regina.

14. In any case in which he thinks proper, the Minister may

aussi déposée en tel autre endroit, ou entre les mains de tel autre fonctionnaire ou personne qu'il désignera à cet effet ; cette copie pourra aussi être consultée par le public.

15. 1° Avis public du dépôt du mémoire et des plans sera immédiatement donné par le solliciteur, dans quelque journal publié dans le voisinage et qui sera désigné par le commissaire, pas moins d'une fois par semaine pendant un espace de trente jours, pendant lequel toutes objections faites à la concession des droits demandés seront transmises au ministre ; et cet avis contiendra un résumé de la nature des droits demandés et du caractère général et de la situation des travaux projetés.

2° Le ministre, après avoir examiné toutes les objections faites, pourra autoriser, ainsi qu'il est ci-après prévu, l'exécution des travaux projetés, avec les changements ou modifications qu'il jugera nécessaires.

16. 1° Le mémoire et les plans remis au commissaire

---

direct that a copy of the memorial and plans shall be filed in such other place or with such other official or person as he names for that purpose, and such copy also shall be open to public inspection·

15. Public notice of the filing of the memorial and plans shall forthwith be given by the applicant in some newspaper published in the neighbourhood, to be named by the commissioner, not less than once a week for a period of thirty days, within which time all protests against granting the rights applied for shall be forwarded to the Minister, and such notice shall contain a statement of the nature of the rights applied for, and the general character and location of the proposed works ;

2° The Minister, after considering all protests filed, may authorize, as hereinafter provided, the construction of the proposed works, with such changes or variations as he deems necessary.

16. 1° The memorial and plans filed with the commissioner as

ainsi que la présente loi le prescrit, seront examinés par l'ingénieur en chef, et, après avoir été approuvés par lui, copie en sera expédiée au département pour y être déposée aux archives ; et, sur réception de ce mémoire et de ces plans dûment approuvés, accompagnés d'un certificat que l'avis régulier de leur dépôt a été publié, et que le commissaire a donné permission d'exécuter les travaux en travers des réserves de chemins ou de chemins publics localisés qu'ils pourraient affecter, le ministre pourra autoriser l'exécution des travaux projetés, en fixant en même temps le délai dans lequel ils devront être terminés.

2° Tous changements et modifications ordonnés par le ministre au sujet des plans des travaux projetés devront être déposés par le solliciteur au bureau du commissaire, et formeront une partie des pièces ouvertes à l'inspection du public.

3° Il ne pourra être fait aucune déviation essentielle

---

herein provided shall be examined by the chief-engineer, and, after having been approved by him, one copy shall be forwarded for record purposes in the department ; and, upon receipt of such memorial and plans, properly approved, together with a certificate that the proper notice of the filing of such memorial and plans has been published, and that permission has been granted by the commissioner to construct such works across road allowances or surveyed public roads affected thereby, the Minister may authorize the construction of the proposed works, fixing in such authorization a term within which the construction of the works is to be completed.

2° Any changes and variations ordered by the Minister regarding the plans of the proposed works must be filed by the applicant in the office of the commissioner and shall form a portion of the record open for public inspection.

3° No material deviation from the plans filed shall be made

des plans déposés sans permission, et la question de savoir si une déviation est essentielle ou non sera décidée par l'ingénieur en chef ou tel autre employé que le ministre désignera.

17. Dans le cas de demandes d'eau pour les besoins domestiques ou pour les besoins d'irrigation, le ministre pourra, s'il le juge à propos, dispenser du dépôt des plans prescrits par l'article 11 de la présente loi, et pourra exiger des solliciteurs un mémoire seulement ; mais il pourra ordonner que ce mémoire contienne tous les renseignements nécessaires pour qu'il puisse bien comprendre quels sont les droits sollicités.

18. 1° Tous travaux autorisés en vertu de la présente loi seront, si le ministre en décide ainsi, exécutés sauf inspection par l'ingénieur en chef ou tout autre employé désigné par le ministre ; et les frais d'inspection, ou toute partie de ces frais que le ministre fixera, seront supportés

---

without permission, and any question arising as to whether any deviation is material or otherwise shall be decided by the chief engineer or such other officer as the Minister designates.

17. In the case of applications for water for domestic or irrigation purposes the Minister may, if he sees fit, waive the necessity for filing the plans required by section 11 of this Act, and may require the applicants to file a memorial only, but he may order that such memorial shall contain all the information necessary to a full and complete understanding of the rights applied for.

18. 1° Any works authorized under this Act shall, if the Minister so determines, be constructed subject to inspection during construction by the chief engineer or any other officer to be named by the Minister ; and the cost of such inspection or such portion thereof as the Minister decides, shall be borne by the person or company constructing such works.

par la personne ou par la Compagnie qui exécutera ces travaux ;

2° Si quelque personne établie sur des terrains ou possédant des terrains dans le voisinage de quelque ouvrage, soit terminé, soit en voie d'exécution, demande par écrit au ministre une inspection des travaux, le ministre pourra ordonner qu'elle soit faite.

3° Le ministre pourra exiger que celui qui demandera l'inspection fasse un dépôt de telle somme que le ministre jugera nécessaire pour couvrir les frais d'inspection, et si la demande ne lui paraît pas justifiée, il pourra faire payer la totalité ou partie des frais par ce même dépôt.

4° Si la demande paraît au ministre avoir été justifiée, il pourra ordonner que la personne ou compagnie paie la totalité ou partie des frais d'inspection, et elle pourra y être contrainte comme pour le paiement d'une dette due à Sa Majesté.

5° Lors de toute inspection faite en vertu du présent

2° Should any person residing on or owning land in the neighbourhood af any works, either completed or in course of construction, apply to the Minister in writing desiring an inspection of such works, the Minister may order an inspection thereof.

3° The Minister may require the applicant for inspection to make a deposit of such sum of money as the Minister thinks necessary to pay the expenses of an inspection, and in case the application appears to him not to have been justified may cause the whole or part of the expenses to be paid out of such deposit.

4° In case the application appears to the Minister to have been justified, he may order the person or company to pay the whole or any part of the expenses of the inspection, and such payment may be enforced as a debt due to Her Majesty.

5° Upon any inspection under the provisions of this section the

article, le ministre pourra ordonner que la personne ou compagnie fasse toute addition ou modification qu'il jugera nécessaire pour la solidité et la sûreté des travaux de la personne ou compagnie, et l'inexécution de cet ordre pourra être punie de la même manière que la désobéissance à un ordre du ministre en vertu de l'article 40 de la présente loi.

6° Dans le cas où le ministre aura dispensé du dépôt des plans en vertu de l'article 17, le présent article ne sera pas applicable.

19. La personne ou compagnie, immédiatement après avoir reçu l'autorisation, pourra commencer l'exécution des travaux autorisés ; et pour les fins de cette exécution, elle sera revêtue des pouvoirs conférés par la *Loi sur les chemins de fer* aux compagnies des chemins de fer, autant qu'ils sont applicables à l'entreprise de la personne ou compagnie et ne sont pas incompatibles avec les dispositions de la présente loi ou avec l'autorisa-

---

Minister may order the person or company to make any addition or alteration which he considers necessary for their security to or in any works of the person or company, and noncompliance with such order may be dealt with in the same manner as is provided with respect to an order of the Minister under section 40 of this Act.

6° Provided that where under section 17 the Minister waives the necessity for plans this section shall not apply.

19. The person or company, immediately after the receipt of the authorization, may proceed with the constructton of the works authorized, and for the purposes of such construction shall have the powers conferred by *The Railway Act* upon railway companies so far as the same are applicable to the undertaking of the person or company and are not inconsistent with the provisions of this Act or with the authority given to the person or company, the pro-

tion donnée à la personne ou compagnie, les dispositions conférant ces pouvoirs étant considérées à cette fin comme s'appliquant à tout ouvrage de la personne ou compagnie là où dans la dite loi elles s'appliquent à un chemin de fer.

20. 1° L'exécution de tout ouvrage autorisé en vertu de la présente loi sera commencée deux mois au plus tard après la date de l'autorisation, à moins que ces deux mois n'expirent entre le premier jour de novembre et le premier jour de mai suivant, cas dans lequel les travaux devront être commencés le premier jour de mai suivant au plus tard ; et ils seront poursuivis sans interruption jusqu'à ce qu'ils soient suffisamment avancés pour fournir de l'eau à tous ceux qui en demanderont dans l'étendue du territoire décrite dans l'autorisation, pourvu qu'il y ait assez d'eau pour répondre aux demandes ; le ministre ou l'employé qu'il désignera sera seul appelé à juger si le travail est poussé avec une activité suffisante.

2° S'il survenait quelque accident imprévu qui empê-

---

visions conferring such powers being taken for this purpose to refer to any work of the person or company where in the said Act they refer to the railway.

20. 1° The construction of any work authorized under this Act shall be commenced not later than two months after the date of the authorization, unless such two months expire between the first day of November and the first day of May following, in which case the time of commencement shall not be later than the first day of May following, and shall proceed continuously until sufficiently completed to supply water to all applicants within the area described in the authorization, provided there is sufficient water available for that purpose; and the Minister or such officer as he designates, shall be the sole arbiter as to whether the work is being prosecuted with sufficient vigour.

2° Should any unforeseen disaster intervene to prevent the cons-

cherait l'exécution ou l'achèvement des travaux dans le délai fixé, ou pour toute autre raison qu'il jugera suffisante, le ministre pourra autoriser une prorogation de délai pour le commencement ou l'achèvement des travaux.

3° A l'expiration du délai fixé pour l'achèvement des travaux, les droits conférés à la personne ou compagnie seront périmés et annulés, sauf en ce qu'ils seront nécessaires pour exploiter efficacement les travaux alors terminés; tous travaux faits ou acquis par elle à la date de cette confiscation pourront être pris et exploités par le ministre, qui pourra aussi en disposer, de la manière et aux conditions ci-après prescrites.

21. 1" Les terrains requis pour les travaux de la personne ou compagnie, tels qu'indiqués sur les cartes ou plans déposés, à qui que ce soit qu'ils appartiennent, soit à Sa Majesté ou à quelque personne ou compagnie en vertu de la présente loi, soit à une compagnie de chemin de fer ou à toute autre personne quelconque, ou tout intérêt ou

---

truction or completion of the works within the time limited, or for any other reasons which he deems sufficient, the Minister may authorize an extension of time for the commencement or completion of the works.

3° Upon the expiration of the time limited for the completion of the works, the rights granted to the person or company shall cease and determine, except in so far as they are necessary for effectually operating the works then completed ; and any works at the date of such forfeiture constructed or acquired, may be taken over and operated or disposed of by the Minister in the manner and upon the terms hereinafter provided.

21. 1° Lands required for the works of the person or company, as shown by the maps and plans filed, in whomsoever they are vested, whether in Her Majesty or in any person or company under this Act, or in any railway company, or in any other per-

droit ou privilège dans les terrains ou à l'égard des terrains ainsi requis, pourront être pris et requis par la personne ou compagnie, et à cette fin les dispositions de la *Loi sur les chemins de fer* qui sont applicables, et autant qu'elles le seront, à cette prise de possession et acquisition, s'appliqueront comme si elles étaient incorporées dans la présente loi, le ministre de l'intérieur et le département de l'intérieur étant substitués au ministre des chemins de fer et canaux et au département des chemins de fer et canaux, respectivement, partout où, dans les dispositions de la dite loi, ces derniers ministre et département sont mentionnés ; pourvu que le ministre de l'intérieur puisse imposer les termes et conditions qu'il jugera à propos, dans l'intérêt public, au sujet de l'acquisition, en vertu du présent article, de tous terrains dévolus à quelque personne ou compagnie sous l'empire de la présente loi, ou à quelque compagnie de chemin de fer, ou de tout intérêt dans ces terrains, ou de tout droit ou privilège affectant ces terrains.

---

son whomsoever, or any interest in or right or privilege with regard to such land which is so required, may be taken and acquired by the person or company ; and to this end all the provisions of *The Railway Act* which and so far as they are applicable to such taking and acquisition, shall apply as if they were included in this Act, the Minister of the Interior and the Department of the Interior being substituted for the Minister of Railways and Canals and the Department of Railways and Canals, respectively, wherever in the provisions of the said Act the latter minister and department are referred to : Provided, that the Minister of the Interior may impose such terms and conditions as he thinks proper in the public interest in connection with the acquisition under this section of any lands which are vested in any person or company under this Act, or in any railway company, or of any interest in such lands or any right or privilege affecting such lands.

2° Toutes les dispositions de la *Loi sur les chemins de fer* qui peuvent s'y appliquer s'appliqueront également à la fixation du montant et au paiement de l'indemnité pour dommages à des terrains causés par la construction où l'entretien des ouvrages de la personne ou compagnie, ou résultant de l'exercice de quelqu'un des pouvoirs accordés à la personne ou compagnie en vertu de la présente loi.

22. Tous les plans, cartes et livres de renvoi indiquant les terrains, autres que des terres de la Couronne, qu'il sera nécessaire qu'une personne ou compagnie acquière en vertu des dispositions de la présente loi pour le droit de passage ou pour quelque objet se rattachant à l'exécution et à l'entretien de ces travaux, devront être signés et attestés comme exacts par un arpenteur fédéral compétent. Ces plans, cartes et livres de renvoi seront dressés en double, et une copie en sera déposée au bureau du commissaire, et l'autre sera enregistrée par le solliciteur au bureau des titres de biens-fonds du district d'en-

---

2° All the provisions of *The Railway Act* which are applicable shall in like manner apply to fixing the amount of and the payment of compensation for damages to lands arising out of the construction or maintenance of the works of the person or company or the exercise of any of the powers granted to the person or company under this Act.

22. All maps, plans and books of reference showing any lands other than Crown lands necessary to be acquired under the provisions of this Act, by any person or company for right of way or for any purpose in connection with the construction and maintenance of their works, must be signed and certified correct by a duly qualified Dominion land surveyor. Such maps, plans and books of reference shall be prepared in duplicate, and one copy shall be filed in the office of the commissioner and the other registered by the applicant in the land titles office for the registration

registrement dans lequel seront situés les terrains en question.

23. Le ministre ou l'employé qu'il désignera sera, en cas de différend, seul juge de l'étendue de terrain que pourra occuper la personne ou compagnie sans le consentement du propriétaire, pour tout objet se rattachant à l'exécution et à l'entretien de ces travaux.

24. 1° A l'expiration du délai mentionné dans l'autorisation pour l'exécution de quelques travaux, ou en tout temps avant cette date si leur construction est terminée plus tôt, il en sera fait une inspection par l'ingénieur en chef ou tout autre employé que le ministre désignera ; un certificat sera donné par l'ingénieur en chef et expédié au département, énonçant que les travaux ont été faits en conformité de la demande, que des conventions ont été conclues pour la fermeture de l'eau pour l'irrigation de terres n'appartenant pas au solliciteur, et que les

---

district within which the lands affected by such surveys are situated.

23. The Minister or such officer as he designates shall, in case of dispute, be the sole arbiter as to the area of land which may be taken by the person or company without the consent of the owner for any purpose in the construction or maintenance of their works.

24. 1° Upon the expiration of the time mentioned in the authorization for the construction of any works, or at any time before such date, if the construction is sooner completed, an inspection shall be made by the chief engineer or such other officer as the Minister appoints ; and a certificate shall be issued by the chief engineer and be forwarded to the department setting forth that the works have been completed in accordance with the application, that the right of way for the works has been obtained, that agreements have been entered into for the supply of water for the irri-

travaux tels qu'exécutés sont capables de transmettre et utiliser une quantité d'eau déterminée.

2° En recevant ce certificat, le ministre délivrera un permis au solliciteur pour la quantité d'eau à laquelle il aura droit et ce permis sera enregistré au bureau du commissaire à Régina.

25. Les licenciés auront priorité entre eux suivant le numéro de leur permis, de telle sorte que chaque licencié aura le droit de recevoir toute la quantité d'eau à laquelle son permis lui donnera droit, avant qu'aucun licencié dont le permis portera un numéro plus élevé ne puisse prétendre à son approvisionnement ; et s'il est porté plainte au ministre ou à un employé autorisé par lui à recevoir les plaintes, qu'un licencié reçoit de l'eau d'une source d'alimentation à laquelle a droit un autre licencié par priorité de droit, et que le licencié ayant cette priorité de droit ne reçoit pas la quantité d'eau à laquelle il a

---

gation of lands which are not the property of the applicant, and that the works as constructed are capable of carrying and utilizing a stated quantity of water.

2° Upon receipt of such certificate the Minister shall issue a license to the applicant for the quantity of water to which he is entitled, and such license shall be recorded in the office of the commissioner at Regina.

25. Licensees shall have priority among themselves according to the number of their licenses, so that each licensee shall be entitled to receive the whole of the supply to which his license entitles him, before any licensee whose license is of a higher number has any claim to a supply ; and if a complaint is made to the Minister, or to an officer authorized by him to receive such complaints, that any licensee is receiving water from a source of supply to which another licensee is entitled by virtue of priority of right, and that the licensee having such priority of right is not receiving the sup-

droit, quelque employé désigné par le ministre ou celui à qui la plainte aura été faite, selon le cas, s'informera des circonstances du cas, et s'il trouve que la plainte est bien fondée, il fera fermer les empellements du fossé ou des autres ouvrages du licencié qui recevra de l'eau sans y avoir le droit, de sorte que la quantité d'eau à laquelle aura droit l'autre licencié puisse passer et s'écouler dans ses travaux.

26. Lorsque les travaux faits pour transporter de l'eau ne seront pas d'une capacité suffisante pour charrier la quantité d'eau acquise par leur propriétaire, son droit exclusif sera limité à la quantité que le fossé, déversoir ou autre moyen de transport sera capable de charrier ; et s'il s'élève quelque contestation au sujet de cette quantité, le ministre pourra ordonner l'inspection des travaux ; et le rapport et la décision de l'inspecteur au sujet de leur capacité, pour les fins du présent article, seront définitifs.

27. Lorsque le terrain à irriguer par l'eau concédée

---

ply to which he is entitled, some officer to be named by the Minister or the officer to whom complaint is so made, as the case may be, shall inquire into the circumstances of the case, and, if he finds that there is ground for the complaint, shall cause the head-gates of the ditch or other works of the licensee who is receiving an undue supply of water to be closed, so that the supply to which the other licensee is entitled shall pass and flow to his works.

26. When any works for carrying water are not of sufficient capacity to carry the quantity of water acquired by their owner, his exclusive right shall be limited to the quantity which such ditch, flume or other contrivance is capable of carrying ; and in case of dispute as to such quantity the Minister may order an inspection of the works ; and the report and finding of the inspecting officer as to the capacity thereof shall, for the purposes of this section, be final and conclusive.

27. When the land to be irrigated by the water granted to a

à un licencié fera partie de terres pour lesquelles il
n'aura pas été délivré de lettres patentes par la Couronne,
mais sera tenu par un licencié en vertu d'un droit d'établissement ou de quelque autre possession conditionnelle,
ou en vertu d'un bail en conformité des dispositions de la
Loi des terres fédérales, ou d'une convention d'acheter ce
terrain, le permis de prendre cette eau sera révoqué sur
réception par le ministre d'un certificat de l'annulation
de l'inscription d'établissement ou **autre possession** conditionnelle, du bail ou de la convention de vente ; mais le
droit d'eau nécessaire pour l'irrigation du terrain pourra
être réservé pour toute période que le ministre prescrira,
et il pourra en être disposé, ainsi que de tous les travaux
s'y rattachant, en faveur du prochain occupant ou acquéreur de ce terrain, aux termes et conditions que le ministre
prescrira ; et le nouveau permis délivré pour cette eau
portera le même numéro et aura la même priorité de
droit que le permis primitif ou révoqué.

---

licensee is land for which letters-patent from the Crown have not
been issued, being held by the licensee under a homestead or other
conditional entry or a lease in accordance with the provisions of
The Dominion Lands Act, or under an agreement to purchase
such land, the license for such water shall be cancelled upon receipt
by the Minister of a certificate of the cancellation of such homestead
or other conditional entry, lease or sale agreement ; but the water
right necessary for the irrigation of such land may be reserved for
such time as the Minister determines, and may be disposed of, together with all works connected therewith, to the next occupant or
purchaser of such land, upon such terms and conditions as the Minister determines ; and the new license issued for such water shall
have the same number and hold the same priority of right as the
original or cancelled license.

28. 1° Every person and every company and the officers and

28. 1º Toute personne et toute compagnie, ainsi que ses employés et directeurs, fourniront à l'inspecteur les renseignements en leur possession et pouvoir sur tous les faits dont il désirera de s'informer, et soumettront à cet inspecteur tous les plans, devis, dessins et documents se rattachant à la construction, réparation ou condition des travaux ou de toute partie des travaux.

2º La production d'instructions écrites signées par le ministre, le sous-ministre ou le secrétaire du département de l'intérieur, sera une preuve suffisante de l'autorisation de cet inspecteur.

29. Quiconque entravera volontairement un inspecteur dans l'accomplissement de ses devoirs sera passible, sur conviction sommaire, d'une amende de vingt dollars au plus, ou d'un emprisonnement de deux mois au plus, avec ou sans travaux forcés, ou des deux peines à la fois.

30. Quiconque interrompera, molestera ou entravera dans son travail un ingénieur ou arpenteur fédéral, occupé

---

directors thereof shall afford to any inspecting officer such information as is within their knowledge and power in all matters inquired into by him, and shall submit to such inspecting officer all plans, specifications, drawings and documents relating to the construction, repair or state of repairs of the works or any portion thereof.

2º The production of instructions in writing signed by the Minister or his deputy or the secretaryo f the Department of the Interior, shall be sufficient evidence of the authority of such inspecting officer.

29. Every person who wilfully obstructs an inspecting officer in the execution of his duty shall be liable, on summary conviction, to a penalty not exceeding twenty dollars, or to imprisonment for a term not exceeding two months, with or without hard labour, or to both.

à faire des arpentages ou relèvements, ou d'autres opérations se rattachant à des travaux autorisés par la présente loi, sera coupable d'infraction et passible, sur conviction sommaire, d'une amende de vingt dollars au plus, ou d'un emprisonnement de deux mois au plus, ou des deux peines à la fois.

31. Tout individu qui, sans autorisation, prendra ou détournera de l'eau de quelque rivière, cours d'eau, lac ou autres eaux, ou de quelques travaux autorisés par la présente loi, ou qui en prendra ou détournera une plus grande quantité qu'il n'y aura droit, sera coupable d'infraction et passible, sur conviction sommaire, d'une amende de pas plus de cinq dollars par jour ou fraction de jour pour chaque unité ou fraction d'unité d'eau illégitimement détournée, ou d'un emprisonnement de pas plus de trente jours, ou de ces deux peines, et, sur mise en accusation, d'une amende de pas plus de cinq dollars par jour ou fraction de jour pour chaque unité ou fraction

---

30. Every person who interrupts, molests or hinders in his work any engineer or Dominion land surveyor engaged in making surveys or levels, or in other operations in connection with any work authorized under this Act, is guilty of an offence, and liable. on summary conviction, to a penalty not exceeding twenty dollars, or to imprisonment for a term not exceeding two months, or to both.

31. Every person who, wilfully without authority, takes or diverts any water from any river, stream, lake or other waters or from any works authorized under this Act, or who takes or diverts therefrom any greater quantity of water than he is entitled to, is guilty of an offence, and liable, upon summary conviction, to a fine not exceeding five dollars per day or fraction of a day for each unit or fraction of a unit of water improperly diverted, or to imprisonment for a term not exceeding thirty days, or to both,

d'unité d'eau illégitimement détournée, ou d'un emprisonnement de pas plus de trente jours, ou des deux peines à la fois.

32. 1° Aucun licencié ne détournera plus d'eau que la quantité que comportera son permis, et tout licencié qui le fera sera coupable d'infraction et passible, sur conviction sommaire, d'une amende de pas plus de cinq dollars par jour ou fraction de jour, pour chaque unité ou fraction d'unité d'eau ainsi détournée.

2° Dans le cas de contestation, au sujet de la quantité d'eau détournée, le ministre pourra ordonner une inspection des travaux du licencié par une personne désignée par lui à cet effet ; et pour les fins du présent article, le rapport et la décision de cette personne, quant à la quantité d'eau détournée, seront définitifs.

33. Lorsqu'un licencié cessera de se servir de l'eau à laquelle son permis lui donnera droit, ou la gaspillera,

---

and upon indictment to a fine not exceeding five dollars per day or fraction of a day for each unit or fraction of a unit of water improperly diverted, or to imprisonment for a term not exceeding thirty days, or to both.

32. 1° No licensee shall divert more water than the quantity actually granted by his license, and any licensee so doing shall be guilty of an offence punishable on summary conviction by a fine not exceeding five dollars per day, or fraction of a day, for each unit or fraction of a unit of water so diverted.

2° In case of dispute as to the quantity of water diverted, the Minister may order an inspection of the works of the licensee by an officer named by him for that purpose ; and for the purposes of this section, the report and finding of such officer as to the quantity diverted shall be final and conclusive.

33. When any licensee abandons or ceases to use or wastes any waters to which his license entitles him and any charge of

et que plainte sera portée au ministre à ce sujet, le ministre pourra s'enquérir lui-même de la plainte ou la faire examiner par toute personne ou tout employé qu'il désignera à cet effet, et le ministre, lorsqu'il le croira juste et à propos, pourra ordonner la confiscation du permis, et le permis sera dès lors révoqué, et sera nul et de nul effet.

34. 1° Tout licencié disposera de tout surplus d'eau s'écoulant dans ses travaux et qui n'est pas utilisé ou n'est pas employé pour les fins autorisées, en faveur de toute personne qui en fera la demande pour des fins d'irrigation et qui offrira de payer pour un mois d'avance aux prix réguliers.

2° Les personnes qui feront ces demandes paieront une somme égale au coût et frais des travaux nécessités pour leur conduire le surplus d'eau, ou bien elles feront ces travaux elles-mêmes ; et jusqu'à ce que cela soit fait, la compagnie ne sera pas tenue de leur fournir l'eau.

---

such abandonment or ceasing to use or wasting waste water is made to the Minister, such charge may be inquired into by him or by any person or officer appointed by him for that purpose ; and the Minister, if he deems just and proper, may, by order declare a forfeiture of the license, and the license so ordered or declared to be forfeited shall be cancelled and shall cease and determine.

34. 1° Any licensee shall dispose of any surplus water flowing in his works which is not being utilized or used for the purposes authorized, to any person applying therefor for irrigation purposes and tendering payment for one month in advance at the regular prices.

2° Persons so applying shall pay an amount equal to the cost and expense of the works required to convey the surplus water to them, or shall themselves construct such works ; and until this is done the delivery of surplus water need not be made.

3° When the necessary works have been constructed and the

3° Lorsque les travaux nécessaires auront été exécutés et que le paiement ou l'offre ci-dessus prescrits auront été faits, le solliciteur aura droit d'utiliser toute l'eau de surplus que ces travaux pourront procurer.

4° Aucune disposition du présent article ne donnera, à celui qui aura acquis le droit de se servir de l'eau de surplus, aucun droit à cette eau lorsque le licencié en aura besoin pour les fins autorisées, ni le droit de la gaspiller, la vendre ou en disposer après qu'il l'aura utilisée, ou n'empêchera les propriétaires primitifs de la reprendre, la vendre ou en disposer de nouveau de la manière ordinaire ou habituelle, après qu'elle aura été utilisée comme susdit.

35. 1° Aucun licencié qui entreprendra de vendre de l'eau transportée par ses travaux ne devra, après les quatre premières années qui suivront l'exécution des travaux nécessaires pour fournir l'eau aux consommateurs,

---

payment or tender herein provided for has been made, the applicant shall be entitled to the use of so much of the surplus water as such works have the capacity to carry.

4° Nothing in this section shall be construed to give to any person acquiring the right to use surplus water any right to the said surplus water when it is needed by the licensee for the purposes authorized, or to waste or sell or dispose thereof after being used by him, or shall prevent the original owners from retaking, selling or disposing thereof in the usal or customary manner after it has been so used as aforesaid.

35. 1° No licensee undertaking to sell water conveyed by his works shall, subsequent to the first four years after the construction of such works as are necessary to convey the water to the user, discriminate between the users of such water regarding the price thereof.

faire aucune différence entre les consommateurs à l'égard du prix de cette eau.

2° Si, pour une cause quelconque, la quantité d'eau qu'un licencié sera convenu de fournir ne peut être obtenue, le licencié fournira à chaque consommateur une quantité d'eau qui est en proportion de la quantité d'eau disponible, à la quantité totale qu'il se sera engagé à fournir avec son approvisionnement ordinaire.

3° Tout licencié qui enfreindra quelqu'une des présentes dispositions sera coupable d'infraction à la présente loi et sera passible, sur conviction sommaire, d'une amende de mille dollars au plus pour chaque infraction ou d'un emprisonnement de deux mois au plus, ou des deux peines à la fois.

36. 1° Le ministre pourra conférer à tout licencié le droit d'amasser pour des fins d'irrigation, pendant les inondations ou la crue des eaux, ou pendant les parties

---

2° If from any cause the whole amount of water agreed to be supplied by a licensee is not available, then each user shall have furnished to him by the licensee so much water as shall bear to the available water the same proportion as his usual supply bears to the whole amount agree to be furnished.

3° Any licensee violating these provisions shall be guilty of an offence against this Act and liable upon summary conviction to a fine not exceeding one thousand dollars for each and every such offence, or to imprisonment for a period not exceeding two months, or to both.

36 1° The Minister may grant to any licensee the right to store for irrigation purposes during periods of floods or high water, or during those portions of the year when water is not required for irrigation purposes, any water not being used during such periods.

2° Should there be any works for the carriage of water which are not being utilized to their full capacity by their owner, and

de l'année où l'on n'a pas besoin d'eau pour l'irrigation, toute eau qui ne sera pas utilisée pendant ces périodes.

2° S'il se trouvait des travaux propres au transport de l'eau qui ne seraient pas utilisés dans toute leur capacité par leur propriétaire, et qui pourraient servir avantageusement à transporter toute l'eau ou une partie de l'eau que l'on voudrait amasser, sur une partie de la distance qu'il faudrait la transporter ou conduire, sans nuire à l'usage de ces travaux par leur propriétaire, ces travaux seront alors mis à la disposition du licencié qui désirera s'en servir; et si les parties ne peuvent s'entendre au sujet de la rétribution à payer pour ce service, le ministre pourra en fixer le prix.

37. Toute personne ou compagnie qui fera quelques travaux sous l'empire de la présente loi devra, pendant leur exécution, tenir ouverts, pour la circulation sûre et commode, tous les grands chemins publics jusqu'alors publiquement en usage comme tels, lorsqu'ils seront

---

which can with advantage be utilized to carry the whole or any portion of the water desired to be stored any portion of the distance it is required to be so carried or conducted, without interfering with the use made of the said works by their owner, then the said works shall be placed at the disposal of the licensee desiring to so use it; and if the parties cannot agree upon the compensation to be paid for such service, the Minister may fix the rate to be paid therefor.

37. Any person or company constructing any works under the provisions of this Act, shall during such construction keep open for safe and convenient travel all public highways theretofore publicly travelled as such, when they are crossed by such works, and shall, before water is diverted into, conveyed or stored by any such works extending into or crossing any such highway, construct, to the satisfaction of the Minister, a substantial bridge,

croisés par ces travaux, et devra, avant que l'eau ne soit amenée dans ces travaux, ou transportée ou amassée par quelqu'un de ces travaux empiétant sur un tel chemin public ou le traversant, construire, à la satisfaction du ministre, un pont solide de pas moins de quatorze pieds de largeur, avec accès convenables et suffisantes, au-dessus de ces travaux ; et chacun de ces ponts et ces accès seront ensuite constamment entretenus par cette personne ou compagnie.

38. Sous l'empire de la présente loi, le débit d'un pied-cube d'eau par seconde sera l'unité de mesure de l'eau courante, et le pied-cube ou le pied-acre sera l'unité de mesure de la quantité. Un pied-acre équivaut à quarante-trois mille cinq cent soixante pieds cubes.

39. 1° Les compagnies qui obtiendront un permis en vertu de la présente loi devront, le ou avant le trente-unième jour de janvier de chaque année, faire un rapport au ministre, attesté sous serment par le président et le secré-

---

not less than fourteen feet in breadth, with proper and sufficient approaches thereto, over such works ; and every such bridge and the approaches thereto shall be always thereafter maintained by such person or company.

38. Under this Act the discharge of one cubic foot of water per second shall be the unit of measurement of flowing water, and the cubic foot or acre foot, the unit of measurement of quantity. The acre foot is equivalent to forty-three thousand five hundred and sixty cubic feet.

39. 1° Companies obtaining a license under this Act shall, on or before the thirty-first day of January in each year, make a return to the Minister, attested by the oath of its president and secretary, for the year ending the thirty-first day of December preceding, showing :

The amount expended on construction ;

taire, pour l'année expirée le trente-unième jour de décembre précédent, montrant :

Le montant dépensé pour construction ;
Le montant dépensé en réparations ;
Le montant reçu des actionnaires ;
Le montant des obligations émises ;
Le montant reçu pour l'eau fournie pour irrigation ;
Le montant reçu d'autres sources ;
Le montant des dividendes déclarés et payés ;
Le montant du capital social autorisé ;
Le montant du capital social souscrit ;
Le montant du capital social versé à date ;
Le montant de la dette représentée par des obligations ;
Le prix auquel se sont vendues les obligations ;
Le taux d'intérêt que portent les obligations ;
Le montant des dettes autres que les obligations et le taux d'intérêt que portent ces dettes ;
Les frais d'administration ;

The amount expended on repairs ;
The amount received from shareholders ;
The amount of bonds issued ;
The amount received for water supplied for irrigation ;
The amount received from other sources ;
The amount of dividend declared and pay ;
The amount of capital stock authorized ;
The amount of capital stock subscribed ;
The amount of capital stock paid up to date ;
The amount of bonded indebtedness ;
The amount bonds sold for ;
The rate of interest bonds bear ;
The amount of indebtedness other than bonds, and the rate of interest such indebtedness is bearing ;
The cost of management ;
A statement of the works, and their extent and character ;

Un état des travaux, de leur étendue et nature ;

Le nombre de milles de canaux, fossés, etc. ;

Le nombre des consommateurs ;

Le nombre d'acres réellement irriguées ;

Le nombre d'acres de terre irrigables par les travaux ;

Les noms des fonctionnaires et employés ;

Les agrandissements probables durant les années suivantes et la superficie en acres qu'ils couvriront.

Tous autres renseignements que le Gouverneur en Conseil jugera à propos d'exiger.

2° Il sera annexé à ce rapport annuel une copie des règlements de la compagnie, indiquant toutes les modifications qui y auront été apportées pendant l'année couverte par le rapport.

3° Le ministre pourra dispenser toute personne privée qui ne fournira d'eau qu'à elle-même de l'obligation de faire le rapport prescrit par le présent article.

40. 1° Lorsqu'une plainte, faite sous le serment du plai-

The number of miles of canals, ditches, etc. :

The number of users ;

The number of acres actually under irrigation ;

The number of acres of irrigable land in the system ;

The names of officers and employees ;

The proposed extensions during ensuing years and the acreage to be covered thereby ;

Such other data as the Governor in Council sees fit to order.

2° Attached to such annual return shall be a copy of the by-laws of the company, showing all amendments thereto during the year covered by the said return.

3° The returns required by this section may be waived by the Minister in the case of a private person supplying water solely to himself.

40. 1° When a complaint, under oath of the complainant and of at least one witness, is made to the Minister or the commissioner

gnant et d'au moins un témoin, sera portée au ministre ou au commissaire par un consommateur d'eau qui en aura payé le prix, qu'un licencié qui s'est obligé ou est obligé de lui fournir de l'eau ne remplit pas son engagement, ou n'entretient pas ses travaux en bon état, le ministre, ou quelque personne ou employé désigné par lui à cet effet, pourra faire immédiatement une enquête et prendre tous les moyens nécessaires pour s'assurer de la véracité des allégations du plaignant ; s'il trouve que la plainte est fondée, il pourra ordonner que le licencié fasse immédiatement ce qu'il jugera nécessaire pour faire disparaître autant que possible la cause de la plainte.

2° Si le licencié n'obéit pas à cet ordre, le ministre donnera immédiatement un certificat à cet effet, exposant tous les faits, et, sur présentation de ce certificat au juge de la Cour Suprême pour le district judiciaire dans lequel seront situés les travaux, le juge prendra connaissance de l'affaire et la décidera sommairement, et ordonnera au licencié de prendre au plus tôt les mesures qu'il jugera

---

by a consumer of water who has paid his rates, that a licensee who has engaged or is under obligation to supply him with water is failing to do so, or is failing to keep his works in proper condition, the Minister or some person or officer appointed by him for the purpose may make immediate inquiry and take all necessary steps to ascertain the truth of the complaint, and, if he considers the complaint established, may order and direct that the licensee shall take forthwith such action as he considers necessary in order as far as possible to remove the cause of complaint.

2° If the licensee fails to obey such order, the Minister shall forthwith issue a certificate to that effect, reciting all the facts, which certificate being presented to the judge of the Supreme Court for the judicial district within which such works lie, the judge shall hear and determine the matter in a summary manner, and shall order the licensee to proceed with all despatch to take such

nécessaires à ce propos ; tout refus ou toute négligence à obéir à un ordre donné par un juge en vertu du présent article pourra être jugé et puni comme une désobéissance à la Cour, et il pourra être adopté d'autres procédures à cet égard comme dans le cas de l'inaccomplissement d'un ordre ou commandement de la dite Cour ou de l'un de ses juges.

41. Le Gouverneur en Conseil pourra autoriser deux compagnies ou plus, dont les travaux sont contigus, à s'unir et former une seule compagnie afin d'augmenter l'alimentation d'eau et d'agrandir leurs travaux, lorsqu'il lui sera prouvé que les porteurs de plus de cinquante pour cent du capital social de chaque compagnie sont en faveur de l'union, que les consommateurs de l'eau n'en souffriront pas, et que les compagnies à fusionner ont les moyens financiers nécessaires pour conduire à bien l'entreprise projetée, — les mêmes détails que ceux qui doivent être fournis lors d'une demande d'autorisation de faire des travaux en vertu de la présente loi étant fournis au

---

measures as he considers necessary in the premises; and refusal or neglect to obey any order made by a judge under this section may be treated and punished as contempt of court, and such other proceedings may be had and taken thereon as in the case of non-compliance with any other mandatory order of the said court or a judge thereof.

41. The Governor in Council may authorize two or more companies whose works are contiguous, to unite and form one company with a view to providing increased water supply and extending their works, when he is satisfied that the holders of more than fifty percent of the capital stock of each company are in favour of the union, that users dependent upon the water supply will not be injured, and that the companies to be united have the necessary financial means for carrying out the proposed undertaking,—the same particulars being furnished to the Governor in

Gouverneur en Conseil ; avis public de l'autorisation de fusion des compagnies et de leurs travaux projetés sera donné de la manière prescrite par l'article 15.

42. Le ministre, ou toute personne spécialement autorisée par lui, pourra, lorsqu'il le jugera nécessaire pour la bonne exécution des dispositions de la présente loi ou des réglements à faire sous son empire, citer devant lui toute personne par assignation, interroger cette personne sous serment, et exiger la production de papiers et écrits ; pour toute négligence à obéir à l'assignation, ou pour tout refus de rendre témoignage ou de produire les papiers ou écrits demandés, le ministre ou la personne autorisée par lui, pourra, par mandat sous son seing, ordonner que la personne en défaut soit incarcérée dans la prison la plus voisine pendant une période de quatorze jours au plus, comme pour désobéissance à l'ordre d'une Cour.

43. Tous affidavits, serments, déclarations ou affir-

Council as are required to be furnished upon an application for authorization to construct works under this Act ; and public notice of the authorization of the united companies and their proposed works shall be given in the manner prescribed under section 15.

42. The Minister or any one specially authorized by him may, when he deems it necessary for the satisfactory carrying out of the provisions of this Act or the regulations to be framed under it, summon before him any person by subpœna, examine such person under oath, and compel the production of papers and writings ; and for neglect to obey such summons or refusal to give evidence, or to produce the papers or writings demanded of him, the Minister or the person authorized may, by warrant under his hand, order the person in default to be imprisoned in the nearest common jail as for contempt of court, for a period not exceeding fourteen days.

43. All affidavits, oaths, solemn declarations or affirmations

mations solennelles à faire ou à prêter en vertu de la
présente loi ou des règlements établis sous son empire,
pourront être faits devant l'ingénieur en chef ou toute
autre personne spécialement autorisée par le ministre à
les recevoir, ou devant toutes autres personnes autorisées
à recevoir des affidavits dans les Territoires du Nord-
ouest ; le ministre pourra exiger que tout état ou exposé
à faire en vertu de la présente loi ou des dits règlements, soit attesté par serment, affidavit, affirmation ou
déclaration.

44. Le ministre pourra, en tout temps, prendre les
mesures qu'il jugera nécessaires pour obtenir un examen
complet ou partiel des sources d'alimentation d'eau pour
des fins d'irrigation et autres, avec une estimation de
l'étendue et de la situation des terres irrigables, et des
localités propres à la création d'étangs, bassins et réservoirs pour l'accumulation de l'eau, et pourra soustraire
ces localités à la vente générale et aux établissements, et

---

required to be taken under this Act or any regulations made
thereunder, may be taken before the chief engineer, or any
persons specially authorized by the Minister to take them, or any
other persons authorized to take affidavits in the North-west
Territories ; and the Minister may require any statement called
for under this Act, or under any such regulation, to be verified by
oath, affidavit, affirmation or declaration.

44. The Minister may take such steps as he deems necessary
at any time to secure a complete or partial survey of the sources
of the water supply for irrigation and other purposes, with an
estimate of the extent and location of irrigable lands, and of the
site or sites suitable for ponds, basins and reservoirs for water
storage, and may reserve lands forming such sites from general
sale and settlement and dispose thereof by sale or lease to be
utilized for purposes within the purview of this Act. He may also
take such steps as he thinks necessary to protect the sources of

en disposer par vente ou affermage pour être utilisés pour les fins prévues à la présente loi. Il pourra aussi prendre les mesures qu'il croira nécessaires pour protéger ces sources d'alimentation et pour empêcher toute action qui pourrait diminuer cette alimentation ou lui nuire.

45. Le ministre pourra, en tout temps, autoriser l'établissement dans les rivières, cours d'eau, lacs et autres sources d'alimentation, de jauges pour calculer le volume et le débit approximatifs de l'eau ; l'établissement d'échelles ou marques des hautes eaux sur les rivières, cours d'eau, lacs et autres nappes d'eau pendant leurs crues ; les moyens d'obtenir des analyses de l'eau des rivières, cours d'eau, lacs et autres nappes d'eau, et l'adoption de toutes autres mesures pour assurer l'usage avantageux de leurs eaux, et pour contrôler et régulariser leur détournement et leur emploi, qu'il jugera nécessaires ou à propos et qui seront conformes aux dispositions de la présente loi.

46. Le Gouverneur en Conseil pourra, s'il croit en

---

water supply and to prevent any act likely to diminish or injure the said supply.

45. The Minister may from time to time authorize the establishing in rivers, streams, lakes, and other waters, water gauges for computing the approximate volume and discharge of waters, the placing of high water marks on rivers and streams, lakes and other waters when in flood, the taking of steps for securing analyses of the water of rivers, streams, lakes and other waters, and the adopting of such other measures and proceedings for promoting the beneficial use of water, and for controlling and regulating the diversion and the application thereof as he finds necessary and expedient and as are consistent with the provisions of this Act.

46. The Governor in Council may, if in the public interest it is at any time deemed advisable so to do, take over and operate

aucun temps qu'il est de l'intérêt public de le faire, prendre possession et faire l'exploitation ou autrement disposer des travaux de tout licencié autorisé en vertu de la présente loi ; pourvu que le prix de ces travaux soit payé à leur valeur, qui sera établie par la Cour de l'Échiquier ou par arbitrage, l'un des arbitres devant être nommé par le Gouverneur en Conseil, le second par le licencié, et le troisième par les arbitres déjà nommés, ou, s'ils ne peuvent s'entendre sur le choix de ce tiers-arbitre, par la Cour de l'Échiquier, et qu'en estimant cette valeur la Cour ou les arbitres puissent tenir compte des dépenses du licencié et de l'intérêt sur ces dépenses, ainsi que de la valeur de ses propriétés, travaux et opérations ; pourvu aussi qu'aucune personne qui se servira de l'eau des dits travaux à cette date ne soit privée de la quantité d'eau à laquelle elle aura droit ; et pourvu, de plus, que dans chacun de ces cas, le Gouverneur en Conseil tienne compte des droits à considération de tous ceux qui auront pré-

---

or otherwise dispose of the works of any licensee authorized under this Act : Provided, that compensation shall be paid for such works at their value, — such value to be ascertained by reference to the Exchequer Court, or by arbitration, one arbitrator to be appointed by the Governor in Council, the second by the licensee, and the third by the two so appointed, or, in case these cannot agree as to the third arbitrator, by the Exchequer Court, — and in estimating such value the court or the arbitrators may take into account the expenditure of the licensee and interest on such expenditure, and the value of his property, works and business : Provided also, that no person who at such date is using the water of the said works, shall be deprived of the quantity of water he is entitled to : Provided further, that in any such case the Governor in Council shall have due regard to the claims to consideration of any persons who have prepared or have in course of preparation any land to be supplied with water by the works taken over.

5

paré ou seront en voie de préparer leurs terrains pour recevoir l'eau des travaux expropriés.

47. Les statuts et règlements des compagnies agissant en vertu de la présente loi ne contiendront rien de contraire à la véritable intention et à l'esprit de la présente loi, et seront sujets à revision et sanction par le ministre ; et aucun tarif de prix exigibles pour l'eau fournie par aucun licencié ne sera exécutoire avant d'avoir été approuvé par le Gouverneur en Conseil.

48. Toute compagnie autorisée en vertu de la présente loi pourra émettre des obligations, reconnaissances et autres effets jusqu'à concurrence de son capital souscrit, ou du double du montant de son capital versé, quel que soit le moindre de ces montants.

49. Toute compagnie autorisée en vertu de la présente loi pourra acquérir ou louer des terrains dans le but de les améliorer par l'irrigation, mais elle devra en

---

47. The by-laws and regulations of companies operating under this Act shall non contain anything contrary to the true intent and meaning of this Act, and shall be subject to revision and approval by the Minister ; and no tariff of charges for water furnished by any licensee shall come into operation until it has been approved by the Minister.

48. Any company authorized under this Act may issue bonds, debentures or other securities to the amount of its subscribed capital, or double the amount of its paid-up capital, whichever is the smaller amount.

49. Any company authorized under this Act may acquire land by purchase or lease for improvement by irrigation, and shall dispose thereof within fifteen years after its acquisition, otherwise such land shall revert to the Crown ; excepting however such lands as are actually under cultivation or are being used for farming, gardening, stock-raising, dairying, horticulture, tree-plant-

disposer dans les quinze ans de leur acquisition, sans quoi ces terrains retourneront à la Couronne, à l'exception, toutefois, des terrains qui seront réellement cultivés ou qui seront employés pour la culture, le jardinage, l'élevage des bestiaux, le pâturage des vaches laitières, l'horticulture, l'arboriculture et la sylviculture: pourvu que les terrains ainsi exceptés ne comprennent pas plus de dix pour cent de la superficie totale du terrain irrigué par la compagnie.

50. Toute compagnie autorisée en vertu de la présente loi pourra, pour les besoins de son entreprise, construire ou acquérir des lignes de télégraphe électrique et de téléphone, ou toutes autres inventions servant à la transmission de dépêches au moyen de fils métalliques, baguettes, tubes ou autres appareils et pourra acquérir tout le terrain nécessaire à la construction et l'exploitation de ces lignes ou inventions; et les terrains qu'il faudra prendre et acquérir dans ce but pourront être

---

ing and forestry : Provided that the lands so excepted do not comprise more than ten per cent of the total area of land brought under irrigation by the company.

50. Any company authorized under this Act may for the purposes of its undertaking construct or acquire electric telegraph and telephone lines or any other contrivances for the transmission of messages through or along wires, rods, tubes or other appliances, and may acquire any land necessary for the construction and operation of such lines or contrivances, and the lands necessary to be taken and acquired for this purpose may be acquired under the provisions of section 21 of this Act.

51. The Minister may —
define the manner in which the measure of water shall be arrived at ;
define the duty of water according to locality and soil ;

acquis en conformité des dispositions de l'article 21 de la présente loi.

51. Le ministre pourra :

Définir la manière dont on arrivera à mesurer l'eau ;

Définir l'effet utile de l'eau suivant la localité et le sol ;

Définir le temps de l'année pendant lequel il sera fourni de l'eau pour l'irrigation ;

Établir les honoraires ou le prix à payer pour les permis accordés en vertu de la présente loi, — lesquels honoraires ou prix pourront varier suivant le capital employé ou le volume d'eau détourné ;

Régler la quantité d'eau qui pourra être détournée des rivières, cours d'eau, lacs ou autres nappes d'eau ;

Régler le passage des billes, bois de construction et autres produits de la forêt sur ou à travers les barrages ou autres ouvrages exécutés dans les rivières, cours d'eau, lacs et autres eaux sous l'empire de la présente loi;

Régler périodiquement les prix que pourront demander les licenciés pour l'eau, et la publication du tarif de ces prix ;

---

define the portion of the year during which water shall be supplied for irrigation ;

fix the fee or charge to be paid for licenses issued under this Act, — which fees or charges may be varied according to the capital employed or volume of water diverted ;

regulate the extent of diversion from rivers, streams, lakes or other waters ;

regulate the passage of logs, timber and other products of the forests through or over any dams or other works erected in rivers, streams, lakes and other waters under the authority of this Act;

regulate from time to time the water rates wich may be charged by licensees, and the publication of tariffs of rates ;

prescribe forms to be used in proceedings under this Act;

impose penalties for violations of any regulation made under the

Prescrire les formules à suivre dans les procédures instituées sous l'empire de la présente loi ;

Imposer des punitions pour les contraventions aux réglements faits en vertu de la présente loi, — lesquelles punitions ne dépasseront jamais une amende de deux cents dollars ou un emprisonnement de trois mois, ou des deux à la fois ;

Régler la manière dont l'eau sera fournie aux personnes qui y auront droit, soit constamment, soit à des intervalles déterminés, ou suivant les deux systèmes ;

Autoriser quelque personne ou employé, dont la décision sera finale et sans appel, à décider les contestations qui s'élèveront au sujet de ce qui constitue le surplus d'eau mentionné dans la présente loi ;

Rendre tels arrêtés qu'il jugera nécessaires, de temps à autre, pour l'exécution des dispositions de la présente loi, suivant leur véritable intention, ou pour résoudre toute question qui pourra surgir et au sujet de laquelle il n'est pas établi de disposition dans la présente loi ; et aussi faire tous réglements qu'il croira nécessaires pour

---

authority of this Act, — which penalties shall in no case exceed a fine of two hundred dollars or three months' imprisonment, or both ;

regulate the manner in which water is to be supplied to persons entitled thereto, whether continuously or at stated intervals, or under both systems ;

authorize some person or officer, whose decision shall be final and without appeal, to decide in cases of dispute as to what constitutes surplus water as mentioned in this Act ;

make such orders as are deemed necessary, from time to time, to carry out the provisions of this Act according to their true intent, or to meet any cases which arise and for which no provision is made in this Act ; and further, make any regulations which are considered necessary to give the provisions of this Act full effect.

donner tout leur effet aux dispositions de la présente loi.

52. Tous règlements faits et toutes formules prescrites par le ministre en vertu de la présente loi seront publiés dans la *Gazette du Canada* et soumis aux deux Chambres du Parlement dans les quinze premiers jours de la session qui suivra leur date.

53. Toutes compagnies déjà formées pour des fins d'irrigation seront assujetties aux dispositions de la présente loi, sauf à l'égard des pouvoirs mentionnés dans l'article 48 de la présente loi.

54. Les dispositions des articles 41, 48 et 49 de la présente loi ne s'appliqueront à aucune circonscription d'irrigation constituée en corporation en vertu d'une ordonnance des territoires du nord-ouest.

55. *La Loi sur les irrigations dans le Nord-Ouest,* formant le chapitre 30 des statuts de 1894, et le chapitre 33 des statuts de 1895, qui le modifie, sont par le présent abrogés.

---

52. All regulations made and forms prescribed by the Minister under this Act shall be published in the *Canada Gazette* and shall be laid before both Houses of Parliament within the first fifteen days of the session next after the date thereof.

53. Any companies already formed to promote irrigation shall be subject to all the provisions of this Act, except so far as the powers mentioned in section 48 are concerned.

54. The provisions of sections 41, 48 and 49 of this Act shall not apply to any irrigation district incorporated under an ordinance of the North-west Territories.

55. *The North-west Irrigation Act,* being chapter 30 of the statutes of 1894, and chapter 33 of the statues of 1895, in amendment thereof, are hereby repealed.

RÈGLEMENTS, ARRÊTÉS
ET FORMULES

REGLEMENTS, ARRÊTÉS ET FORMULES

prescrits par le Ministre de l'Intérieur
en exécution de l'article 51 de la Loi sur les
Irrigations dans le Nord-Ouest

———

Faits à Ottawa le 1ᵉʳ Juillet 1898.

Jaugeage de l'eau.

Il sera procédé comme suit au jaugeage du débit de tout cours d'eau à l'effet de déterminer la qnantité d'eau disponible pour les licenses qui en autorisent le détournement ou de régler les contestations entre les porteurs de licences :

La surface de la coupe transversale de l'eau, au moment

RULES, REGULATIONS and FORMS

prescribed by the Minister of the Interior,
under the provisions of section 51, of the North-West
irrigation Act.

———

Prescribed Ottowa July 1ˢᵗ 1898.

Measurement of water.

The measurement of the discharge of any stream, made for the purposes of determining the quantity of water available for licenses, authorizing the diversion of water therefrom, or to settle disputes between the holders of such licenses shall be effected as follows : —

The area of the actual water cross section, at time of measure-

du jaugeage, sera déterminée par un mesurage minutieux de la largeur totale du cours d'eau et par des sondages, sous la ligne de la coupe transversale, à des intervalles suffisamment rapprochés pour avoir une configuration aussi exacte que possible du fond du cours d'eau.

La vitesse d'un cours d'eau sera déterminée par mesurage au moyen d'un type de compteur approuvé et préa-
lablement gradué au bureau officiel des mesures (*Government Rating Station*), à Calgary. Ces mesurages
seront effectués à intervalles le long de la ligne de la coupe
transversale de façon à permettre la détermination de la
vitesse pour chaque sous-section entre les sondages.

Dans les cours d'eau d'une profondeur de trois pieds au
maximum, les vitesses de la surface et du fond doivent
être mesurées ou bien on peut déplacer doucement le
compteur, pendant le temps d'observation, du fond jusqu'à
la surface et vice-versa. Dans les cours d'eau ayant plus
de trois pieds de profondeur, des hauteurs à mi-profon-

---

ment, shall be determined by careful measurement of the total
width of stream, and by soundings under the line of cross section
at sufficiently frequent intervals to give a close approximation of
the contour of bottom of the stream.

The velocity of the stream shall be determined by measurement
with any approved make of current meter, which must have been
previously rated at the Government Rating Station at Calgary,
these measurements being taken at such intervals along the line of
cross section as will enable the velocity to be determined for each
subsection between soundings.

In streams of not more than three feet in depth, surface and bottom velocities must be measured, or the meter may be moved slow-
ly, during time of observation, from bottom to top, and vice
versa. In streams of more than three feet in depth, mid-depth
readings of current meter may be taken, the resulting discharge
being corrected by necessary factor for velocities thus determined.

deur peuvent être prises et le débit constaté sera corrigé par le coëfficient en usage pour des vitesses ainsi obtenues.

L'écoulement de l'eau dans un fossé ou canal d'irrigation sera déterminé par un mesurage minutieux : 1° de la coupe transversale du déversoir gradué, construit comme il est dit ci-après ; et 2° de la vitesse, au moyen du compteur, de l'eau s'y écoulant, en cas de basses eaux, de hautes eaux et de grande crue dans la source d'alimentation ; ces hauteurs de l'eau seront indiquées sur l'échelle de jaugeage placée dans ledit déversoir gradué du fossé ou du canal, comme il est dit ci-après. L'écoulement de l'eau aux différents niveaux sera indiqué sur un tableau dressé d'après les indications de la verge de jaugeage, de six en six pouces ; ce tableau, ayant la forme d'un certificat signé par l'officier inspecteur, sera dressé pour chaque fossé ou canal et accompagnera la licence dont il est parlé ci-après.

La quantité d'eau fournie à des usagers par tout parti-

The flow of water into any irrigation ditch or canal shall be determined by careful measurement of the cross section of the rating flume, constructed as hereinafter provided, and of the velocity by current meter of the water flowing therein, at extreme low water, high water, and flood discharge stages of water in the source of supply, these heights of water being fixed by the marking on the gauge rod placed in the said rating flume of such ditch or canal, as hereinafter provided. The flow of water between low, high and flood stages of water, shall be determined by a table showing flow of water at these heights and for each six inches marked on the gauge rod, which table, in the form of a certificate signed by the inspecting officer, shall be issued for each ditch or canal, and shall accompany the license hereinafter provided for.

The quantity of water supplied to consumers by any person or company having a license for the use of water for irrigation shall be measured by water meter, measuring flume, measuring weir,

culier ou toute compagnie ayant une licence pour l'usage de l'eau aux fins d'irrigation, sera mesurée par compteur d'eau, déversoir, barrage, jauge d'eau (*spill-box*) ou par tout autre instrument *ad hoc* ; toutefois, ces instruments doivent au préalable être approuvés et admis par le Ministre de l'Intérieur ou par tout autre fonctionnaire désigné par lui qui délivrera un certificat autorisant le particulier ou la compagnie à en faire usage.

Le volume d'eau dans un lac, étang, réservoir, ou de toute autre eau dormante sera jaugé par un mesurage minutieux : 1° du contour de ce lac, étang ou réservoir, afin d'en déterminer la surface ; et 2° de la profondeur de l'eau à des endroits suffisamment rapprochés pour indiquer la configuration exacte du fond de ces lac, étang ou réservoir, de façon à pouvoir en calculer le plus exactement possible la capacité. L'écoulement de l'eau à son entrée dans ou à sortie d'un réservoir sera mesurée par la détermination de la surface de la coupe transversale du canal

---

spill-box, or any other device for the measurement of water, but such water meter, measuring flume, measuring weir, spill-box or other device, must be first approved and sanctioned by the Minister of the Interior, or by some officer appointed by him, who shall issue a certificate authorising the person or company to use such device.

The volume of water in any lake, pond or reservoir, or other body of still water, shall be measured by careful survey of outline of such body of water to determine its superficial area, and measurement of the depth of water at sufficiently frequent intervals to give a correct contour of the bottom of such lake, pond or reservoir so that the contents thereof may be accurately calculated. The flow of water into or out of any reservoir shall be measured by determination of the area of the cross section of channel of inflow or discharge and of the velocity of the water flowing therein by current meter.

d'amenée ou de décharge et de la vitesse au moyen du compteur, de l'eau s'y écoulant.

Le débit d'une source sera déterminé : 1° en faisant écouler l'eau qui en provient dans un tonneau ou réservoir de contenance comme et en tenant compte du temps nécessaire, pour remplir ce tonneau ou réservoir ; ou 2° en mesurant la coupe transversale du canal d'écoulement de l'eau de cette source aussi près que possible de son origine et en déterminant la vitesse du courant par le compteur.

Effet utile de l'eau.

L'effet utile de l'eau, ou le rapport entre une quantité d'eau donnée et la superficie de terrain irrigué au moyen de cette eau, sera de cent acres pour chaque pied cube d'eau par seconde, s'écoulant sans interruption pendant la saison d'irrigation ; toutes les demandes d'eau pour irriguer une superficie donnée et la répartition de l'eau

---

The discharge of spring shall be determined by causing all the water-flowing therefrom to discharge into a vessel or reservoir of known contents, and noting the time taken to fill such vessel or reservoir, or by measurement of cross section of the channel carrying flow of such spring, as near as possible to its head, and determination of velocity of flow therein with current meter.

Duty of water.

The duty of water, or the ratio between a given quantity of water and the amount of land it will irrigate, shall be one hundred acres for each cubic foot of water per second flowing constantly during the irrigation season, and all applications for water to irrigate any given area, and the division of the available water supply among applicants therefor, shall be made upon the basis of this duty of water.

disponible entre les demandeurs seront faites sur la base de cet effet utile de l'eau.

Licences.

Lorsqu'une compagnie ou un particulier, demandant une licence ou autorisation en vertu des dispositions de la Loi, a satisfait à toutes les exigences de celle-ci et a terminé la construction des travaux autorisés, ceux-ci seront inspectés par un fonctionnaire nommé par le Ministre. Ce fonctionnaire déterminera la capacité de ces travaux et certifiera qu'ils ont été achevés conformément aux prescriptions de la Loi.

A la réception de ce certificat et d'une somme de dix dollars, à payer par la compagnie ou par le particulier construisant les travaux, le Ministre délivrera à cette compagnie ou à ce particulier un permis conforme à la formule ci-annexée ; ce permis sera enregistré à la Section des irrigations du Département des Travaux Publics, à Regina, Assiniboia. Un permis spécial sera délivré pour

---

Licenses.

Whenever any company or person, applying for a license or authorization under the provisions of the Act, has complied with all the requirements thereof and has completed the construction of the works authorized, an inspection of the works shall be made by an officer named by the Minister, who shall determine the capacity of such works and certify that they have been completed in accordance with the provisions of the Act.

Upon receipt of such certificate, and of a fee of ten dollars, to be paid by the company or person constructing such works, the Minister shall issue to such company or person a license in the form given in the schedule hereto, which license shall be registered in the Irrigation Branch of the Department of Public Works, Regina, Assiniboia. A separate license shall be issued for each stream

chaque cours d'eau dont il est détourné de l'eau et ia somme précitée de dix dollars sera payée pour chaque permis.

Déversoir gradué et verges à eau (jauges).

Tout fossé ou canal d'irrigation sera muni, par ses propriétaires, d'un déversoir gradué à construire dans le lit à 100 pieds au moins et à 800 pieds au plus de la prise d'eau du fossé au canal ; ce déversoir sera construit d'après les plans approuvés par un fonctionnaire désigné par le Ministre.

Chaque déversoir gradué sera pourvu d'une échelle placée à côté du centre de ce déversoir.

L'échelle aura une dimension de deux pouces sur trois, sera peinte en blanc et portera visiblement marqués, en lignes et chiffres noirs, les niveaux en pieds et en dixièmes de pieds au-dessus du seuil du déversoir.

Les différents niveaux de basses eaux, hautes eaux et grande crue seront indiqués sur l'échelle à des hauteurs

---

from which water is diverted and the prescribed fee of $ 10 paid for each license.

Rating flume and gauge rods.

Every irrigation ditch or canal shall be provided by the owners thereof with a rating flume, which is to be constructed in the ditch or canal, not less than 100 nor more than 800 feet between the headgate thereof, such flume to be built in accordance with the plans approved by some officer appointed by the Minister.

Every rating flume shall be provided with a gauge rod, which is to be placed on the side of the centre of such flume. The gauge rod shall be two inches in thickness and three inches wide, painted white, with heights above the floor of the rating flume clearly marked thereon in feet and tenths of a foot, with black lines and figures. The height of low water, high water, and flood stage of

correspondant avec l'indication des niveaux du Gouvernement placée dans le courant auquel l'eau est prise pour le fossé ou le canal.

Jauges graduées du Gouvernement.

Le Ministre pourra autoriser un fonctionnaire à placer une ou des jauges graduées dans tous les cours d'eau ou réservoirs servant de sources d'alimentation à des fossés ou canaux d'irrigation. Cette ou ces jauges doivent être placées d'une manière permanente à un certain endroit, pour servir de point de repère ; elles doivent être graduées d'une manière apparente de façon à pouvoir observer facilement la crue ou la baisse de l'eau dans le cours d'eau ou le réservoir.

Les différents niveaux de basses eaux, hautes eaux et grande crue seront indiqués sur la jauge par des marques et lettres spéciales, de façon à les rendre visibles à l'inspection.

---

water, shall be shown on the gauge rod at elevations to correspond with the marking of these stages of water on the Government gauge rod, placed in the stream from which water is taken for such ditch or canal.

Government gauge rods.

The Minister may authorize some officer to place a gauge rod, or rods in all streams or reservoirs used as a source of supply for irrigation ditches or canals. The gauge rod, or rods, are to be permanently placed at some point for convenient reference, and clearly marked so that the rise or fall of water in such stream or reservoir can be readily noted therefrom. The height of low water, high water, and flood water shall be designated on the rod with special marks and lettering, so that these stages of water may be apparent by inspection.

Terrains convenables pour réservoirs.

Les terrains dont la situation convient pour bassins et réservoirs, et dont la vente ou la disposition a été réservée, peuvent être loués à une compagnie ou à un particulier faisant une demande à cet effet et ayant fourni au Ministre la preuve qu'ils sont capables de construire les travaux nécessaires afin d'utiliser ces terrains pour l'accumulation de l'eau et pour l'emploi avantageux de celle-ci à l'irrigation.

La location aura une durée d'un an, avec privilège de renouvellement d'année en année à la condition que le locataire continue à faire usage des terrains aux mentionnées et se conforme à toutes les dispositions de la Loi sur les Irrigations.

La rente à payer pour terrains loués aux fins de servir de réservoir sera de un cent par acre et par an, payable le 1er novembre de chaque année.

Si, à un moment quelconque, le locataire cesse de faire

Reservoir sites.

The lands forming sites suitable for ponds, basins, and reservoirs which have been reserved from general sale and settlement, may be leased to any company or person applying therefor, who have satisfied the Minister of their or his ability to construct the works necessary to utilize the proposed site for the storage of water, and the beneficial use of the same in irrigation.

The lease shall be for one year, with privilege of renewal from year to year provided the lessee continues to use the lands for the purposes mentioned, and complies with all the provisions of the Irrigation Act.

The rental to be paid for lands leased for reservoir purposes shall be one cent per acre, per annum, payable upon the first day of November in each and every year.

Should the lessee at any time cease to use the lands for the

usage des terrains aux fins prémentionnées, la location
sera annulée et les terrains pourront être loués à tout
requérant qui aura fourni au Ministre la preuve de sa
capacité de les utiliser pour l'accumulation avantageuse
de l'eau.

Droit de passage.

Le droit de passage pour tout fossé ou canal d'irrigation
ou pour les travaux y relatifs sur des terres de la Couronne, comme l'indiquent le mémoire et les plans déposés
au Département de l'Intérieur, peut être accordé sans
charges à la compagnie ou au particulier construisant ce
fossé, canal ou d'autres travaux d'irrigation y relatifs.

Le droit de passage sur les terres de la Couronne ou sur
des terres privées pour travaux d'irrigation comprendra
une zone, s'ajoutant à la largeur du fossé, de vingt pieds
d'un côté du fossé ou canal et de dix pieds de l'autre côté ;
dans chaque cas, cette largeur sera mesurée à partir du
sommet du talus intérieur du bord du fossé, sauf dans les

---

purpose mentioned, the lease shall be cancelled, and the lands
become available for lease to any applicant therefor, who shall
have satisfied the Minister of his ability to utilize the lands for the
beneficial storage of water.

Right of way.

The right of way for any irrigation ditch or canal, or for the
works connected therewith through any and all lands, the title to
which is vested in the Crown, as shown by the memorial and plans
filed in the Department of the Interior, may be granted to the
company or person constructing such irrigation ditch, canal or
works in connection therewith, free of charge.

The right of way through Crown lands or private lands for
irrigation works shall comprise a strip in addition to the width of
the ditch of twenty feet on one side of the ditch or canal, and ten

cas où la nature de la contrée traversée exigera une largeur plus grande d'un côté du fossé pour permettre la construction d'une route ; dans ces cas, une largeur suffisante sera accordée pour établir des accotements et talus convenables en construisant cette route.

Le demandeur d'un droit de passage aura la faculté de prendre la zone de vingt pieds du côté qu'il préfère et de la déplacer d'un côté à l'autre, lorsqu'il sera nécessaire de procurer une bonne route.

Dans les cas où des terrains sont affectés à l'établissement de réservoirs, la surface comprendra, outre la superficie réellement couverte par l'eau dans ces réservoirs, une zone de vingt pieds de largeur autour du bord ; cette largeur sera mesurée à partir du plus haut point atteint par l'eau dans le réservoir à tout point de son bord.

Usage d'un canal naturel pour l'écoulement de l'eau d'un réservoir ou d'une source d'alimentation.

Toute compagnie ou tout particulier ayant obtenu le

---

feet in width on the other side, such width to be measured in each case from the top of the inner slope of the bank of such ditch, except in cases where the nature of the country traversed shall require a greater width on one side of the ditch to enable a road to be constructed, in which cases a sufficient width will be allowed for proper side slopes in constructing such road. The applicant for a right of way will be allowed to take the twenty feet strip on whichever side he prefers, and to change it from one side to the other when necessary to give a good road.

In cases where lands are taken for reservoir purposes the area shall include in addition to the area actually covered by water in such reservoirs, a strip twenty feet in width around the margin of such reservoir, the width to be measured back from the highest point reached by the water in the reservoir at any point on the margin thereof.

droit, sous l'empire des dispositions de la Loi sur les Irrigations dans le Nord-Ouest, de construire un réservoir pour l'accumulation de l'eau ou de distribuer l'eau provenant d'une source quelconque, peut conduire l'eau ainsi accumulée ou détournée dans un canal naturel et la transporter ensuite à tout endroit où elle doit être détournée à nouveau aux fins d'irrigation ; il peut emprunter à ce canal le volume d'eau provenant du réservoir ou de la source, diminué d'un pourcentage du volume fourni pour chaque mille ou fractions d'un mille sur lesquels l'eau est conduite dans le dit canal naturel ; ce pourcentage sera déterminé par le fonctionnaire du Département de l'Intérieur chargé de l'administration des droits concernant l'eau, en vertu de la Loi sur les Irrigations, après avoir fait les investigations nécessaires sur chaque canal naturel de ce genre pour fixer la perte de l'eau y transportée résultant de l'infiltration, de l'évaporation ou d'autres causes naturelles.

Le volume d'eau livrée dans un canal naturel par un

Use of any natural channel for the carriage of water therein from a reservoir or the source of water supply.

Any individual or company who secures the right under the provisions of the North-West Irrigation Act to construct a reservoir for the storage of water or to deliver water from any source, may deliver the water so stored or diverted into any natural channel, and after its flow therein, to any point where it is desired to again divert the water delivered for irrigation purposes, and may take out from such channel the volume of water delivered therein from such reservoir or other source, less a deduction of such percentage of the volume delivered for each mile, or pro rata for fractions of a mile, over which the said water is carried in the said natural channel, as may be determined by the official of the Department of the Interior charged with the administration of

réservoir ou une autre source d'alimentation sera mesuré par un ou plusieurs déversoirs gradués construits d'après le dessin arrêté par le fonctionnaire du Département de l'Intérieur chargé de l'administration des droits concernant l'eau ; ce ou ces déversoirs seront construits, à l'endroit choisi par ce fonctionnaire, par le particulier ou la compagnie propriétaire des travaux pour la fourniture de l'eau.

Une échelle graduée sera placée dans le canal naturel servant à l'écoulement de l'eau à l'endroit où celle-ci y est amenée, de façon à indiquer visiblement la crue se produisant dans ce canal par suite de l'adduction de l'eau du réservoir ou d'une source d'alimentation ; une jauge sera également placée à l'endroit où l'eau amenée dans le canal en est de nouveau détournée, de façon à y indiquer la crue résultant du volume d'eau y amenée, moins la perte provenant de l'infiltration, de l'évaporation ou d'autres causes naturelles prévues dans les présents règlements.

Lorsque l'eau est conduite et s'écoule dans un canal natu-

---

water rights under the Irrigation Act, after completing the necessary investigations on each such natural channel to fix the loss on water carried therein resulting from seepage, evaporation or other natural causes.

The volume of water delivered into any natural channel from a reservoir or other source of water supply, shall be measured by a suitable rating flume or flumes of a design prepared by the official of the Department of the Interior charged with the administration of water rights, such flume or flumes to be constructed at a point selected by such official, by the individual or company owning the works for the delivery of such water.

A suitable gauge rod shall be placed in the natural channel to be used for the carriage of water at the point where such water is delivered therein, in such a manner as to clearly indicate the rise of water in such channel, consequent upon the added flow from

rel, elle ne peut en être enlevée, à un endroit en aval, par le particulier ou la compagnie qui l'y introduit, avant que la jauge placée à cet endroit n'indique le même niveau que que celui existant à l'endroit où l'eau entre dans le canal, moins la perte résultant de l'infiltration, de l'évaporation ou d'autres causes naturelles auxquelles il est référé dans le présent règlement.

Les propriétaires de fossés débouchant dans un canal naturel utilisé pour l'écoulement de l'eau aux fins prévues par ces règlements ne pourront détourner aucune partie de cette eau y amenée par un particulier ou une compagnie comme l'indiquent les jauges placées dans le canal de la manière prévue par ces règlements.

Avant qu'un particulier ou une compagnie n'utilise un canal naturel pour l'écoulement de l'eau, avis en sera

---

such reservoir or other source of supply, and a gauge rod shall also be placed at the point where the water delivered into the channel in question is to be again diverted therefrom, so as to show at that point the rise resulting from the volume of water delivered therein less the loss resulting from seepage, evaporation or other natural causes as provided in these regulations.

When water is delivered into any natural channel for carriage therein, it cannot be taken out at any lower point on such channel by the individual or company delivering it therein until the gauge rod placed at such point of diversion indicates the same stage of water as that shown at the point where water is delivered in to the channel, less the loss resulting from seepage, evaporation and other natural causes as herein referred to.

The owners of ditches heading in any natural channel which is being utilized for the carriage of water as provided by these regulations, shall not divert therefrom any portion of the water delivered therein by any individual or company, and as shown by the gauge rods placed in such channel in manner provided by these regulations.

donné par ce particulier ou cette compagnie aux propriétaires de tous les fossés débouchant dans la partie du canal
à utiliser ; cet avis fera connaître la date à laquelle le
volume d'eau d'un réservoir ou d'une source sera conduite
dans le canal et les propriétaires de fossés prendront les
mesures nécessaires pour prévenir le détournement dans
leurs fossés de toute partie de l'eau amenée.

Formule de licence pour obtenir de l'eau.

DÉPARTEMENT DE L'INTÉRIEUR.

. . . . . , Licence nº. . . . . Source d'alimentation. . . .

. . . . . . Délivrée pour la première fois. . . . .

Before any individual or company utilizes any natural channel
for the carriage of water, a notice shall be issued by such individual or company to the owners of all ditches heading in that
portion of such channel to be so utilized, informing them of the date
at which the volume of water from any reservoir or other source
is to be delivered into such channel, and the ditches owners shall
take the necessary steps to prevent the diversion of any portion
of the added flow into their ditches.

Form of license for water.

DEPARTMENT OF THE INTERIOR.

. . . . . . License Nº . . . Source of supply . . .
. . . . First issued . . . .
Know all men by these presents, that by virtue of the authority
vested in me by the North-West Irrigation Act, I . . . .
Minister of the Interior of Canada, do hereby grant unto . . .

Il est porté à la connaissance du public, qu'en vertu du pouvoir qui m'est attribué par la Loi sur les Irrigations dans le Nord-Ouest, je. . . . . Ministre de l'Intérieur du Canada, accorde par la présente à . . .
. . . . . , ci-après appelé le licencié, ...
. . . . exécuteurs, administrateurs et ayants-cause, plein droit, pouvoir et licence, sous réserve des conditions et restrictions contenues dans la Loi sur les Irrigations dans le Nord-Ouest ;

1° de détourner de . . . . la quantité suivante d'eau pour être employée dans le . . . . . construit par. . . . . ainsi que l'indiquent la demande de . . . . . et les plans y annexés, en date du . . . . .189. , déposés au Département de l'Intérieur, à Ottawa et au bureau du Commissaire des Travaux Publics, à Regina, et conformément à l'autorisation par Ordre en Conseil, ou par le Ministre de l'Intérieur, suivant le cas, le. . . . . . .189. , c'est-à-dire :

En cas de grande crue . . . pieds cubes par seconde.

. . . . . hereinafter called the licensee, ...
executors, administrators and assigns, full right, power and license subject to the conditions and restrictions contained in the North-West Irrigation Act, to divert from . . . . the following quantity of water, for use in the . . . . constructed by . . . . and as shown by the application of . . . . and the plans accompanying the same, dated the . . . . . day of . . . . 189. . and filed in the Department of the Interior at Ottawa, and in the office of the Commissioner of Public Works at Regina, and as authorized by Order in Council, or by the Minister of the Interior, as the case may be, on the . . . . . day of . . . . 189. . ., that is to say :—

At flood level . . . . cubic feet per second

A hautes eaux. . . . . pieds cubes par seconde.
A basses eaux . . . . . . »

2° De prendre possession de ladite quantité d'eau pour et pendant la période durant laquelle cette licence sera en vigueur en vertu des dispositions de la Loi sur les Irrigations dans le Nord-Ouest.

Cette licence sera toutefois sujette aux conditions suivantes :

1) Les périodes de grande crue, de hautes eaux et de basses eaux dans ledit. . . . . ,seront fixées et déterminées par des marques sur la jauge placée dans ledit cours d'eau par le Département de l'Intérieur.

2) Cette licence sera sujette à confiscation conformément aux dispositions de la Loi sur les Irrigations dans le Nord-Ouest.

(3) Cette licence ne peut être cédée ou transférée qu'avec l'approbation du Ministre de l'Intérieur et moyennant usage de la formule imprimée au dos ; ce transfert doit être enregistré au bureau du Commissaire des Travaux

---

At high water . . . . cubic feet per second.
At low water . . . . » »

And to take and keep possession of the said quantity of water for and during the period during which this license may be in force under the provisions of the North-West Irrigation Act.

But this license shall be subject to the following conditions, viz.:—

(1) That the period of flood level, high water, and low water, in the said . . . . shall be fixed and determined by marking on the gauge rod placed in the said stream by the Department of the Interior.

(2) That this license shall be subject to forfeiture under and as provided by the North-West Irrigation Act.

Publics, à Regina, Assiniboia, et l'ancienne licence restituée pour annulation avant qu'une nouvelle soit délivrée au nom du cessionnaire.

Ottawa, le . . . . . . 189 .

Témoin . . . .

. . . .
Délégué du Ministre de l'Intérieur.

———

Formule au dos de la licence.

Rôle.

. . . . Licence n° . . . .
Source d'alimentation . . . . Le Ministre de l'Intérieur, à

. . . .

. . . .

———

(3) That this license can only be assigned or transferred with the approval of the Minister of the Interior. and by using the form printed on the back thereof, and that such transfer must be recorded in the office of the Commissioner of Public Works at Regina, Assiniboia, and the old license surrendered for cancellation, before a new license will be issued in name of transferee.

Dated at Ottawa this . . . .

day . . . one thousand of eight hundred and ninety . .

Witness . . . .

. . . .
Deputy of the Minister of the Interior.

———

(Form on back of License)

Docket

. . . . .License N° . . . .

. . . . ., licence pour détourner l'eau pour . . .
. . .de . . . . . .Date de la délivrance.
Délivrée pour la première fois . . . . . . .Enre-
gistrée . . . . . . .Département de l'Intérieur,
Ottawa. Reçue et enregistrée au registre . . . . .
le . . . . . . .189 ., à la Section des Irrigations,
Département des Travaux Publics, Regina, Assiniboia.

Ingénieur en chef.

Transfert.

. . . . .pour et en raison de la somme de
. . . . . . .dollars à . . . . . .payée comptant
(le présent tient lieu de quittance) déclare vendre, trans-
férer et passer à . . . . . .exécuteurs, administrateurs et ayants-cause, tous mes droit, titre et intérêts dans

----

Source of Supply. . . . . . .The Minister of the Interior,
    to

. . . .

. . . .
License to divert water for . . . . . . .from . . . .
Date of issue . . . . . . .First issued . . . . . .
Recorded in . . . . . .Department of the Interior Ottawa.
Received and recorded in Book . . . . .this . . . . .
day of . . . . .189. . ., at Irrigation Branch,
Department of Public Works, Regina, Assiniboia.

Chief Engineer.

(Transfer)

. . . . .for and in consideration of the sum of
. . . . . . .dollars to . . . . . . .in hand paid (the

les parties suivantes de la licence figurant d'autre part, c'est-à-dire : —

. . . .

. . . .

En foi de quoi ont signé ci-dessous à . . . . . . le . . . . 189 .

Témoin . . . .

. . . .

Note. — Les intérêts transférés doivent être décrits comme impliquant la licence totale ou « cette partie de la licence accordant l'eau pour l'irrigation d'une partie du . . . . quart de la . . section . . . ., Township . . . ., Rangée . . . . à l'ouest du . . . . Méridien, comme l'indiquent les plans accompagnant la demande de . . . . . dont il est question dans la licence ».

---

receipt whereof is hereby acknowledged) do hereby sell, transfer and make over to . . . . executors, administrators and assigns, all my right, title, interest of, in, and to the following portions of the license within contained, that is to say ; —

. . . .

. . . .

In Witness whereof . . . . have hereunto set . . hand. . at . . . . . this . . . . . day of . . . . . 189. .

Witness,

. . . .

. . . .

Note. - The interest transferred should be described as the whole license or « that part of the license granting water for the irrigation of a portion of the. . . . . . quarter of Section . . . ., Township . . . . ., Range . . West of the . . Meridian,

Transfert approuvé et enregistré . . . .

. . . .

Pour le Ministre de l'Intérieur délégué.

. . . . 189 .

Certificat pour instrument de remesurage.

Je . . . . certifie par le présent que j'ai
examiné les plans et modèle du . . . . dont la
construction et l'usage sont proposés par . . . . . .
pour le mesurage de l'eau fournie par . . . . . . ,
aux fins de . . . . et que conformément aux
règlements à cette fin j'autorise l'usage dudit . . . . .
. . . . pour la répartition et le mesurage de l'eau.

. . . .

---

as shown by the plans accompanying the application of . .
. . . referred to in body of license.»
Transfer approved and recorded.

. . . .

For Deputy Minister of the Interior.
. . . . 189. .

Certificate remeasuring device.

I. . . . . hereby certify that I have examined
the plans and model of the . . . . proposed to be constructed and used by . . . . . . for the measurement of
water supplied by . . . . . for . . . . purposes, and in
accordance with the regulations in that behalf I hereby authorize
the use of the said . . . . for the division and measurement of water.

. . . .

Certificat pour déversoir gradué à annexer à une licence.

Je . . . . . . certifie par le présent qu'après avoir examiné attentivement le déversoir gradué de . . . . construit près de l'écluse de . . . . par . . . ., je l'ai trouvé bien placé et construit avec la jauge dûment graduée et qu'un mesurage minutieux de sa capacité prouve qu'il est capable d'admettre les quantités d'eau ci-après mentionnées du . . . . dans le . . . . indiqué ci-dessus :

A basses eaux . . . pieds cubes par seconde.
A hautes eaux . . . » »
En cas de grande crue . » »

Ces niveaux sont déterminés par la jauge placée dans ledit déversoir et graduée conformément aux règlements *ad hoc*.

Certificate for rating flume to accompany license.

I. . . . . do hereby certify that I have carefully examined the rating flume or . . . . erected near the headgate of . . . . constructed by . . . . that I find it properly placed and constructed with necessary gauge rod properly marked, and that careful measurement of the capacity of the said rating flume proves it capable of admitting the undermentioned quantities of water from . . . . into the . . . . above mentioned :

At low water . . . . cubic feet per second.
At high water . . . . . ; . . . » »
At flood level . . . . » »

These stages of water being determined by the gauge rod placed in the said rating flume and marked in accordance with the regulations in that behalf.

Je certifie, en outre, que le dit déversoir pourra admettre les quantités d'eau ci-dessus mentionnées à chaque crue de niveau de six pouces, comme l'indiquent les marque de ladite jauge.

A 6 pouces au-dessus des eaux basses   pieds cube par seconde.

A 12	»	»	»	»
A 1 1/2 pied	»	»	»	
A 2 pieds	»	»	»	
A 2 1/2 »	»	»	»	
A 3 »	»	»	»	
A 3 1/2 »	»	»	»	
A 4 »	»	»	»	
A 4 1/2 »	»	»	»	
A 5 »	»	»	»	
A 5 1/2 »	»	»	»	
A 6 »	»	»	»	

I further certify that the said rating flume will admit the undermentioned quantities of water at each six inches rise of level of the water therein as shown by the markings on the said gauge rod;

At 6 inches above low water	. .	cubic feet per second.		
At 12 »	»	. .	»	»
At 1½ feet	»	. .	»	»
At 2 »	»	. .	»	»
At 2½ »	»	. .	»	»
At 3 »	»	. .	»	»
At 3½ »	»	. .	»	»
At 4 »	»	. .	»	»
At 4½ »	»	. .	»	»
At 5 »	»	. .	»	»
At 5½ »	»	. .	»	»
At 6 »	»	. .	»	»
At 6½ »	»	. .	»	»
At 7 »	»	. .	»	»

A 6 1/2 pouces au-dessus des eaux basses pieds cube par seconde.

A 7 » » » »
A 7 1/2 » » » »
A 8 » » » »
A 8 1/2 » » » »
A 9 » » » »
A 9 1/2 » » » »
A 10 » » » »
A 6 pouces au-dessus des hautes eaux »
A 12 » » » »
A 1 1/2 pied » » »
A 2 pieds » » »
A 2 1/2 » » » »
A 3 » » » »
A 3 1/2 » » » »
A 4 » » » »
A 4 1/2 » » » »

At 7½ inches above low water . . cubic feet per second.
At 8 » » . . » »
At 8½ » » . . » »
At 9 » » . . » »
At 9½ » » . . » »
At 10 » » . . » »
At 6 inches above high water . . » »
At 12 » » . . » »
At 1½ feet » . . » »
At 2 » » . . » »
At 2½ » » . . » »
At 3 » » . . » »
At 3½ » » . . » »
At 4 » » . . » »
At 4½ » » . . » »

A 5 pouces au-dessus des hautes eaux pieds cubes par seconde.

Le . . . . ,189 .

Formule de citation.

A. . . . .

Salut ;

Par la présente vous êtes requis, toutes affaires cessantes, de comparaître en personne devant moi, soussigné, à . . . . , le . . . . . 189 , à . . heures de l' . . . midi, et ainsi de suite du jour en jour pour y être interrogé sous serment au sujet de votre connaissance de . . . . .

Vous êtes requis, en outre, d'apporter avec vous et de produire tous les papiers et écrits en votre possession, pouvoir ou sous votre contrôle se rapportant aux dites

---

At 5 inches above high water . . cubic feet per second.

Dated . . . . .189 .

Form of summons.

To . . . .

Greeting ;

You are hereby commanded that all things set aside and ceasing every excuse, you be and appear in your proper person before me the undersigned, at . . . . . . on the . . . day of . . . . .189 ., by . . . . . . o'clock in the . . . . . noon, and so on from day to day, to be then and there examined upon oath touching your knowlegde of . . . .

matières d'une façon quelconque ; si vous négligez ou refusez de comparaître au moment et à l'endroit précités, vous serez passible d'arrestation et d'emprisonnement dans la prison la plus voisine, comme s'il s'agissait de désobéissance à l'ordre d'une Cour, pendant quatorze jours au maximum.

Donné sous ma signature et cachet, le . . . . . .
189 , à

. . . . . .

Formule de licence pour exécuter des travaux préliminaires.

Regina, Assa.,

Reçu de M. . . . . . . de . . . . . la somme de trois dollars à titre d'honoraires prescrits par la Loi sur les Irrigations dans le Nord-Ouest.

Given under my hand and seal, this . . . . . day of . . . . And you are to bring with you and produce all papers and writings in your custody, power and control, in any wise relating to the said matters ; and take notice that if you neglect or refuse to appear at the time or place aforesaid you will be liable to be taken into custody and to be imprisoned in the nearest common goal as for contempt of court, for a period not exceeding fourteen days. 189 ., at . . . . . .

. . . . . .

Form of license to do necessary preliminary work.

Regina, Assa.,

. . . . 189 .

Received from Mr. . . . . . . of . . . . . . (Location and occupation) the sum of three dollars, being the fee prescribed by the North-West Irrigation Act.

Cette quittance autorise ledit . . . . . . à faire,
dans les . . . jours, les travaux préliminaires requis
avec les aides nécessaires et à se transporter sur les
terrains suivants : . . . . . .

. . . .

. . . .

pour prendre des niveaux, faire des arpentages et tout
autre travail nécessaire se rattachant à la localisation de
tous travaux autorisés par ladite Loi sur les Irrigations.

Ingénieur en Chef.

Formule de mémoire.

Il résulte du mémoire de . . . . . . de la section

This receipt entitles the said . . . . . . within . . . .
days to do the necessary preliminary work, and with such assistants as are necessary, to enter into and upon the following lands :

. . . .

. . . .

to take levels, make surveys, and to other necessary work in
connexion with the location of any works authorized by the said
Irrigation Act.

Chief Engineer.

Form of memorial.

The Memorial of . . . . of Section . . . . . .
Township . . . ., Range . . . . . . West of the . . .
Meridian, in the District of . . . . Sheweth :
  1. That the name.. and residence.. of the memorialist are set

. . . . . Township . . . ., Rangée . . . . .
à l'ouest du. . . méridien, dans le district de. . . .

1. Que le (s) nom (s) et la (les) résidences (s) du solliciteur (ou des solliciteurs) sont indiqués ci-dessus, que .
. . . l'occupation est . . et . . adresse postale est

. . . .

2. Que le ou les solliciteurs demandent, en vertu des
dispositions de la Loi sur les Irrigations dans le Nord-Ouest,
l'autorisation : 1° de détourner de . . . . . sur le .
. . . quart de la section . . . . . Township . .
. ., Rangée . . .,à l'ouest du . . . . .
Méridien, . . . pieds cubes d'eau par seconde pour
être employés aux fins . . . sur les terrains suivants :

. . . .

. . . .

d'une superficie totale de . . acres et 2° de construire
les travaux nécessaires pour permettre à l'eau ainsi
détournée d'être utilisée pour lesdites fins . . .

3. Que les travaux dont la construction est proposée

---

forth above, and that . . occupation . . . . and . . . .
Post office address is . . . . . .

2. That the memorialist. . ask. . for authority under the provisions of the North-West Irrigation Act to divert from . . . .
. . on the . . quarter of Section . . . in Township . . .
Range . . West of the . . Meridian, . . . cubic feet of
water per second to be used for . . . purposes on the following
lands, viz.:—

. . . .

. . . .

. . . .

comprising a total acreage of . . . . . . acres, and to construct the necessary works to enable the water so diverted to be
used for the said . . . . . purposes.

consistent en . .   .   .
.   .   .   .
et que la situation et la méthode proposées pour la construction de ces travaux sont indiquées sur les cartes, plans, profils et détails accompagnant ce mémoire.

4. Que la situation financière du ou des solliciteurs est la suivante :
.   .   .   .
et que la dépense probable nécessaire pour achever les travaux proposés ne dépassera pas.   .   . dollars.

5. Que l'importance de la population le long ou dans le voisinage dudit.   .   .   .   .   . est de.   .   .   . résidents.

6. Que le nombre probable de consommateurs de l'eau à détourner est de   .   .   .   .   .   . et que le prix à imposer de ce chef est de.   .   .   .   .

7. Que la nature du terrain à irriguer est   .   .   .   . et que sa valeur, dans son état actuel, y compris les améliorations est de.   .   .   .   . dollars par acre.

---

3. That the works proposed to be constructed consist of . .
.   .   .   .
and the location of and proposed method of constructing these works are shown on the maps, plans, profiles and specifications accompanying this memorial.

4. That the financial standing of the memorialist is a follows :
.   .   .   .
and that the probable expenditure necessary to complete the proposed works will not exceed $.   .   .

5. That the extent of settlement along or in the vicinity of the said
.   .   .   . is   .   .   .   .   .   . residents.

6. That the probable number of consumers of the water to be diverted is   .   .   .   . and the rate to be charged therefor is   .   .
.   .   .   .

. . . .
. . . .

Requérant.

A. . . . . . .

. . . .

Approuvé.

Pour extrait conforme du mémoire enregistré chez. .

. . . . le. . . . . 189 .

. . . .

Ingénieur en chef,

Formule d'avis.

Avis.

Il est donné avis par le présent que conformément aux dispositions de la Loi sur les Irrigations dans le Nord-Ouest, le soussigné a déposé (ou les soussignés ont déposé)

---

7. That the character of the land upon which the water is to be used is . . . . . and the value of such land in its present condition, with improvements, is $ . . . . . per acre.

. . . .
. . . .

. . . .

Applicant.

To . . . , ...

. . . .

Approved.

Certified a true copy of the Memorial filed with the . . . .
. . . . . . this . . . . day of . . . . . .
189 . . . .

. . . .

Chief Engineer.

---

les mémoires et plans requis par l'article. . . . de la dite loi chez le Commissaire des Travaux Publics, à Regina.

Le ou les requérants demandent le droit de détourner . . . . d'eau par seconde de . . . . sur le. . . 1/4 de section . . . . . . Township, ... Rangée. . . . . à l'ouest du. . . . . Méridien, pour des fins de . . . . . ., et de construire les travaux nécessaires indiqués sur les plans et mémoires déposés, pour permettre l'eau ainsi détournée d'être utilisée pour les dites fins. . . . . . sur les terrains suivants.

. . . .

. . . .

Requérant.

Le. . . . . . . 189 .

Form of notice.

Notice.

Notice is hereby given that in accordance with the provisions of the North-West Irrigation Act, the undersigned ha. . filed the memorials and plans required by Section . . of the said Act with the Commissioner or Public Works, at Regina.

The applicant . . appl . . for the right to divert . . . . water per second from . . . on the . . 1/4 of Section . . . . Township . . Range . . West of the . . . Meridian, for . . . . . . purposes, and for the right to construct the necessary works as shown by the plans and memorials filed, to enable the water so diverted to be used for the said. .. . . . purposes on the following lands, viz. : . . . .

. . . . .

Applicant.

Dated at . . . . .

. . . . .189 .

Formule de demande pour le droit de construire des travaux d'irrigation à travers des réserves de chemins ou des chemins publics cadastrés.

Le Commissaire des Travaux Publics,

Regina, Assa.

Monsieur,

. . . . me prie . . . . de vous informer qu'il (s) . . . . . . adressé une demande au Ministre de l'Intérieur, en vertu des dispositions de la Loi sur les Irrigations dans le Nord-Ouest pour obtenir l'autorisation de détourner de l'eau de . . . . sur . . le. . . . . . 1/4 de section . . . . . . Township. . . . , Rangée. . . . . . , à l'ouest du . . . . . Méridien, aux fins d'irrigation et de construire des canaux, fossés, réservoirs et autres travaux nécessaires pour l'utilisation de cette eau.

Form of application for the right to construct irrigation works across road allowances and surveyed highways.

The Commissioner of Public Works,

Regina, Assa.

Sir,

. . . . .beg to inform you that . . have made application to the Minister of the Interior, under the provisions of the North-West Irrigation Act, for permission to divert water from . . . . . on the . . 1/4 of Section . . Township . ., Range . ., West of the . . Meridian, for irrigation purposes, and to construct the canals, ditches, reservoirs and other works necessary for the utilization of such water.

. . have received the authorization for the construction of the works in question, but would point out that in completing such

. . . . . . reçu l'autorisation pour la construction des travaux en question, mais il croit (ou ils croient) devoir faire observer que pour l'achèvement de cette construction, il sera nécessaire de traverser la réserve de chemin ou le chemin public, aux endroits indiqués sur le plan général ci-joint, et, à cet effet, il demandent (ou ils demandent) la permission, en vertu des Lois des terres fédérales et territoriales du Nord-Ouest, de construire et d'entretenir les canaux, fossés et réservoirs à travers les réserves de chemins ou chemins publics aux endroits indiqués sur le plan ci-joint; le ou les ponts nécessaires à ces endroits seront construits et entretenus par. . . , comme il est prévu au sous-article (b) de l'article 11 de la Loi sur les Irrigations dans le Nord-Ouest.

Votre obéissant serviteur,

. . . . .

---

construction it will be necessary to cross the road allowance, or public highway, at the points indicated on the general plan herewith, and . . therefore beg to apply for permission under the North-West Territories and Dominion Lands Acts to construct and maintain the canals, ditches and reservoirs across the road allowances or public highways at the places indicated in the accompanying plan, the necessary bridge or bridges at these points being constructed and maintained by . . as provided by sub-Section (b) of Section 11 of the North-West Irrigation Act.

Your obedient servant,

. . . .

Formule de recommandation pour autorisation des travaux.

Département des Travaux Publics.

(Certificat délivré conformément à l'article 16 de la Loi sur les Irrigations dans le Nord-Ouest).

Je. . . . . , ingénieur en chef, certifie par la présente que. . . . . . ., qui a déposé le . . . . 189 , les plans et mémoire nécessaires se rattachant à sa demande pour détourner de l'eau de . . . . pour des fins . . . ., a publié l'avis de cette demande conformément aux dispositions de la Loi sur les Irrigations dans le Nord-Ouest et qu'il a obtenu la permission de construire les travaux projetés à travers des réserves de chemins ou des chemins publics cadastrés. Il est donc recommandé que l'autorisation nécessaire pour la construction des travaux, comme le montrent les

---

Form of recommendation for authorization to construct works.

Department of Public Works.

(Certificate issued in accordance with Section 16 of the North-West Irrigation Act.)

I. . . . . .Chief Engineer, do hereby certify that. . . . . .who filed on the . . . . 189 , the necessary plan and memorial in connection with his application to divert water from. . . . . for. . . . . .purposes, has published the notice of such application in accordance with the provisions of the North-West Irrigation Act, and has been granted permission to construct the proposed works across road allowances or surveyed public highways. It is therefore recommended that the necessary authorization for the construction of the works as

plans et mémoire déposés, soit délivrée au demandeur, en limitant le délai dans lequel la construction doit être terminée à. . . . . , à partir de cette date. L'autorisation dont il s'agit prescrira les changements et modifications dans les travaux comme l'indiquent les plans et mémoire déposés :

. . . .

. . . .

Ingénieur en chef.

Regina, Assa.,

. . . .

---

shown by the plan and memorial filed be issued to the applicant, the time within which the construction of the works is to be completed being limited to. . . . . from this date. The authorization in question should order the undermentioned changes and alterations in the works as shown by the plan and memorial filed, viz. ;. . . . .

. . . .

Chief Engineer.

Regina, Assa.,

. . . .

Formule d'autorisation.

Référence : . . . . .

*(Autorisation délivrée en conformité des dispositions
de l'article 16 de la Loi sur les Irrigations dans
le Nord-Ouest).*

. . . . de . . . .
ayant déposé les plans et mémoire nécessaires et ayant
satisfait à toutes les stipulations de la Loi sur les Irrigations dans le Nord-Ouest concernant les demandes de
droits d'eau, est autorisé par la présente à construire,
aussitôt que le droit de passage sera obtenu à cette fin,
les travaux indiqués dans ces plans et mémoire et nécessaires pour l'utilisation de l'eau demandée et prise à .
. . . . . pour des fins. . . . . . .

La construction des travaux autorisés doit être achevée
dans les. . . . . . . à partir de la date de la présente, et, en achevant cette construction, les changements

---

Form of Authorization.

Ref. . . . .

*(Authorisation issued in accordance with the provisions of Section
16, of the North West Irrigation Act.)*

. . . . .of. . . . .
having filed the necessary memorial and plans, and having complied with all the provisions of the North-West Irrigation Act relating to applications for water rights, is hereby authorized to construct, so soon as the right of way therefor is obtained, the works
as shown by the said memorial and plans, necessary for the utilization of the water applied for from . . . .
for. . . . . . . .purposes.

The construction of the works hereby authorized is to be completed within. . . . . from the date

et modifications suivants doivent être apportés aux travaux tels qu'ils sont proposés dans les mémoires et plans :

. . . .

. . . .

Délégué du Ministre de l'Intérieur.

Département de l'Intérieur,
Ottawa. . . . . 189 .

———

Formule de demande pour traverser des lignes ferrées.

. . . . . . 189 .

Monsieur,

J'ai l'honneur de demander l'autorisation au Comité pour les Chemims de fer du Conseil privé de traverser la ligne ferrée de la . . . . . . , compagnie du

———

hereof, and in completing such construction the following changes and variations are to be made in the proposed structures as shown by the memorial and plans filed, viz. ;— . . . .

. . . .

. . . .

Deputy of the Minister of the Interior.

Department of the Interior,
Ottawa,. . . . . . .189. .

———

Form of Application for Right to cross railway Lines.

. . . . .189 .

Sir,

I have the honour to make application for authority from the Railway Commitee of the Privy Council to cross the railway line

chemin de fer avec le fossé ou le canal d'irrigation, ou les travaux qui s'y rattachent, que j'ai été autorisé, par le Ministre de l'Intérieur, à construire aux fins de détourner l'eau de . . . . aux fins d'irrigation.

L'endroit où je désire traverser la ligne ferrée précitée et les dimensions et la nature de la construction que je me propose d'ériger pour faire ce passage sont indiqués sur le plan ci-joint, qui a été accepté et approuvé par la compagnie du chemin de fer.

Je suis, Monsieur,
votre obéissant serviteur.

Au secrétaire du Comité pour
les Chemins de fer du Conseil
privé,
    Département des chemins de
fer et canaux,
       à Ottava.

---

of the. . . . . , ...Railway Company with the Irrigation ditch, or canal, or the works connected therewith, which I have been authorized by the Minister of the Interior to construct for the purpose of diverting water from . . . . for irrigation purposes.

The point at which I desire to cross the above mentioned railway line, and the size and character of the structure which I propose to buil to effect such crossing, are shown on the plan attached hereto, this plan having been accepted and approved by the Railway Company.

I am, Sir,
Your obedient servant.

The Secretary of the
    Railway Committee of the Privy Council,
      Department of Railways and Canals,
        Ottawa.

Formule de transfert d'une requête avant la délivrance de la licence.

CONTRAT passé le. . . . . .189. .

entre

d'une part,

et

d'autre part.

Considérant que la partie (ou les parties) d'une part a (ou ont) adressé à l'honorable Ministre de l'Intérieur du Canada, en vertu et en conformité des dispositions contenues à cette fin dans la loi connue et citée sous le nom de « Loi sur les Irrigations dans le Nord-Ouest » et dans ses amendements, une demande de licence pour détourner .

. . pieds cubes d'eau par seconde de . . . . sur le. . . . . . . .1/4 de section · . . . , Township. . . . . . . ,Rangée . . . . . , à l'ouest du. . . . . . .méridien, aux fins. . .

Form for transfer of application before issue of license.

THIS INDENTURE made the . . . . day of . . . . one thousand eight hundred and ninety. . . . .

Between.

of the first part,

and

of the second part.

Whereas, the said part . . of the first part ha . . made application to the Honourable the Minister of the Interior of Canada under and in accordance with the provisions in that behalf contained in the Act commonly known and cited as the « North-West Irrigation Act» and its amendments, for a license to divert . . . . cubic feet of water per second from. . · . . . . on the. . . . . . . .quarter of

. . . . . , comme l'indiquent le mémoire et les plans annexés à la dite demande.

Et considérant que la partie (ou les parties) d'une part a (ou ont) demandé que la dite licence soit délivrée en faveur de la partie (ou des parties) d'autre part, demande que le dit Ministre est disposé à accorder en exécution du présent.

Ce contrat certifie que conformément audit accord et à raison de la somme d'un dollar de monnaie légale du Canada payée à ladite partie (ou aux dites parties) d'une part par la partie (ou les parties),d'autre part et dont la présente tient lieu de quittance, la dite (ou les dites parties) d'une part accorde, transfère et transporte (ou accordent, transfèrent et transportent (à la dite partie ou aux dites parties) d'autre part, exécuteurs, administrateurs et ayants-cause :

Tous. . . . . .droit, titre, intérêts, char-

Section . . . . .Township . . . .
Range. . . . . . ,West of the . . . . Meridian, for . . . . .purposes, as shown by the memorial and plans filed with the said application.

And whereas the said part . . . of the first part has requested that the said license be issued in favour of the said part. . . of the second part which request the said Minister is willing to grant upon the execution of these presents.

Now this indenture witnesseth that in pursuance of the said agreement and in consideration of the sum of One dollar of lawful money of Canada now paid to the said part . . . . . of the first part by the said part . . . . . of the second part, the receipt of which is hereby acknowledged, the said part . . . . . of the first part do . . . . . hereby grant, transfer and convey to the said part . . . . . of the second part . . . . . executors, administrators and assigns ;—

All. . . right, title, interest, trust, claim property and demand

ges, revendications de propriété et demandes de toute
nature et espèce quelconques existant actuellement ou
pouvant surgir ultérieurement en vertu de ladite demande
ou de toute licence qui pourra être délivrée à ladite partie (ou aux dites parties) d'autre part . . . . . .exécu-
teurs, administrateurs et ayants-cause, conformément à
ladite demande et à son transfert et tous les droits y relatifs, l'intention vraie des présentes étant que ledit Ministre
traitera cette demande comme si elle avait été faite par la
dite partie (ou lesdites parties) d'autre part en . . . . .
nom propre et pour . . . . . . .compte et intérêt.

En foi de quoi lesdites parties ont apposé ci-dessous leurs
signatures et cachets respectifs aux jour, mois et au indiqués ci-dessus.

En triple :

Témoin :   . . . .

                                             . . . .

-----

of every nature and kind whatsoever now existing or hereafter
arising under the said application or under any license which may
be issued to the said part . . . . . of the second part . . . .
executors, administrators or assigns in pursuance of the said
application and of this transfer thereof and all rights appertaining
thereto, the true intent and meaning of these presents being that
the said Minister is to deal with te said application as if it had
been made by the said part . . . . . of the second part in . .
. . . . . .own name and in . . . . . . .own behalf and
interest.

In testimony whereof the said parties hereto have hereunto set
their respective hands and seals on the day and year first above
written. In triplicate. Witness :

                    . . . .

                    . . . .

8

Serment au dos de la formule ci-dessus.

. . . .

Je, ...

Témoin :

. . . . jure et affirme :

1. Que j'étais présent en personne et que j'ai vu l'original de la loi ci-contre en triple dûment exécutée par . . .

. . . . .y dénommés à . . . . . .

2. Que je connais ladite partie (ou lesdites parties) . .

3. Que j'ai apposé ma signature en qualité de témoin de témoin de cette exécution.

Juré devant moi, à. . . . .

. . . .ce. . . . .

Jurat on back of above.

. . . . . . I,. . . . .

To wit : . . . . .make oath and say :

    1. That I was personally present and saw the within instrument with triplicates original thereof duly executed by . . . . therein named at . . . .

    2. That I known the said part . . . .

    3. That I am a subscribing witness to such execution.

Sworn before me at. . . . .
this. . . .day of . . . . . .
one thousand eight hundred and . . . .

. . . .

Formule de demande pour le libre passage de travaux d'irrigation sur des terres de la Couronne.

. . . . .189 .

A l'honorable

    Ministre de l'Intérieur,

        Ottawa, Ont.

Monsieur,

Je prends la liberté de demander un permis concernant le terrain nécessaire pour droit de passage à travers des terres de la Couronne pour . . . . .construits par moi, conformément aux mémorial et plans déposés avec ma demande pour eau du . . . .

Form of application for free right of way for Irrigation works on Crown Lands.

. . . . 189..

To the Honourable

    The Minister of the Interior,

        Ottawa, Ont.

Sir,

I beg to make application for a license for the land required for right of way purposes across Crown Lands for the. . . . . . constructed by me, in accordance with the memorial and plans filed with my application for water from . . . . and as authorized on the . . . . . .day of. . . . . .189. ,

et autorisée le. . . . . à travers les terrains suivants :

. . . .

Je suis, Monsieur,
Votre obéissant serviteur,

. . . . .

Requérant.

Formule de contrat pour utiliser de l'eau.

MEMORANDUM DE CONTRAT fait et accepté en
triple le. . . . .
    Entre. . . . . d'une part, et. .
. . . . . .d'autre part.
    Considérant que la partie (ou les parties) d'une part a
(ou ont) fait une demande sous l'empire des dispositions de

---

across the following lands, viz. :—. . . . .
. . . .
. . . .

I am, Sir,
Your obedient servant,

. . . .

Applicant.

Form of agreement to use water.

MEMORANDUM OF AGREEMENT made and entered into,
in triplicate, this . . . . day of . . . . . . 189 .
    Between

of the first part,

    And

of the second part,

    Whereas the part   hereto of the first part ha   made appli-

la Loi sur les Irrigations dans le Nord-Ouest au sujet du droit de détourner l'eau de. . . . .
sur le . . . . . 1/4 de section. . . . .
Township. . . . . . , Rangée. . . . à l'ouest du . . . . . .Méridien, aux fins d'irrigation, et a (ou ont) déposé chez le Commissaire des Travaux Publics, à Regina, Assiniboia, et chez le Ministre de l'Intérieur le mémoire et les plans requis par la loi, indiquant la situation des travaux projetés pour l'utilisation de l'eau détournée et les terrains à irriguer au moyen de cette eau.

Et considérant que la partie (ou les parties) d'autre part, est (ou sont) propriétaire (s) du. . . . . . . de section. . . . . . ,Township. . . . , Rangée . . . . . . , à l'ouest du . . . . . .Méridien, compris parmi les terrains à irriguer figurant sur lesdits mémoire et plans.

Ce contrat affirme que la partie (ou les parties) d'une

---

cation under the provisions of the North-West Irrigation Act for the right to divert water from . . . . . . .on the . . . . quarter of section. . .Township. . .,Range. . ., West of the . . .Meridian, for irrigation purposes, and ha filed with the Commissioner of Public Works, at Regina, Assiniboia, and with the Minister of the Interior, the necessary memorial and plans required by the Act, showing the location of the proposed works for the utilization of the water diverted, and the lands upon which the water is to be used for irrigation purposes.

And whereas the part of the second part the owner of the . . . . quarter of Section . . , Township . . ., Range . . .. West of the . . .Meridian, which is included in the said memorial and plans among the lands to be irrigated.

Now this agreement witnesseth that the part of the first part agrees to supply, and the part of the second part agrees to receive and use a sufficient quantity of water from the irrigation works in question, in accordance with the regulations regarding

part, consent (ou consentent) à fournir et la partie (ou les parties) d'autre part, à recevoir et à utiliser une quantité d'eau suffisante provenant des travaux d'irrigation en question, conformément aux règlements sur l'effet utile de l'eau, pour l'irrigation de. . . . . . acres. . . indiqués sur les plans et mémoire précités comme étant irrigables par lesdits travaux et à payer de ce chef aux échéances suivantes, savoir :

. . . .

. . . .

En foi de quoi les parties ont signé et scellé ce contrat en triple, à. . . . . . , à la date indiquée ci-dessus.

En présence de :

the duty of water, for the irrigation of . . . . acres shown by the aforesaid memorial and plan as being irrigable from the said works, and to pay therefor on the following terms, namely : . . . .

. . . .

. . . .

In witness whereof the parties hereto have signed and sealed this agreement, in triplicate, at . . . . . . on the day and date first above written.

In the presence of :

Formule de certificat d'inspection et de recomman-
dation pour la délivrance de licence.

DÉPARTEMENT DES TRAVAUX PUBLICS.

Certificat délivré conformément aux dispositions de l'article 24 de la Loi sur les Irrigations dans le Nord-Ouest.

Je . . . ., Ingénieur en chef, certifie par le présent que j'ai inspecté le . . . . . . et les travaux qui s'y rattachent construits par . . . . et employant de l'eau de . . . . sur le . . . . 1/4 de section . . . ., Township . . . . ., Rangée . . . . ., à l'ouest du . . . Méridien, ainsi que l'indiquent le mémoire et les plans déposés par le dit. . . . . . le . . . . 189 . et que j'ai trouvé ce . . . . . ainsi

---

Form of certificate of inspection
and recommendation for issue of license.

DEPARTMENT OF PUBLIC WORKS.

Certificate issued in accordance with the provisions of Section 24 of the North-West Irrigation Act.

I, ..., Chief Engineer, do hereby certify that I have inspected the . . . . and the structures connected therewith constructed by . . . . and using water from . . . . on the . . . . ¼ of Section . . ., Township . ., Range . . ., West of the . . . Meridian, as shown by the memoral and plans filed by the said . . . . . . on the . . . . . day of . . . . 189 ., and that I find the said . . . . and the works connected therewith to have been completed and constructed in accordance with the memorial and plans above mentioned. The necessary right of way for the works in question across lands

que les travaux qui s'y rattachent achevés et construits conformément à ces plans et mémoire.

Le droit de passage nécessaire pour les travaux en question à travers des terrains n'appartenant pas au demandeur a été obtenu et l'autorisation a été accordée de construire les travaux à travers des réserves de routes ou des chemins cadastrés ; et les contrats passés pour la fourniture de l'eau aux fins d'irrigation de terrains qui n'appartiennent pas au demandeur ont été déposés.

Je certifie, en outre, que le. . . . . . en question est capable d'utiliser l'eau demandée et a droit à cet effet à une licence pour la quantité d'eau ci-dessous indiquée de. . . . . . . aux fins. . . . . . et conformément aux dispositions de la Loi sur les Irrigations dans le Nord-Ouest.

---

which do not belong to the applicant has been obtained, and authority to construct the works across road allowances or surveyed highways has been granted ; and the agreements which have been entered into for the supply of water for the irrigation of lands which are not the property of the applicant have been filed.

I further certify that the . . . . in question is capable of utilizing the water applied for, and is therefore entitled to a license for the undermentioned quantity of water from . . . . for . . . . . purposes, and in accordance with the provisions of the North-West Irrigation Act.

At flood level . . . . Cubic feet per second.	
At high water . . . . » »	
At low water . . . . » »	

Chief Engineer.

Regina, Assa.,
. . . . ., 189 .

A niveau de grande crue .   pieds cubes par seconde .

A hautes eaux. .   .   .   »

A basses eaux . .   .   .   »

Ingénieur en chef,

Regina, Assa.,

.   .   .   . 189 .

———

Département de l'Intérieur.

Ottawa, ... 189 .

Référence .   .   .   .

Monsieur,

Me référant à votre demande d'eau de .   .   .   .   .

pour des fins .   .   .   ., comme l'indiquent

Department of the interior.

Ottawa, ... 189 .

Ref.   ,   .   .   .

Sir,

With reference to your application for water from. .   .   .   .

for .   .   .   . purposes, as set forth in the memorial and plans

filed by you in this Department on the .   .   .   . 189. , I have to

direct your attention to the fact that the authorization for the

construction of the works necessary to utilize the water in ques-

tion, which was issued to you on the .   .   .   .   .   . 189 .,

provided that the works were to be completed within .   .   .   .

.   .   . from the date of such authorization.

On the .   .   .   . Mr. J. S. Dennis,

Chief Engineer, reported that an inspection made by him on the

ground proved that .   .   .   .

.   .   .   .

.   .   .   .

.   .   .   .

le mémoire et les plans déposés par vous au Département, le .   .   .   . 189 . j'appelle votre attention sur ce point que l'autorisation de construire des ouvrages nécessaires pour utiliser l'eau en question, qui vous a été délivrée le. .   .   .   . 189 , prévoit que les travaux doivent être achevés dans. .   .   .   .   . à partir de la date de cette autorisation.

A la date du .   .   .   . M. J. S. Dennis, ingénieur en chef, a fait connaître qu'une inspection faite par lui sur le terrain a prouvé. .   .   .   .

.   .   .   .

.   .   .   .

Je dois donc vous avertir, en vertu des dispositions de l'article .   .   . de la Loi sur les Irrigations dans le Nord-Ouest, que les droits qui vous ont été accordés en vertu de l'autorisation portant la date ci-dessus sont périmés pour ce qui concerne les travaux non achevés et que votre demande d'eau telle qu'elle est décrite ci-dessus a été modifiée de façon à annuler le droit à l'eau

---

I have therefore to notify you, under the provisions of Section .   . of the North-West Irrigation Act, that the rights granted you under the authorization of the above mentioned date have lapsed in so far as the portion of the works which are reported to be uncompleted are concerned, and that your application for water as above described has been amended so as to cancel the right to water for the area which would have been irrigated from the uncompleted works.

I am, Sir,
Your obedient servant,

Deputy of the Minister of the Interior.

pour la superficie qui aurait été irriguée par les travaux non achevés.

Je suis, Monsieur, votre obéissant serviteur,

. . . . .

Délégué du Ministre de l'Intérieur.

. . . .

. . . .

. . . .

Département de l'Intérieur.

Ottawa, ...189 .
Référence . . . . .

Monsieur,

Me référant à votre demande d'eau de . . . . . .
. . . . . pour des fins . . . . , comme l'indiquent le mémoire et les plans déposés par vous au Département de l'Intérieur, à la date du . . . . . .

Department of the Interior.

Ottawa, ... 189 .
Ref . . . .

Sir,

Referring to your application for water from . . . . . .
for . . . . purposes, as set forth in the memorial and plans filled by you in this Department on the . . . . . 189 ., I have to direct your attention to the fact that the authorization for the construction of the works necessary to utilize the water in question, which was issued to you on the . . . . . 189 ., provided that the works were to be completed within . . . . from the date of such authorization.
On the . . . . Mr. J. S. Dennis, Chief

.   .   .   .   189 , j'appelle votre attention sur ce point
que l'autorisation pour la construction des travaux nécessaires pour utiliser l'eau en question, qui vous a été
délivrée le.   .   .   .   .   189 , portait que les travaux devaient être achevés en.   .   .   .   .   à partir
de la date de cette autorisation.

Le.   .   .   .   .   M. J. S. Dennis, Ingénieur en chef,
a fait connaître que .   .   .   .

.   .   .   .

.   .   .   .

Je vous avertis donc, en vertu des dispositions de
l'article .   . de la Loi sur les Irrigations dans le Nord-
Ouest, que les droits qui vous ont été accordés en vertu
de l'autorisation portant la date indiquée ci-dessus sont

Engineer, reported that .   .   .   .

.   .   .   .

.   .   .   .

.   .   .   .

.   .   .   .

.   .   .   .

I have therefore to notify you, under the provisions of Section
of the North-West Irrigation Act, that the rights granted you
under the authorization of the above mentioned date have lapsed,
and that your application for water from .   .   .   .   , ...
has been cancelled.

I am, Sir,
Your obedient servant,

.   .   .   .   .   .

Deputy of the Minister of the Interior.

.   .   .   .

.   .   .   .

.   .   .   .

périmés et que votre demande d'eau de. .   .   .   .   .   .
a été annulée.

Je suis, Monsieur, votre obéissant serviteur.

Délégué du Ministre de l'Intérieur.

Abrégé de l'Ordonnance sur les irrigations dans les districts du Nord-Ouest.

(North-West Irrigations, District, Ordinance,)

Cette ordonnance vise l'introduction de travaux d'irrigation à titre d'entreprises municipales ; elle est basée sur ce principe qu'un canal d'irrigation construit pour l'amélioration d'une superficie devrait être exploité en commun par les propriétaires des terrains à irriguer.

L'ordonnance prévoit que par requête adressée au Lieutenant-Gouverneur en Conseil, la majorité des propriétaires de toute superficie désignée peut ériger celle-ci en district d'irrigation et procéder dans son sein à l'élection d'un conseil d'administration pour gérer les affaires du district.

Avis de la demande d'érection du district doit être publié dans un journal local et des preuves suffisantes doivent être fournies quant à la bonne foi des signataires de la pétition et à l'authenticité de leurs signatures.

Le district étant dûment constitué, les propriétaires font, en vertu de la loi sur les irrigations, une demande pour un droit d'eau de la même manière que le ferait un particulier ou une société ; leur demande est sujette au même examen pour déterminer la possibilité d'exécution du projet et la capacité du district de l'exécuter.

S'il est fait droit à une demande pour un droit d'eau, le district procède à la formation du capital nécessaire pour

la construction des travaux projetés par la vente d'obligations garanties par les terrains compris dans le district ;
toutefois, il doit d'abord obtenir l'approbation du Lieutenant-Gouverneur en Conseil pour l'émission de ces obligations. Le capital nécessaire étant formé, les travaux
sont construits dans les mêmes conditions quant à l'inspection et à l'approbation par l'ingénieur en chef que celles
qui sont imposées aux travaux d'irrigation privés ou d'une
autre corporation ; après l'achèvement des travaux, le
canal est administré et entretenu au moyen d'une taxe
annuelle sur les terrains irrigables dans le district,
suffisante pour payer les dépenses d'administration et
d'entretien et pour constituer un fond d'amortissement
afin de racheter les obligations.

Il est à remarquer, concernant cette loi, que le même
examen et les mêmes soins doivent être exercés dans la
formation du district et dans l'acquisition et l'usage de son
droit d'eau que ceux qui sont exercés à l'égard des droits
de particuliers ou de collectivités acquis en vertu de la loi
sur les irrigations.

Une disposition de l'Ordonnance sur les irrigations dans
les districts du Nord-Ouest mérite une mention spéciale,
parce que son exécution a eu pour résultat de permettre
à des districts d'irrigation de disposer de leurs obligations
à un prix au-dessus du pair ; d'autre part, elle empêche
effectivement tout ce qui ressemble à une spéculation
dans l'organisation de districts ou dans le placement de
leurs obligations, si ce n'est comme des garanties portant
simplement intérêt. Les dispositions dont il s'agit prévoient
une garantie pratique par le Gouvernement des obligations qu'un district est autorisé à vendre et contiennent
la règle, unique sur le continent des Amériques, que si

les propriétaires fonciers du district négligent de payer
les taxes imposées pour l'administration et l'entretien de
leurs travaux d'irrigation et de constituer un fonds d'amortissement pour le rachat des redevances, le Gouvernement paye ces taxes et s'approprie les terrains. Il résulte
pratiquement de cette disposition que le district est absolument sûr de son revenu pour l'administration et l'entretien et l'obligataire de son intérêt et principal, tandis
que ceux qui seraient disposés à créer des districts d'irrigation dans l'espoir de spéculer et d'obtenir des terrains
à bon marché ne se trouveraient que médiocrement
encouragés pour s'adonner à des entreprises de cette
nature.

Loi de 1894 sur les Drainages, les Endiguements et les Irrigations

CHAPITRE 12.

Loi concernant le drainage, l'endiguement et l'irrigation des terrains.

11 avril 1904.

Sa Majesté, par et avec l'avis et le consentement de l'Assemblée législative de la province de la Colombie britannique, décrète ce qui suit :

Titre abrégé.

1. La présente Loi pourra être citée sous le titre : « Loi de 1894 sur les drainages, les endiguements et les irrigations ».

Drainage, Dyking and Irrigation Act, 1894.

CHAPITRE 12.

An Act respecting the Drainage and Dyking and Irrigation of Lands.

(11th April, 1894.)

Her Majesty, by and with the advice and consent of the Legislative Assembly of the Province of British Columbia, enacts as follows :

Short Title.

1. This Act may be cited as the « Drainage, Dyking, and Irrigation Act, 1894. »

Interprétation.

2. Dans cette loi l'expression « travaux » ou « ouvrages » signifie et comprend : *a*) les digues, barrages, écluses, brise-lames, drains, égouts, fossés, pompes ou déversoirs que les commissaires nommés sous l'empire de la présente loi sont autorisés à construire, bâtir, creuser ou faire aux fins de drainer, d'endiguer ou d'irriguer tout terrain auquel s'applique la présente loi ; et *b*) les digues, barrages, brise-lames ou tout autre ouvrage pour prévenir l'empiètement des cours d'eau sur leurs rives ; l'expression « propriétaires de terrains » dans ce texte se rapportera aux propriétaires ou occupants de terrains menacés par cet empiétement ; le mot « exécuter » aura la signification qui s'adapte à la description de l'achèvement du travail ou des travaux particuliers dont traite le contexte.

Nomination, élection, pouvoirs et responsabilité des commissaires.

3. Le Lieutenant-Gouverneur en Conseil pourra, à la

Interpretation.

2. In this Act the word « works » shall mean and include any dykes, dams, weirs, flood-gates, breakwaters, drains, ditches, pumping machinery, or flumes which the Commissioners appointed hereunder are authorized to construct, build, dig, or make for the purpose of draining, dyking, or irrigating any of the lands to which this Act applies, and any dyke, dam, breakwater or other protection to prevent the encroachment of rivers upon their banks; and « proprietors of lands » in this context shall refer to the owners or occupiers of lands endangered by such encroachment ; and the word « execute » shall have such meaning as shall be appropriate to describe the performance of the particular work or works referred to in the context.

requête de tout propriétaire de terrains marécageux ou
de prairies naturelles, nommer un ou plusieurs commissaires pour le district ou l'endroit où ces terrains ou
prairies sont situés ; il pourra aussi, en tout temps, augmenter ou diminuer le nombre des commissaires nommés,
les révoquer tous ou quelques-uns et en nommer d'autres
à leur place.

4. Une majorité en intérêts et en nombre des propriétaires de terrains marécageux ou de prairies naturelles
pourra, elle-même, ou par l'intermédiaire de ses agents
dûment autorisés par écrit, élire un ou plusieurs commissaires pour exécuter des travaux afin d'assainir ces terrains ou prairies par drainage, endiguement ou irrigation ; cette majorité de propriétaires pourra, en tout
temps, augmenter ou diminuer le nombre des commissaires
élus, les révoquer tous ou quelques-uns et en élire d'autres à leur place ; l'élection et le renvoi de commissaires
chargés de l'administration de tout terrain privé seront
faits par un écrit signé par la majorité en intérêts et en
nombre des propriétaires du terrain. Il est entendu, tou-

---

*Commissioners, their Appointment, Selection, Powers
and Liabilities*

3. The Lieutenant-Governor in Council, at the request of any of
the proprietors of any marsh, swamp, or meadow lands, may
appoint one or more Commissioners for the district or place where
such lands lie, and may at any time add to or diminish the number of Commissioners appointed, or supersede any or all of them
and appoint others instead.

4. A majority in interest and number of the proprietors of any
marsh, swamp, or meadow lands, may, by themselves or their
agents duly authorized in writing, select one or more Commissioners to execute any works for reclaiming such lands by drainage, dyking or irrigation ; and they may at any time add to or

tefois, que lorsque les travaux ont été entrepris et des fonds empruntés en vertu des dispositions de la présente loi, les pouvoirs d'augmenter ou de diminuer le nombre des commissaires, de les renvoyer ou de les remplacer par d'autres, ne pourront être exercées contre l'opposition exprimée par les obligataires ou autres bailleurs de fonds, ou par une majorité d'entre eux ou de leurs fondés de pouvoirs, ni sans le consentement du Lieutenant-Gouverneur en Conseil, lorsqu'une garantie d'intérêt a été fournie ; l'avis de l'exercice projeté d'un de ces pouvoirs sera inséré pendant trois semaines dans la Gazette de la Colombie britannique et dans un journal publié ou circulant dans le district.

5. Lorsqu'une partie de ces terrains marécageux, de ces prairies ou d'autres terrains appartient à la Couronne, une majorité en intérêts et en nombre des propriétaires privés pourra élire un ou plusieurs commis-

---

diminish the number of Commissioners selected, or supersede any or all of them, and select others instead ; and the selection or dismissal of any Commissioners for or from the management of any particular land shall be made in writing, under the hands of a majority in interest and number of the proprietors of such land : Provided, however, that after the works have been undertaken, and any moneys have been borrowed under the powers contained in this Act, the powers of adding to or diminishing the number of Commissioners, or of superseding any or all of them and substituting and selecting others instead, shall not be exercised against the expressed dissent of the bondholders, or other lenders of the moneys aforesaid, or of a majority of them or of their trustees, nor without the consent of the Lieutenant-Governor in Council in case a guarantee of interest hereunder has been given ; and notice of a proposed exercice of any such powers shall be given by advertisement inserted for three weeks in the British Columbia Gazette, and in a newspaper published or circulating in the district.

saires, comme il est dit à l'article précédent ; et le Lieutenant-Gouverneur en Conseil pourra aussi nommer un commissaire pour procéder, de concert avec les commissaires élus par les propriétaires privés, à l'exécution des travaux pour l'amélioration de ces terrains.

6. Avant d'entrer en fonctions, les commissaires nommés par le Lieutenant-Gouverneur en Conseil ou élus par les propriétaires en vertu de la présente loi, prêteront serment devant un juge de paix ; la nomination, l'élection ou la révocation et la prestation de serment d'un commissaire seront mentionnés dans le registre des commissaires ou déposés dans leurs archives ; cet enregistrement ou ce dépôt constituera la preuve de la nomination, de la révocation ou de la prestation de serment, suivant le cas, et les noms des commissaires et ceux des propriétaires sollicitant cette nomination en vertu de l'article 3 ou nommant des commissaires en vertu de l'article 4 seront

---

5. Where any portion of such marsh, swamp, meadow, or other lands, is owned by the Crown, a majority in interest and number of the private owners may select one or more Commissioners as mentioned and provided for in the preceding section ; and the Lieutenant-Governor in Council may appoint one Commissioner to act with the Commissioners selected by the private owners in executing any works for the reclaiming of such lands.

6. The Commissioners appointed by the Lieutenant-Governor in Council or selected by the proprietors under this Act shall be sworn into office by a Justice of the Peace, and the appointment or selection or dismissal of a Commissioner, and such swearing, shall be entered in the Commissioners' book of record, or filed among the records of the Commissioners, which shall be evidence of the fact of such appointment, dismissal or swearing, as the case may be, and their names and the names of the proprietors requesting such appointment under the provisions of section 3, or selecting Com-

publiés dans la *Gazette* de la Colombie britannique en même temps que les limites du district dans lequel ils doivent opérer ; avant cette publication et la prestation de serment, un commissaire n'aura ni compétence, ni qualité pour exercer aucune des fonctions de l'emploi.

7. Lorsqu'une vacance se produit dans l'emploi de commissaire et que cet emploi a été occupé antérieurement par un commissaire élu en vertu de l'article 4 de la présente loi, les commissaires restant en fonctions devront, dans les quinze jours à partir du moment où cette vacance s'est produite convoquer, par un avis public, une réunion pour la nomination d'un autre titulaire à l'effet de pourvoir à la place vacante et cette nomination sera faite de la manière prévue à l'article 4 ; si les commissaires négligent de le faire, tout propriétaire dans le district, tout obligataire ou créancier des commissaires peut prendre les mesures nécessaires pour assurer cette nomi-

---

missioners under the provisions of section 4, shall, together with the boundaries of the district for which they are to act, be published in the British Columbia Gazette, and until such publication and the swearing in of a Commissioner he shall not be competent or qualified to exercise any of the functions of the office.

7. In case any vacancy occurs in the office of Commissioner it shall be the duty of the remaining Commissioners, if such office had previously been filled by a Commissioner selected under section 4 hereof, within fourteen days of the occurrence of such vacancy, by public notice, to call a meeting for the nomination of a Commissioner to fill the vacancy, and any appointment shall be made in the manner provided by section 4 hereof, and in case of neglect so to do by the Commissioners any proprietor in the district, or any bondholder or creditor of the Commissioners, may take the necessary steps to secure such appointment. If such Commissioner had previously been appointed by the Lieutenant-Governor, the Com-

nation. Si le titulaire a été antérieurement nommé par le Lieutenant-Gouverneur, les commissaires lui feront connaître la vacance dans le même délai de quinze jours.

8. Les propriétaires de terrains dans un district pour lequel des commissaires sont élus ou nommés pourront, pendant ou après l'élection, comme il est dit ci-dessus, ou après la nomination par une majorité en intérêts et en nombre, déterminer l'étendue générale, la portée et les limites des travaux dont l'exécution sera confiée aux commissaires ; toutefois, ceux-ci auront pleins pouvoirs dans toutes les questions de détail, à la condition de se conformer aux dispositions de la présente loi.

9. Immédiatement après leur nomination et leur installation, les commissaires devront prendre toutes les mesures préliminaires d'organisation et, pour obtenir les renseignements requis, indiquer sur le plan et dans le memorandum dont il est question à l'article 12, ou tous

---

missioners shall, within a like period of fourteen days, notify the Lieutenant-Governor of the vacancy.

8. The proprietors of lands in any district for which Commissioners are selected or appointed, may, at the time of selecting Commissioners as afore-mentioned, or any time after such selection, or after their appointment by a majority in interest and number, determine the general extent, scope, and limits of the works with the execution of which the Commissioners, shall be entrusted, but the Commissioners shall, subject to the provisions of this Act, have full power in all matters of detail.

9. It shall be the duty of the Commissioners forthwith after their appointment and qualification to take all preliminary steps for organization, and for obtaining such of the information required to be shown upon the plan and in the memorandum referred to in section 12 hereof, or such further or other information as the may deem advisable in connection with the object of their appointment.

autres renseignements supplémentaires qu'ils jugeront se rattacher à l'objet de leur nomination.

10. A la suite d'une demande écrite et signée par un propriétaire de terrains marécageux ou de prairies, ou par son agent, adressée aux commissaires du districts où se trouvent les terrains et portant que ceux-ci sont sujets à être inondés ou seront improductifs sans irrigation, les commissaires instruiront cette demande, et s'ils la trouvent fondée, pourront ordonner que ces terrains soient endigués, drainés ou irrigués ; à cet effet, ils feront élever, ouvrir, construire ou creuser dans ces terrains ou dans un terrain adjacent ou par tous autres travaux qu'ils jugeront utiles, de nouvelles ou d'anciennes digues, des drains, déversoirs ou fossés et prescriront telles mesures qu'ils jugent propres à rendre les terrains productifs ; ils pourront requérir les propriétaires ou occupants des terrains à traverser par la digue, le drainage ou l'irrigation projeté de réserver la partie du terrain néces-

---

10. On application by any proprietor of marsh, swamp, or meadow lands, in writing, signed by him or his agent, to the Commissioners for the district in which the lands lie, setting forth that the same are subject to overflow, or are unproductive whithout irrigation, the Commissioners shall enquire into the merits of the application and may direct such lands to be dyked, drained, or irrigated by causing new or old dykes, drains, flumes, or ditches to be erected, opened, built, or cut trough the same or any adjacent land, or by such other works as they may deem fit, and such Commissioners may order such measures as they may deem proper for rendering the lands productive, and may require the proprietors or occupiers of the lands, through which the dyke shall be built or the drainage or irrigation shall be ordered, to perform a just proportion of the labour necessary for the purpose ; and shall have power to assess all lands benefited by such drainage, dyking, or irriga-

saire à cette fin ; ils auront le pouvoir d'imposer tous les terrains avantagés par ce drainage, cet endiguement ou cette irrigation, ainsi que leurs propriétaires on occupants,pour les dépenses de ces travaux et pour les dommages à en résulter ; ces dépenses seront levées et recouvrées comme les autres taxes imposées par la présente loi.

11. Lorsqu'un terrain marécageux endigué appartient en proportion égale à deux personnes, chaque partie pourra requérir un ou plusieurs commissaires de prendre soin des digues et d'exécuter tout ouvrage nécessaire pour en assurer la réparation.

12. Les commissaires ne pourront procéder à l'exécution d'aucun ouvrage dont on propose de répartir la dépense sur plusieurs années, avant le dépôt au bureau de l'enregistrement du district où les terrains sont situés :

a) D'un plan indiquant les travaux projetés et les terrains, teintés en vert, qui doivent en bénéficier ;

---

tion, and the proprietors or occupiers thereof, for the cost of such works, and for damage arising therefrom, which shall be levied and collected as are other rates imposed hereby.

11. Where any dyked marshes are owned by two persons in equal proportions, either party may require one or more Commissioners to take charge of and carry on any work necessary for repairing the dykes thereof.

12. The Commissioners shall not have power to proceed to execute any of the works where it is proposed to extend the payment therefor over a term of years, until there shall have been filed in the Land Registry Office for the district in which the lands affected are situated :

a) A plan showing the proposed works and the lands proposed to be benefited thereby, and thereon coloured green :

b) D'un memorandum dressé et signé par un ingénieur civil, approuvé par le haut commissaire des Terres et Travaux et contresigné par tous les commissaires, contenant :

1° l'estimation des dépenses des travaux projetés ; 2° les sommes à imposer aux lots ou sections respectifs de terrain ; 3° le mode de payement projeté des dépenses des travaux avec les sommes à lever annuellement, pour solder les intérêts des dépenses et pour former un fonds d'amortissement, afin de rembourser le principal à l'échéance ;

c) D'une copie certifiée de la requête pour la nomination de commissaires en vertu de l'article 3, ou pour l'élection des commissaires en vertu de l'article 4 ;

d) d'une liste des noms de tous les dissidents en vertu de l'article 13.

2) Si le plan ci-dessus mentionné indique des terrains marécageux ou des prairies qu'on propose d'imposer, mais

---

b) A memorandum, under the hand of a civil engineer to be approved of by the Chief Commissioner of Lands and Works, containing an estimate of the cost of the intended works, and the amounts which it is intended to assess against the respective lots or sections of land, and the intended mode of payment of the cost of the works, with the amounts to be raised annually both to pay off the interest on the cost and to form a sinking fund to pay the principal at maturity, which memorandum must also be signed by all the Commissioners :

c) A certified copy of the request for the appointment of Commissioners under section 3 and of the selection of Commissioners under section 4 :

d) A certified copy of all dissentients under section 13.

(2.) Should the plan above mentioned show any marsh, swamp, or meadow land wich it is proposed to assess, but which was not

qui n'ont pas été représentés à l'élection des commissaires, et que les commissaires élus ne représentent pas la majorité de tous les propriétaires de ces terrains, comme l'exige l'article 4 ci-dessus, ces terrains seront exclus du plan des travaux, à moins que l'élection des commissaires ne soit ratifiée et confirmée par autant de propriétaires en intérêts et en nombre des terrains marécageux ou des prairies naturelles dont il s'agit qu'il est nécessaire pour former la majorité requise.

3) Lorsque les travaux sont de peu d'importance et qu'on propose d'en couvrir les dépenses par des taxes levées et recouvrées au fur et à mesure de leur avancement, les commissaires pourront procéder immédiatement à l'exécution des travaux déterminés, conformément à l'article 8 et toute imposition levée tombera à charge des terrains immédiatement après le dépôt au Bureau d'enregistrement d'une déclaration signée par les commissaires.

13. Tout propriétaire pourra, en tout temps avant

---

represented in the selection of the Commissioners, and that the Commissioners selected do not represent the majority of the total owners of such lands, as required by section 4 hereof, such lands shall be excluded from the plan of the works, unless the selection of the Commissioners be ratified and confirmed by so many of the proprietors in interest and number of the additional marsh, swamp, or meadow land affected as is necessary to make up the required majority.

(3.) Where the works are of small extent and it is proposed to meet the cost thereof by assessments levied and collected from time to time as the work progresses, the Commissioners may proceed forthwith to execute the works determined upon, in accordance with section 8 hereof, and any assessment levied shall become a charge upon the lands so soon as a statement thereof, signed by the Commissioners, is filed in the proper Land Registry Office.

l'expiration du délai d'appel contre l'imposition proposée devant la cour de revision, informer les commissaires de son opposition à l'exécution des travaux ; si une majorité en intérêts et en nombre des propriétaires fait cette déclaration aux commissaires, ceux-ci ne pourront procéder à l'exécution de ces travaux avant qu'une majorité en intérêts et en nombre des propriétaires n'ait donné à cette fin son consentement par écrit.

14. Les commissaires informeront, dans les quatre semaines, chaque propriétaire d'un lot dont l'adresse est connue, du dépôt du plan, du memorandum et du rôle d'imposition, et lui délivreront une copie de la partie de ce rôle d'imposition qui se rapporte à son terrain avec un avis indiquant la date et l'endroit où siègera la Cour de revision ; les commissaires feront connaître, pendant au moins quatre semaines, dans la *Gazette* de la Colombie britannique et dans un journal circulant dans le voisinage du district intéressé, que ces plan, memorandum et rôle

---

13. Any proprietor may, at any time before the expiry of the time limited for appealing from the proposed assessment to the Court of Revision, notify the Commissionners of his dissent from the proposal to go on with the works ; and if a majority in interest and number of the proprietors so notify the Commissioners, the Commissioners shall not be at liberty to go on with such works until the carrying on of such works has been assented to in writing by a majority in interest and number of the proprietors.

14. The Commissioners shall give at least four weeks' notice to each owner of a lot whose address is known of the filing of such plan and memorandum, and a copy of so much of the assessment roll as refers to his land, with a notice of the date and place at which the Court of Revision will be held, and shall advertise, for at least four weeks, in the British Columbia Gazette and in a newspaper circulating in the neighbourhood of the district affected, that such plan and memorandum have been filed, and appoint a

ont été déposés et ils fixeront un délai d'un mois au moins après la date du premier avertissement, et un endroit pour une réunion où toutes les réclamations contre l'imposition seront entendues ; ils pourront, dans cette réunion ou, en cas d'ajournement, dans une réunion ultérieure, modifier, amender ou confirmer le dit rôle, comme ils le jugent convenir. Un rapport de tout changement ainsi fait (ou fait par un juge sur appel des commissaires et, dans ce cas, sur la production de la décision du juge) sera signé par les commissaires et déposé au Bureau d'enregistrement où les originaux des plan, memorandum et rôle d'imposition ont été déposés.

15. Le plan et le memorandum déposés comme il est dit ci-dessus seront, sous réserve de la modification faite éventuellement par les commissaires ou par un juge, enregistrés comme une première hypothèque à charge de chaque lot distinct de terrain ou d'une de ses parties, autre que terrain de la Couronne, indiqué comme tel sur ledit plan

---

time, not less than one month after the date of the first advertisement, and a place for a meeting at which all complaints against such assessment shall be heard, and may, at such meeting, or at any adjournment thereof, alter, amend, or confirm the said assessment, as may seem to them just. A statement of any alteration so made (or made by a Judge on appeal from the Commissioners, and, in such latter case, upon production of the Judge's order) shall be signed by the Commissioners and deposited in the Land Registry Office in which the original plan and memorandum were filed.

15. The plan and memorandum, when so filed as aforesaid, shall, subject to such alteration as may be made by the Commissioners, or by a Judge, as above provided, be registered as a first charge on or against each separate lot of land, or portion thereof, not being Crown lands, so shown on the said plan and coloured as aforesaid, to the extent of the sums payable by or under this Act,

et teinté comme il est dit ci-dessus, jusqu'à concurrence des sommes payables en vertu de la présente loi pour ledit lot ou pour une de ses parties, sans tenir compte que l'imposition concerne les dépenses des travaux, leur entretien ou leur réparation, etc.; ces sommes rendues ainsi payables, comme il est prévu ci-dessus, seront versées entre les mains des commissaires qui en resteront détenteurs comme créanciers hypothécaires, aux fins d'exécution des dispositions de la présente loi. Les honoraires pour enregistrement et dépôt dudit plan et de tout memorandum seront les mêmes que ceux pour un simple enregistrement.

Il est entendu que les terrains précités, en tout ou en partie, ne seront grevés d'aucune somme rendue payable par ou en vertu de la présente loi et non spécifiée dans le memorandum précité, avant que le dépôt n'ait été fait au Bureau de l'enregistrement d'un memorandum signé par les commissaires, indiquant le montant de l'imposition grevant à ce moment chaque lot, section ou une de ses parties, indiqué et teinté comme il est dit ci-dessus.

---

by or in respect of the said lot or portion thereof, and whether the assessment is for the cost of the works, or for maintenance or repairs, or other purpose, and such sums so made payable as hereinbefore provided shall be declared payable to the said Commissioners, and shall be vested in them, and they shall be the owners of the said charge on the said lands hereby created for the purposes of carrying out the provisions of this Act. And the fee for filing and registering the said plan or any memorandum shall be the same fee as for a single registration : Provided, that the aforesaid lands, or any part thereof, shall not stand charged with any money made payable by or under this Act, but not specified in the memorandum aforementioned, until a memorandum under the hands of the Commissioners, showing the amount of the assessment for the time being made chargeable against each such

16. Les commissaires auront compétence pour construire, bâtir, creuser, faire, manœuvrer et entretenir les
digues, barrages, écluses, brise-lames, drains, fossés,
pompes, déversoirs, établissements ou améliorations qu'ils
jugent nécessaires pour draîner, endiguer ou irriguer les
terrains dans le district pour lequel ils sont nommés, ou
pour assainir ces terrains ou les protéger contre les eaux
de ruisseaux, rivières, lacs, la mer ou d'autres eaux.
Il leur incombera d'exécuter ou de faire exécuter les
travaux indiqués sur le plan dont il est question dans les
trois articles précédents ou décidés conformément aux
dispositions de l'article 8 et de veiller à ce que ces travaux soient dûment effectués et entretenus en bon état.
Il leur incombera aussi de surveiller l'établissement, la
levée et le recouvrement des impositions, ainsi que l'emploi judicieux des sommes recueillies, et généralement
d'exécuter toutes les dispositions de la présente loi.

Toute loi, tout objet ou toute chose dont l'exécution
incombe aux commissaires pourra, quand il y en a plus de
deux, et en l'absence de stipulation expresse contraire,

---

lot, section, or portion thereof respectively, so shown and coloured as aforesaid, shall have been filed in the said Land Registry
Office.

16. The Commissioners shall have power to construct, build,
dig, make, operate, and maintain such dykes, dams, weirs, flood-
gates, breakwaters, drains, ditches, pumping machinery, flumes,
erections or improvements as they may deem necessary for draining, dyking, or irrigating the lands in the district for which they
are appointed, or for reclaiming and securing the same from
brooks, rivers, lakes, the sea, or other waters. And it shall be their
duty to execute or cause to be executed the works shown upon the
plan referred to in the three precedings sections hereof, or decided
upon in accordance with the provisions of sections 8 hereof, and to
see that the same are duly operated and maintained in a proper

être fait par la majorité d'entre eux ; si une loi, un contrat ou un autre document porte que les commissaires qui l'ont exécuté ont été au complet ou en majorité, suivant le cas, de ceux ayant le droit d'agir, ou si un document ou acte semblable paraît devoir être exécuté par les commissaires, il sera, à première vue, censé être l'acte ou le devoir des commissaires.

Expropriation de terrains et dommages y causés.

17. Les Commissaires auront le pouvoir, et ils y seront autorisés par la présente loi, de se transporter sur tous terrains de toute ou toutes personnes, corps politique ou corporation, et de mesurer, préparer, prendre, exproprier, tenir et acquérir tous les terrains dont ils croient devoir disposer pour la construction, l'exécution, la ma-

---

state of repair. It shall also be their duty to attend to the making levying, and collecting of assessments, and to the proper application of sums collected, and generally to carry out all the provisions of this Act.

Any act, matter, or thing required to be done by the Commissioners may, when there are more than two, and in the absence of express provision to the contrary, be done by the majority of them, and if there be a recital in any deed, contract, or other document or instrument that the Commissioners who executed it form all or a majority, as the case may be, of those entitled to act, or if any such document or instrument purports to be executed by the Commissioners the same shall, primâ facie, be deemed to be the act, deed, or instrument of the Commissioners.

Expropriation of and Damage to Lands.

17. The Commissioners shall have power, and are hereby authorized to enter into and upon any lands of any person or persons, bodies politic or corporate, and to survey, set out, take, expropriate, hold and acquire, any lands that may in their opinion

nœuvre, l'entretien ou la réparation des travaux autorisés par la présente loi ; ils payeront de ce chef la compensation qui, à défaut d'accord intervenu, sera décidée par deux arbitres, conformément aux stipulations de « la loi d'arbitrage de 1893 » ; la compensation payée de ce chef sera considérée comme une partie des dépenses des travaux et imposée et recouvrée en conséquence.

18. Lorsqu'une digue est traversée par une grand'route publique ou par un chemin privé, le niveau n'en sera pas modifié, mais les commissaires seront responsables, lorsqu'il s'agit de routes cadastrées exécutées antérieurement, de toutes augmentation des dépenses de premiers établissement de la route occasionnées par la construction de la digue. Lorsque la crête d'une digue fait partie d'une grand'route ou d'un chemin, il incombera à la corporation

---

be necessary to have and to hold for the purpose of the construction, operation, maintenance, or repair of any works authorized by this Act, and shall pay such compensation therefor as may, in default of an agreement being arrived at, be decided by two arbitrators, pursuant to the provisions of the « Arbitration Act, 1893, » and the compensation paid hereunder shall be regarded as portion of the cost of the works, and be assessed and levied accordingly.

18. When any dyke is crossed by a public highway or private road, the level of such dyke shall not be interfered with, but the Commissioners shall be liable in the case of roads theretofore surveyed or laid out for any increase in the first cost of opening up or constructing the road or highway occasioned by the construction of the dyke. Wherever the top of a dyke forms portion of a highway or road, it shall be the duty of the Municipal Corporation, or other owner or persons responsible fort the repair of the highway, to maintain the same at a constant level, and to repair all injury directly or indirectly caused to the dyke by its use as a highway or road.

municipale ou à tout autre propriétaire ou personnes responsables de la réparation de la grand'route, d'en maintenir le niveau et de réparer tout dommage causé directement ou indirectement à la digue par son usage comme grand'route ou chemin.

19. Lorsque le terrain d'un propriétaire, autre que celui du requérant, est situé dans le périmètre d'un terrain marécageux ou d'une prairie, a été endommagé par l'exécution des travaux en vertu de l'article 10, le dommage sera évalué, imposé et payé comme les dépenses des travaux.

20. Lorsque des mottes de gazon ou de terres seront enlevées du terrain d'un propriétaire, endigué en commun avec d'autres propriétaires, aux fins d'endiguer ce terrain, ou lorsqne ce terrain sera emporté, déblayé ou endommagé par le charriage fait par ordre des commissaires, le dommage sera évalué, imposé et payé comme des autres taxes de drainage, d'irrigation ou d'endiguement.

---

19. When the land of any proprietor, within such marsh, swamp, or meadow land, other than that of the applicant, shall have been injured by the execution of works under section 10 hereof, the damage shall be valued, assessed, and paid in the same manner as directed for the cost of the works.

20. When sods or soil shall be cut off the land of any proprietor, dyked in common with other proprietors, for dyking the same, or such lands shall be washed away, or dyked out, or injured by carting over the same by order of the Commissioners, such damage shall be valued, assessed, and paid as other drainage, irrigation, or dyke rates.

Overseers, Collectors, and Clerks.

21. The Commissioners may appoint a clerk, a collector, an

Inspecteurs, percepteurs et secrétaires.

21. Les commissaires pourront nommer un secrétaire, un percepteur, un ingénieur et un ou plusieurs inspecteurs pour les assister dans l'accomplissement de leurs devoirs. Chacun de ces employés aura à prêter le serment requis devant un des commissaires, qui en fera mention dans le registre des commissaires ; cette mention tiendra lieu de preuve de la prestation du dit serment.

22. Le secrétaire des commissaires tiendra un registre de toutes leurs procédures, un compte exact de tout travail et de tous matériaux fournis par les propriétaires, de toutes les sommes reçues et payées par les commissaires et de tous les placements des fonds d'amortissement ; tous ces registres peuvent être consultés par les personnes intéressées, moyennant payement de 25 cents pour chaque recherche et examen ; une copie de toutes les inscriptions sera fournie sur demande, à toute personne intéressée, moyennant payement de 25 cents pour chaque feuillet de cent mots.

---

engineer, and one or more overseers, to assist them in the performance of their duties. To each of such officers the oath of office shall be administered by one of the Commissioners, by whom an entry thereof shall be made in the Commissioners' Book of Record, which entry shall be evidence of the fact of administration of said oath.

22. The Clerk of the Commissioners shall keep a record of all their proceedings, a fair account of all labour and materials furnished by proprietors, and of all moneys received and expended by the Commissioners, and of all investments of sinking funds, all of which records shall be open to the inspection of all persons interested therein, on payment for each search and examination of the books at one time of twenty-five cents ; and a copy of any entries shall be furnished to every person interested, when demanded, on payment of twenty-five cents for every folio of one hundred words.

23. Le secrétaire aura la garde de tous les fonds des commissaires; ces fonds seront déposés dans une banque privilégiée et n'en seront retirés que sur chèque des commissaires, contresigné par le secrétaire.

Le percepteur procédera au recouvrement de toutes les contributions et sommes et les versera toutes les semaines, ou dès que leur montant dépassera cent dollars, au compte de banque des commissaires. Les fonctions de secrétaire et de percepteur peuvent être cumulées par la même personne.

24. Le percepteur fournira une caution aux commissaires, avec deux garanties suffisantes, de 500 dollars ou d'un montant plus élevé que les commissaires exigeraient pour sûreté de sa gestion et pour l'accomplissement consciencieux des devoirs de sa charge ; le secrétaire fournira la même caution aux mêmes fins.

25. Un secrétaire, un inspecteur ou un percepteur sera

---

23. The clerk shall have custody of all moneys of the Commissioners, which shall be kept in some chartered bank, and shall be withdrawn only on the cheque of the Commissioners, countersigned by the clerk. The collector shall collect all assessments and moneys, and shall deposit the same weekly, or as soon as the amount shall exceed one hundred dollars, in the regular bank account of the Commissioners. The offices of clerk and collector may be held by the same person.

24. The collector shall furnish bonds to the Commissioners, with two sufficient sureties, in the amount of five hundred dollars, or such larger amount as the Commissioners may require, for the due accounting for and paying over by him to the account of the Commissioners of all moneys collected by him, and for the faithful performance of the duties of his office ; and the clerk shall furnish like bonds for the performance of the duties of his office.

25. A clerk, or overseer, or collector shall be a competent witness to prove any fact connected with the duties of his office.

un témoin compétent pour prouver tout fait se rattachant à ses fonctions.

26. Un commissaire ne recevra aucun émolument pour remplir les fonctions de secrétaire ou de percepteur.

Exécution des travaux.

27. Les commissaires pourront requérir les propriétaires de tous terrains dans le district de fournir des hommes, des attelages, des outils et des matériaux pour y exécuter les travaux projetés et pour les entretenir et les faire manœuvrer lorsqu'ils sont construits ; dans le cas où il n'est pas donné suite à cette réquisition, ils peuvent employer des hommes et des attelages et se procurer des outils et matériaux à cette fin, à la charge de ces propriétaires.

28. Dans les cas ordinaires, les commissaires inviteront, au moins sept jours à l'avance, non compris les

---

26. No Commissioner shall receive any emolument for holding the office of clerk or collector.

Execution of the Works.

27. The Commissioners may require the proprietors of any lands in the district to furnish men, teams, tools and materials to execute the works which have been determined upon, and to maintain and operate the same when constructed, and in case any such requisition is not complied with, may employ men and teams and provide tools and materials for that purpose at the expense of such proprietors.

28. Commissioners shall, in ordinary cases, cause seven days' notice, exclusive of Sundays, to be given to the proprietors of lands, or to their known agents when they reside within ten miles of the place where the labour is required to be done, to attend and furnish labour and materials ; but in case of sudden breaches in

dimanches, les propriétaires de terrains ou leurs agents connus, lorsqu'ils demeurent dans un périmètre de dix milles de l'endroit où le travail doit être fait, à y assister et à fournir de la main-d'œuvre et des matériaux ; cependant, en cas de ruptures soudaines ou de craintes de ruptures dans les travaux, l'intervention immédiate de chaque propriétaire peut être requise.

29. Les propriétaires ou occupants de ces terrains ou leurs agents, après avertissement par les commissaires, conformément à l'article précédent, devront fournir au moment prescrit et à l'endroit indiqué, un nombre suffisant de travailleurs, avec outils, charrettes et attelages, proportionnellement à la quantité de terrains possédée ou occupée ; pour chaque jour de retard en cas de rupture soudaine ou de crainte de rupture, le propriétaire défaillant payera, en sus de son imposition, une amende de cinq dollars pour chaque travailleur et la même somme pour chaque charrette ou attelage requis. Toutes les amendes recouvrées seront appliquées au bénéfice des terrains en général.

---

any works, or apprehension thereof, the immediate attendance of each proprietor may be required.

29. Every owner or occupier of such lands, or their agents, shall, when notified by the Commissioners, as provided in the preceding section, provide at a certain time and place named, a sufficient number of labourers, with tools, carts, and teams, in proportion to the quantity of land owned or occupied ; and for every day's neglect, in case of a sudden breach, or the apprehension of one, shall pay, beside his rate of assessment, a fine of five dollars for each labourer, and a like sum for each cart or team so required. All fines when recovered to be applied for the benefit of such lands generally.

30. The Commissioners may, at their discretion, in lieu of

30. Les commissaires pourront, à leur discrétion, au lieu de faire appel aux propriétaires, comme il est dit dans les trois articles précédents, ordonner l'exécution des travaux aux frais de ceux-ci et faire pour leur compte des dépenses en salaires, matériaux et autres choses que les circonstances exigent et qu'ils jugent convenir.

31. Aucune action ne pourra être intentée à charge d'un commissaire du chef d'une demande de travail ou de matériaux fournis par le propriétaire ou l'occupant, ou par son agent, avant que toutes les taxes et dépenses y relatives pour recouvrement ou autrement, imposables aux terrains du propriétaire ou de l'occupant, n'aient été payées, ni avant l'expiration d'un délai raisonnable pour la confection et le recouvrement du rôle d'imposition; avant qu'aucune vente n'ait lieu, le montant dû au propriétaire ou occupant de ces terrains pour travaux ou matériaux sera déduit du montant dû par ce propriétaire ou occupant.

32. Les commissaires pourront faire exécuter, entre-

---

calling upon the proprietors, as in the three preceding sections mentioned, cause the works to be executed themselves at the cost of the proprietors, and incur such expenses in their behalf for wages, material, and other purposes as the occasion may require and as they deem expedient.

31. No Commissioner shall be liable to an action for any demand for work or materials furnished by the owner or occupier, or his agent, until all rates and expenses thereon for collection or otherwise, chargeable, against the lands of such owner or occupier shall have been paid, nor until after a reasonable time for making up the rate-bill and collecting the same; and before any sale shall take place, the amount due to the owner or occupier of such lands, for

tenir ou réparer par contrat tout ou partie des travaux précités et, à cette fin, ils peuvent contracter avec toute personne.

33. Tous les contrats de l'espèce pourront être subordonnés à et contenir certains pouvoirs, conditions et arrangements convenus y mentionnés et seront signés par tous les commissaires.

34. Lorsque les commissaires jugeront nécessaire d'avoir un plan du terrain indiquant les divers lots et les limites, ainsi que les noms des propriétaires et occupants, ils pourront charger un arpenteur de dresser ce plan et ordonner que la dépense en soit mise à charge du terrain arpenté ; ils pourront requérir les propriétaires et occupants, ou leurs agents, d'indiquer à l'arpenteur les limites de leurs lots respectifs ; les propriétaires, occupants et agents ainsi requis seront liés par cet arpentage et ce plan.

---

work or materials, shall be deducted from the amount due from such owner or occupier.

32. The Commissioners may cause all or any part of the aforesaid works to be executed, maintained, or repaired by contract, and for that purpose may enter into any contract or contracts with any person.

33. All such contracts as aforesaid may be made subject to and contain such powers, conditions and agreements as may be agreed upon, and shall be signed by all the Commissioners.

34. When the Commissioners shall think it necessary to have a plan of the land, shewing the several lots and boundaries, and the names of owners or occupiers, they may employ a surveyor to make such plan, and order the expense to be laid on the land so surveyed as other charges ; and may require the owners or occupiers, or their agents, to point out to the surveyor the boundaries

Digues extérieures et intérieures.

35. Lorsque des terrains endigués sont entourés et protégés par d'autres digues à l'extérieur, les commissaires chargés de la surveillance des terrains protégés par les digues extérieures convoqueront une réunion de tous les propriétaires de ces terrains qui résideront dans le district ou dans un périmètre de dix milles de l'endroit où ces terrains sont situés, en notifiant six jours d'avance, à chaque propriétaire ou à son agent connu, la date et le lieu de la réunion ; la majorité en intérêts et en nombre des propriétaires ou occupants présents, en cas de négligence de leur part, ou les commissaires éliront au moins trois et au plus cinq propriétaires fonciers désintéressés ; ceux-ci, après avoir prêté serment devant un juge de paix et en recourant à tel expert ou telle assistance professionnelle qu'ils désirent, détermineront la part de bénéfices que les digues nouvelles ou extérieures ont procurée ou semblent devoir procurer aux digues anciennes ou

---

of their respective lots, and the owners, occupiers, and agents so called upon shall be bound by such survey and plan.

Outer and Inner Dykes.

35. Where any lands enclosed by dykes shall, by other dykes erected outside the same, be enclosed and protected, the Commissioners in charge of the lands reclaimed by outer dykes shall call a meeting of all the proprietors of the land within the whole level contained and enclosed by the outer dykes, who shall reside within the district, or within ten miles of the place where such lands lie, giving six days' notice of the time and place of meeting to each proprietor or his known agent ; and the majority in interest and number of such owners or occupiers present, or, in case of their neglect, then the Commissioners, shall elect not less than three or more than five disinterested freeholders, who, being sworn before a Justice of the Peace, shall, with such expert or professional

intérieures et aux terrains qu'elles entourent ; ils fixeront la dépense que les propriétaires des terrains situés entre les anciennes digues devront annuellement supporter pour l'entretien et la réparation des nouvelles digues ; ces personnes, ou la majorité d'entre elles, feront un rapport écrit de leurs procédures dont il sera fait mention dans le registre pour les digues extérieures et chaque somme ou partie de dépenses ainsi imposée et fixée sera mise à charge des terrains situés entre les digues intérieures et recouvrée comme les autres taxes d'endiguement.

36. Si, pendant un certain temps, les digues extérieures, en tout ou en partie, cessent de protéger les digues intérieures, les terrains situés à l'intérieur de ces dernières n'auront pas à contribuer pendant ce temps au maintien ou à la réparation des premières.

37. Si, à un moment donné, une majorité en intérêts et en nombre des propriétaires des terrains situés entre les

---

assistance as they desire, determine what proportion or degree of benefit hath accrued, or is likely to accrue, to the old or inner dykes and the lands lying within the same from the new or outer dykes, and shall settle and declare the proportion of expense that the proprietors of the lands within the old dykes ought annually to contribute and be assessed towards the maintenance and repair of the new dykes ; and such persons, or a majority of them, shall make a report in writing of their proceedings, which shall be entered in the book of record for such outer dykes, and every sum or proportion of expenses so settled and declared shall be borne upon the lands within the inner dykes, and assessed and collected as other dyke rates.

36. If such outer dykes shall, at any time cease, in whole or in part, to protect such inner dykes, the lands within the inner dykes shall not for such time contribute or be assessed to the support or repair of the outer dyke.

digues intérieures avait des doutes au sujet de la solidité
des digues extérieures ou de la possibilité de les réparer,
une majorité en intérêts et en nombre des propriétaires
de toute l'étendue pourra inviter un ou plusieurs commissaires à examiner les digues extérieures ; si le ou les
commissaires estiment qu'il y a lieu à réparation, celle-ci
sera immédiatemeni ordonnée avec l'assentiment de cette
majorité de propriétaires en intérêts et en nombre, ou,
moyennant le même consentement, le ou les commissaires
feront mettre les digues intérieures dans un état de réparation qui paraîtra le plus convenable. Si les digues intérieures sont réparées, la dépense sera supportée par les
propriétaires des terrains entourés par elles.

Impositions.

38. Les commissaires pourront imposer aux propriétaires ou occupants de tous terrains situés dans le district

---

37. If at any time a majority in interest and number of the
proprietors of the lands within the inner dykes shall be apprehensive that the outer dykes are unsafe or out of repair, a majority in
interest and number of the proprietors of the whole level may call
upon one or more Commissioners to examine the outer dykes, and
if it appears to him or them to require repair, he or they, with
the assent of such a majority in interest and number of the proprietors of the whole level, shall forthwith cause the same to be
repaired, or otherwise, with the like consent, put the inner dykes
in a state of repair, as shall seem most advisable. If the inner dykes
be repaired, then the proprietors of the lands enclosed thereby
shall bear the expense.

Assessments.

38. The Commissioners may assess the owners or occupiers of
any lands included within the district for which they were appoin-

pour lequel ils ont été désignés le coût des travaux, y compris l'escompte des obligations ou quittances émises pour les sommes empruntées et toute autre dépense faite par eux, soit avant ou après le dépôt du plan et du memorandum dont il est question ci-dessus, soit que ces documents aient été déposés ou non ou que les travaux aient été entrepris ou non ; il y sera compris également une somme ne dépassant pas cinq dollars par jour pour chaque commissaire effectivement en fonctions et une somme raisonnable pour le payement du secrétaire, des inspecteurs et du percepteur en tenant compte de la quantité et de la qualité de terrain de chaque propriétaire ou occupant et du bénéfice qu'il en retirera. En dehors des impositions faites pour les premiers frais des travaux, des impositions supplémentaires peuvent être établies de temps en temps pour les dépenses de manœuvre, d'entretien et d'administration et pour celles des réparations qui peuvent être nécessaires ; ces impositions seront réparties sur tous les

---

ted for the cost of the works, including discount on bonds or debentures issued for moneys borrowed and any other expenses incurred by them, whether preliminary to or subsequent to the filing of the plan and memorandum above referred to, and whether such plan and memorandum are filed or the works undertaken or not, and also including a sum not exceeding five dollars per day for every Commissioner while actually employed, and a reasonable sum for the payment of the clerk, overseers, and collector, having regard to the quantity and quality of land of each owner or occupier, and the benefit to be by him received. In addition to the assessments made for the first cost of the works, supplementary assessments may be made from time to time for expenses of operation, maintenance, and menagement, and for such repairs as may be required, which assessments shall be distributed over all lands in the district in the same proportion as the original assessments.

Whenever it shall become necessary to make a supplementary

terrains dans le district dans la même proportion que les impositions primitives.

Lorsqu'il sera nécessaire d'établir une imposition supplémentaire à répartir sur plusieurs années, il sera déposé au Bureau de l'enregistrement foncier, conformément à l'article 14, un memorandum signé par les commissaires, indiquant la somme totale à lever par imposition et le montant à imposer à chaque lot, section ou à une partie de section ou de lot. Lorsque les travaux ne sont pas entrepris, les dépenses préliminaires seront supportées par les parties qui ont consenti à la nomination des commissaires.

39. Lorsque par l'établissement ou la réparation d'un brise-lames, un marais salant situé en dehors en retirera des avantages, celui-ci sera taxé et imposé, dans les dépenses du brise-lames, dans la proportion des avantages qui en résultent.

40. Lorsque par l'endiguement ou le drainage d'un

---

assessment, the payment of which is to be spread over a term of years, a memorandum under the hands of the Commissioners, showing the total sum required to be raised by assessment, and the amount to be assessed against each lot, section, or portion thereof, shall be filed in the proper Land Registry Office, as required by section 14 hereof. Preliminary expenses, when the works are not undertaken, shall be borne by the parties assenting to the appointment of Commissioners.

39. Whenever, by the making or repairing of a breakwater, salt marsh lying outside the same shall be benefited thereby, the same shall be taxed and assessed, towards the expense of the breakwater, in proportion to the benefit derived.

40. Whenever, in the dyking or draining of any swamp or meadow land, a part shall be benefited, the proportion of the expense shall be assessed on that part only.

marais ou d'une prairie une partie en sera avantagée, la proportion de la dépense sera imposée sur cette partie seulement.

41. Les commissaires pourront, comme supplément à toute autre imposition autorisée sous l'empire de la présente loi, imposer les terrains indiqués et teintés comme il est dit ci-dessus, de toute somme additionnelle, ne dépassant pas le quart du devis des dépenses des travaux, comme l'indique le memorandum dont il question à l'article 12 ; cette imposition supplémentaire aura pour objet d'assurer le prompt payement au fonds d'amortissement pour le remboursement de toute somme empruntée ou dont l'emprunt est proposé, le payement des montants annuels dus ainsi que des intérêts des capitaux ainsi empruntées ; les impositions supplémentaires établies à charge de chaque lot, section ou partie de section ou de lot seront proportionnelles à la partie des dépenses des travaux imposées à la même propriété.

42. L'imposition ou les impositions établies en vertu de

---

41. The Commissioners may, in addition to any other assessment authorized to be made under this Act, assess the aforesaid land so shown and coloured as aforesaid for any additional sum or sums, not exceeding one-fourth of the amount of the estimated cost of the works, as shown by the memorandum referred to in section 12 hereof, as a margin to insure the prompt payment into the sinking fund for the repayment of any money which may have been borrowed, or be proposed to be borrowed, of the annual amounts due thereto, and of the interest on moneys so borrowed, and the additional assessments made against each such lot, section, or portion thereof respectively, as aforesaid, shall be in proportion to the portion of the amount of the estimated cost of the work assessed against the same property.

42. The assessment or assessments made by the authority of this

cet article ou des articles précédents constitueront une obligation formelle et la garantie fournie pour le remboursement des capitaux empruntés par les commissaires sur ces impositions et sur le fonds d'amortissement en vertu des pouvoirs contenus dans la présente loi sera absolument valable et liera toutes les parties y intéressées ; cette garantie ne sera ébranlée ou écartée pour aucun motif, quel qu'il soit, si ce n'est à la suite d'une demande faite ou d'une action intentée ou commencée devant une Cour de juridiction compétente dans les deux semaines après le dernier jour auquel les commissaires se sont réunis pour entendre les réclamations contre les impositions.

43. Toutes les amendes, taxes et impositions seront recouvrées, avec les frais, par et au nom des commissaires comme s'il s'agissait de dettes privées; une copie du rôle d'imposition ou de la partie qui concerne la taxe dont le recouvrement est poursuivi, constituera une preuve suffisante de l'imposition établie et de l'obligation du propriétaire ou occupant du terrain en question de la payer ;

---

or any of the preceding sections shall be absolutely binding, and the security given for the repayment of any moneys borrowed by the Commissioners on such assessments and upon the sinking fund under the powers contained in this Act shall be absolutely valid and binding on all parties interested therein according to the terms thereof, and shall not be quashed or set aside on any ground whatsoever, unless upon an application or in an action made or commenced in some Court of competent jurisdiction within two weeks after the last day upon which the Commissioners met to hear complaints against such assessment or assessments.

43. All fines, rates, and assessments shall be recovered by and in the name of the Commissioners, with costs, as if the same were private debts ; and a copy of the assessment, or of such part as may relate to the particular rate sued for, shall be sufficient proof of

aucune amende, taxe ou imposition ne sera sujette à une demande reconventionnelle de nature privée ou jointe à une réclamation privée du côté des commissaires.

44. Tout déficit dans le montant de la taxe peut être levé et recouvré comme une taxe originale.

45. En dehors des moyens obtenus en vertu d'un jugement, les commissaires peuvent louer une partie du terrain jusqu'à concurrence de la somme nécessaire pour payer la taxe et les dépenses relatives, moyennant affichage préalable, pendant vingt jours, d'un avis dans au moins trois places publiques du district où sont situés les terrains.

46. En dehors de tous autres moyens pour le recouvrement de taxes ou d'impositions, le sheriff ou son délégué, à la suite d'une requête des commissaires et d'un mandat signé par eux, vendra les terrains imposés ou la partie

---

the assessment having been made and of the liability of the owner or occupier of the land in question to pay the same ; and no fine, rate, or assessment shall be subject to any set-off of a private nature, or be joined with any private claim on the part of the Commissioners.

44. Any deficiency in the amount of the rate may be levied and collected as an original rate.

45. In addition to any remedy under a judgment obtained the Commissioners may let so much of the land as will pay the rate and expenses thereon, first giving twenty days' notice, by handbills posted in at least three of the most public places in the district where the lands lie.

46. In addition to all other remedies for the recovery of rates or assessment, the Sheriff, or his deputy, at the request of the Commissioners and upon receipt of a warrant under their hands, shall sell the lands assessed, or so much thereof as is necessary to

nécessaires pour payer la taxe et les dépenses, en annonçant la date et le lieu de cette vente trois mois d'avance par des affiches placées dans au moins trois endroits publics du district où les terrains sont situés ; il dressera et délivrera à l'acquéreur un acte authentique de ces terrains en propriétaire héréditaire et libres de toutes charges, sauf pour ce qui concerne la part proportionnelle dans les impositions établies antérieurement pour les années suivantes ; ces terrains seront toujours passibles de leur part dans les impositions futures ; du chef de cet acte et de ses occupations au sujet de la vente, le shériff aura droit à 3 p. c. du produit. La mention dans l'acte que les affiches ont été dûment apposées tiendra lieu de preuve.

47. Lorsque la personne qui, au moment du dépôt du memorandum dont il est question à l'article 12, était le propriétaire ou l'occupant d'un terrain ou son agent connu, ou son successeur en titre, n'aura pas consenti à

---

pay the rate and expenses, having given three months previous notice of the time and place of such sale, by hand-bills posted in at least three of the most public places in the district where such lands lie; and shall execute and deliver to the purchaser a valid deed of such lands in fee simple and free from all incumbrances, save and except their proportional share of any assessments for ensuing years theretofore made; such lands being also still liable for their share of future assessments, — for which deed, and his attention about the sale, he shall be entitled, out of the proceeds, to three per cent. A recital in the deed of such hand-bills having been duly posted shall be presumptive evidence of the fact.

47. Where the person who, at the time of the filing of the memorandum referred to in section 12, was the owner or occupier of any land, or his known agent, or his successor in title, shall not have agreed to the execution of the work, the land only shall be liable for the rate assessed.

l'exécution des travaux, le terrain ne sera passible que de la taxe imposée.

48. Les commissaires auront compétence pour recevoir, garder, prendre ou acquérir toutes les concessions et donations volontaires qui leur seront faites de terrains ou d'autre propriété, et pour détenir, prendre et acquérir de la Couronne ou de toute corporation, personne ou personnes, tout terrain ou autre propriété et pour hypothéquer, vendre, louer ou aliéner autrement et disposer de ce terrain ou de cette propriété en tout ou en partie, aux fins de l'entreprise et moyennant l'assentiment du Lieutenant-Gouverneur en Conseil.

Pouvoirs d'emprunter.

49. Les commissaires pourront emprunter, moyennant la garantie de la totalité ou d'une partie des amendes, taxes ou impositions, rendus payables en vertu de la présente loi, pour la durée qu'ils jugent convenir et aux personnes disposées à le faire, toute somme d'argent ne dé-

---

48. The Commissioners shall have power to receive, hold, take, and acquire all voluntary grants and donations of land or other property made to them, and to purchase, hold, take, and acquire of and from the Crown or any corporation, person or persons, any land or other property, and to mortgage, sell, lease, or otherwise alienate and dispose of such land or other property, or any part thereof, for the purpose of the undertaking and subject to the assent of the Lieutenant-Governor in Council.

Borrowing Powers.

49. Te Commissioners may borrow upon security of the fines, rates, and assessments, or any of them, or any part thereof respectively, made payable under this Act, and upon such terms as they may think fit, from any person willing to lend the same, any sum of money not exceeding the amount specified in a memorandum,

passant pas le montant indiqué dans le memorandum,
déposé en exécution des articles 12 et 14 précités, ils
pourront remettre au prêteur un acte indiquant les objets
pour lesquels l'argent est emprunté, les termes de remboursement et les terrains à charge desquels les amendes,
taxes et impositions données en garantie seront recouvrables; cet acte sera subordonné aux pouvoirs, conditions
et arrangements y contenus que le commissaire et le prêteur accepteront mutuellement. Ces commissaires pourront, à l'égard des sommes ainsi empruntées ou d'autres
engagements contractés, émettre des obligations ou quittances, soit au pair, soit à primes, payables au porteur,
dans les quarante années de leur date, au moment, à l'endroit et par tels montants ou à tel taux d'intérêt que les
commissaires fixeront; subsidiairement, les commissaires
peuvent dresser un acte en garantie de ces amendes,
taxes et impositions, en tout ou en partie, et du fonds
d'amortissement, en faveur de telles personnes ou corporations agréées pas eux et le prêteur; cet acte indi-

---

filed in pursuance of sections 12 or 14 hereof, and may execute
to the lender a deed specifying the objects for which the money
is alleged to be borrowed, the terms of repayment, and the lands
in respect of which the fines, rates, and assessments given as security
may be recoverable, and the said deed may be made subject to and
contain such powers, conditions, and agreements as the Commissioner and the lender may mutually agree on. And the Commissioners may, in respect of the moneys so borrowed or of other obligations incurred, issue bonds or debentures, either at par or at a
premium or discount, payable to bearer, at such time, within forty
years of the date thereof, and place, and for such amounts, and
bearing such rate of interest as the Commissioners may determine,
collateral to which said debentures the Commissioners may execute a deed in trust of such fines, rates, and assessments, or any
them, and of the sinking fund created thereout, in favour of such

. quera les objets pour lesquels le capital est emprunté, les délais de remboursement, les terrains à charge desquels les amendes, taxes et impositions données en garantie seront recouvrables, la proportion dans laquelle ces terrains seront séparément grevés du chef de cet emprunt ; il sera en outre subordonné aux pouvoirs, conditions et arrangements y contenus que les commissaires et le prêteur adopteront respectivement.

50. Toutes les sommes empruntées par les commissaires seront dépensées pour l'exécution, l'entretien, la manœuvre et l'administration des travaux pour l'exécution desquels elles ont été empruntées.

51. Les commissaires, en leur propre nom et au nom des fondés de pouvoirs désignés en vertu de l'article 49, garderont et placeront toutes les impositions recouvrées pour le compte du fonds d'amortissement pour le payement de toute dette à l'échéance. Les dispositions du

---

persons or corporations as may be agreed upon by the Commissioners and the lender, which said deed shall specify the objects for which the money is alleged to be borrowed, the terms of repayment, the lands in respect of which the fines, rates, and assessments given as security may be recoverable, the extent to which such lands shall be separately charged in respect of such loan, and otherwise subject to and contain such powers, conditions, and agreements as the Commissioners and the lender may mutually agree upon.

50. All moneys borrowed by the Commissioners shall be expended in the execution, maintenance, operation, and management of the works for executing which they were borrowed.

51. The Commissioners shall hold and invest either in their own names or in the names of the Trustees appointed under section 49 hereof, all assessments collected on sinking fund account for the payment of any indebtedness at maturity. The provisions

« Municipal Act de 1892 » et les amendements relatifs aux dotations de fonds d'amortissement par des municipalités de district s'appliqueront aux fonds d'amortissement créés en vertu de la présente loi, les commissaires exerçant les pouvoirs du Conseil à cette fin. En estimant le montant d'accroissement d'un fonds d'amortissement, il ne sera pas calculé un taux supérieur à 5 °/₀ sur les dotations.

52. Lorsque la fonction de commissaire deviendra vacante et qu'il ne sera pas pourvu à la vacance, comme lorsqu'il n'est pas procédé à une nomination en vertu de l'article 7, pendant que des sommes empruntées en vertu de la présente loi sont impayées, les prêteurs ou leurs fondés de pouvoirs, une majorité d'entre eux, ou les fondés de pouvoirs des obligataires, pourront, par écrit signé et cacheté, nommer une personne pour remplir les fonctions de commissaire ; à la suite de cette nomination, tous les

---

of the « Municipal Act, 1892. » and amendments in relation to investments of sinking funds by district municipalities, shall apply to sinking funds created under this Act, the Commissioners exercising the powers of the Council in that behalf. In estimating the amount to accrue on any sinking fund, no higher rate than five per cent on investments shall be calculated upon.

52. In case the office of Commissioner shall become vacant, and shall not be filled up, and in case of failure to secure an appointment under section 7 hereof, while any moneys borrowed by virtue of this Act are unpaid, the lenders or their assignees, or a majority of them, or the trustees for the bond or debenture holders may, by writing under their hands and seals, appoint some person to act as a Commissioner, and thereupon all the powers and authorities vested in any Commissioner or Commissioners by this Act shall vest in such Commissioner so appointed.

53. In case the Commissioners shall neglect to enforce the pay-

pouvoirs et toutes les autorités dévolus à un commissaire ou à des commissaires par la présente loi appartiendront à ce commissaire ainsi nommé.

53. Lorsque les commissaires négligeront de faire rentrer les sommes empruntées en vertu des pouvoirs qui leur sont attribués conformément aux conditions auxquelles l'emprunt a été subordonné, le shériff ou son délégué, à la demande du prêteur ou de ses ayants cause, s'adressera immédiatement aux propriétaires ou occupants des terrains pour obtenir le payement de toutes les sommes dues ; en cas de non payement du montant dû, le shériff, après réception d'un mandat signé et scellé par le créditeur procédera, moyennant une indemnité convenable, à la vente des terrains pour lesquels serait due ou non payée, en tout ou en partie, une amende, une taxe ou une imposition ou de la partie nécessaire pour payer ces sommes dues ainsi que les dépenses, de la même manière que s'il s'agissait à la requête des commissaires ; il exécutera et délivrera à l'acquéreur un acte authen-

ment of the moneys so borrowed under the powers vested in them in accordance with the conditions on which the same was borrowed, the Sheriff or his deputy, on the application of the lender or his assigns, shall forthwith apply to the owners or occupiers of the lands for all moneys due, and in case of non-payment of the amount so due, the Sheriff, upon receiving a warrant under the hands and seals of the creditor and due indemnity, shall proceed to sell, and shall sell the lands in respect of which any fine, rate, assessment, or part thereof respectively, may be due and unpaid, or so much thereof as may be necessary to pay the moneys so due and unpaid, and expenses, in like manner as if he were acting at the request of the Commissioners, and shall execute and deliver to the purchaser a valid deed of such lands of such effect as is specified in section 46 hereof, for which deed and his attention about the sale he shall be

tique de ces terrains ayant la portée indiquée dans l'article 46 : pour cet acte et ses peines à l'occasion de la vente, il aura droit à 3 °/₀ sur le produit. Une mention dans l'acte au sujet de l'affichage dont il est question dans l'article 46 tiendra lieu de preuve.

54. Le greffier enregistrera, sur demande et de la manière usitée, l'acte produit et exécuté par le shériff en vertu de l'article 46 ou de l'article précédent.

Garantie d'obligations.

55. Lorsque les commissaires, après s'être conformés aux prescriptions des articles 12, 13 et 14, désirent exercer ou ont exercé les pouvoirs d'emprunter qui leur sont conférés par la présente loi aux fins d'exécuter les travaux autorisés, le Lieutenant-Gouverneur en Conseil peut garantir, s'il le juge utile et dans les limites indiquées ci-après, les deux tiers de l'intérêt de la somme à emprunter ou de la partie de cette somme qu'il juge convenir ; il peut aussi autoriser les mesures nécessaires ou utiles pour

---

entitled out of the proceeds to three per cent. A recital in the deed of the hand-bill referred to in section 46, having been duly posted shall be accepted as evidence of the fact.

54. The proper Registrar of Titles, upon production of the deed executed by the Sheriff under section 46 or the preceding section, and application in the usual form, shall register or record the same in the usual manner.

Guarantee of Bonds.

55. Where the Commissioners have complied with the requirements of sections 12, 13, and 14 hereof and are desirous of exercising, or have exercised, the borrowing powers conferred upon them by this Act for the purpose of executing the works hereby authorized, the Lieutenant-Governor in Council may guarantee,

l'exécution de cette garantie ; en cas de négligence par les propriétaires ou occupants de payer à l'échéance l'intérêt ainsi garanti, le Lieutenant-Gouverneur peut, par ordonnance en Conseil, établir et recouvrer des impositions sur le terrain endigué, drainé ou irrigué, ainsi que, de temps en temps, sur les propriétaires ou occupants, jusqu'à concurrence de l'intérêt dû et des frais de recouvrement ; il aura de par lui-même ou de par un agent qu'il nomme à cette fin, tous les pouvoirs conférés par la présente loi aux commissaires pour le recouvrement d'amendes, taxes ou impositions ; et jusqu'à ce que l'intérêt ainsi garanti ait été totalement payé, les terrains affectés formeront un gage de priorité à cet effet, ainsi que contre toutes autres charges de la propriété, à l'exception de celles créées par la présente loi. L'intérêt garanti en vertu du présent article sera imputé, en cas de défaut par les commissaires de le faire, par le Ministre des Finances sur le fonds consolidé de la province. Il est entendu cependant que le

---

if he thinks it to be advisable, and subject to the limit as to amount hereinafter set, two-thirds of the interest upon the moneys which it is proposed to borrow, or upon so much thereof as he deems advisable, and may authorize the execution of such documents as may be necessary or expedient for the carrying out af such guarantee, and in case of the default of the landowners or occupiers in paying the interest so guaranteed, as and when it becomes due, the Lieutenant-Governor, by Order in Council, may make and levy assessments on the land so dyked, drained or irrigated, and on the owners or occupiers thereof, from time to time, for the amount of interest due and costs of collection : and shall have all the powers, either by himself or by an agent appointed by him for the purpose, as are herein given to Commissioners for recovering fines, rates, or assessments ; and until the interest so guaranteed shall have been fully repaid, the lands in respect of which such interest has been guaranteed shall be subject to a

montant total de l'intérêt pour lequel est encourue une responsabilité en vertu de ces garanties ne pourra jamais dépasser la somme annuelle de quinze mille dollars ; il est entendu en outre qu'aucune garantie semblable ne sera fournie en vue d'intérêts d'obligations émises pour un ouvrage en vertu d'un contrat avant la passation de la présente loi, à moins que les commissaires n'aient fourni au Lieutenant-Gouverneur en Conseil une sûreté satisfaisante que toutes les sommes provenant de la valeur majorée des obligations en conséquence de cette garantie seront affectées à la réduction des impositions levées sur des terrains à endiguer, à drainer ou à irriguer en exécution de ce contrat.

Terres de la Couronne.

56. Lorsque des terres de la Couronne ou des terres jouissant du droit de préemption sont comprises dans un district et bénéficieront de l'exécution des travaux, ces

---

prior lien or charge for such interest, as against all other incumbrances on the property, except those created by this Act. The interest guaranteed under authority of this section shall, in case of default in payment by the Commissioners, be paid by the Minister of Finance out of the Consolidated Revenue Fund of the Province: Provided, however, that the total amount of interest in respect of which a contingent liability under such guarantees may be incurred shall not at any time exceed the annual sum of fifteen thousand dollars : Provided, further, that no such guarantee shall be given in respect of the interest on bonds issued for any work under contract before the passing of this Act unless and until the Commissioners shall have given security satisfactory to the Lieutenant-Governor in Council that any moneys derived from the increased value of the bonds in consequence of such guarantee shall be applied to the reduction of the assessments levied upon lands to be dyked, drained, or irrigated under such contract.

terres ou celles d'entre elles indiquées dans un ordre en Conseil pourront, si l'assentiment du Lieutenant-Gouverneur en Conseil est obtenu à cet effet, être imposées pour leur part dans les frais d'exécution des travaux et pour toutes les autres dépenses d'après les mêmes principes et dans les mêmes conditions que les terrains de propriétaires privés ; toutes les impositions seront imputées sur les sommes votées de temps en temps, à cet effet, par la législature, ou payées, lorsqu'il s'agit de terres jouissant du droit de préemption, par l'acheteur privilégié, ou elles grèveront les terres dont elles constitueront une charge, lorsque celles-ci seront préemptées ou aliénées autrement par la Couronne. Il est entendu, toutefois, que le montant total imposé à une parcelle de terre ne sera pas immédiatement payable, à la suite de préemption ou d'aliénation, mais qu'il sera réparti sur un terme de même durée que l'ont été les impositions originales ; le

---

Crown Lands

56. Where Crown lands, or lands held under pre-emption right, are included in the district, and will be benefited by the execution of the works, the said lands, or such of them as may be specified in any Order in Council, may, if the consent of the Lieutenant-Governor in Council be obtained thereto, be assessed for their proportion of the cost of execution of the works, and for all other expenses upon the same principles and subject to the same conditions as the lands of private proprietors, and all assessments shall either be paid out of such moneys as shall be voted by the Legislature from time to time for that purpose, or, in case of pre-empted lands, by the pre-emptor, or the said assessments shall stand charged against the lands, and shall be a charge upon the same when pre-empted or otherwise alienated from the Crown: Provided, however, that the total amount charged against any parcel of land shall not, upon pre-emption or alienation, be then immediately payable, but the same shall be distributed over a term of

commencement dudit terme sera la date de la préemption ou de toute autre aliénation.

a) Les terres appartenant au gouvernement fédéral ou dont les revenus fonciers appartiennent à celui-ci, qui sont tenues en préemption ou susceptibles de vente ou de location seront sujettes à imposition aux fins de la présente loi, à la condition que le consentement du Lieutenant-Gouverneur en Conseil ait au préalable été obtenu et que les acheteurs privilégiés, détenteurs ou locataires de ces terres soient censés en être les propriétaires aux fins de la présente loi ; et moyennant le même consentement du gouvernement fédéral et les arrangements à conclure entre celui-ci et les gouvernements provinciaux, des terres fédérales peuvent être imposées, quoique n'étant pas tenues à préemption ou susceptibles de vente ou de location.

57. En vue de faire face au déficit dans le montant de

---

like length as were the original assessments, the beginning of said term being the date of pre-emption or other alienation.

(*a*) Lands belonging to the Dominion Government, or the territorial revenues whereof belong to the Dominion Government, which are held under pre-emption or under agreement to sell or lease, shall be liable to assessment for the purposes of this Act, provided the consent of the Governor-General in Council has been first had and obtained, and the pre-emptors, holders, or lessees of such lands shall be deemed proprietors for the purposes of this Act ; and with the like consent of the Dominion Government and subject to arrangements to be concluded between the Dominion and Provincial Governments Dominion lands may be assessed, although not held under pre-emption or under agreement to sell or lease.

57. In order to meet the deficiency in the amount of any assessment caused by the assessments on the Crown lands not being immediately payable, the Commissioners may, if they are of opi-

toute imposition causé par les impositions sur les terres de la Couronne qui ne sont pas immédiatement payables, les commissaires pourront, s'ils estiment que cette éventualité n'est pas suffisamment prévue par une taxe extraordinaire imposée en vertu des dispositions de l'article 41, imposer les autres terrains dans le district pour leur proportion de déficit ainsi créé. Les commissaires peuvent aussi, de temps en temps, réduire la taxe sur d'autres terrains, lorsque les terres de la Couronne deviennent passibles d'imposition et lorsque les taxes sont payées.

Dispositions diverses.

58. Si un propriétaire ou un occupant de terrain, un obligataire ou un créancier des commissaires se croit lésé ou est exposé à subir un préjudice du chef des procédures, d'une omission ou d'une négligence de ceux-ci ou d'une personne agissant en vertu de la présente loi, il peut se pourvoir en appel auprès de tout juge de la Haute Cour d'une manière sommaire et, le cas échéant, sur assigna-

---

nion that this contingency is not sufficiently provided for by any extra rate assessed under the provisions of section 41 hereof, assess the other lands in the district for their proportion of the deficiency thereby created. The Commissioners may also reduce the rate upon such other lands from time to time, as the Crown lands become liable to assessment and the said assessments are paid.

Miscellaneous.

58. If any owner or occupier of land, or any bondholder or creditor of the Commissioners, think himself aggrieved by the proceedings or by any omission or default of the Commissioners, or of any person acting under this Act or liable to be prejudiced thereby, he may appeal to any Judge of the Supreme Court, in a summary manner upon a summons to be granted if deemed

tion par le dit juge ; l'ordonnance et la décision seront rendues de la manière qu'il semble juste et convenable au dit juge et avec la détermination qui conviendra ; toutefois une garantie suffisante sera au préalable fournie par le requérant au Greffier de la Cour pour payement des frais à adjuger et à taxer ; il est entendu en outre qu'aucun appel ne pourra être interjeté après l'expiration d'un délai de vingt et un jours à partir de la date de la procédure attaquée ou de la continuation de l'omission ou de la négligence et sesse sans avoir informé au préalable un des commissaires de l'intention d'aller en appel.

59. Tous les secrétaires, percepteurs, inspecteurs et commissaires qui négligeront ou refuseront de s'acquitter de leurs devoirs en vertu de la présente loi seront passibles, sur condamnation sommaire par un juge de paix, d'une amende ne dépassant pas cinquante dollars pour chaque contravention, à appliquer comme d'autres amendes en vertu de la présente loi.

60. A moins de stipulation contraire dans la présente

---

expedient, by such Judge, and such order may be made as to the said Judge may seem just and proper, and such determination made as shall be proper ; but sufficient security shall be first given by the applicant to the Registrar of the Court for payment of costs to be awarded and taxed : Provided, however, no appeal shall be taken after the expiration of twenty-one days from the date of the proceeding complained of, or of a continuance of the omission or default, and not without notice being first given to one of the Commissioners of the intention to appeal.

59. All clerks, collectors, overseers, and Commissioners who shall neglect or refuse to comply with their duties, shall be liable, upon summary conviction by one Justice of the Peace, to a fine of a sum not exceeding fifty dollars for each offence, to be appropriated as other fines under this Act.

loi, tout avis à donner devra se faire par écrit et être signifié aux parties en personne, ou remis à leur dernier domicile connu ou par lettre recommandée adressée à leur dernière adresse connue.

61. Les dispositions de la présente loi, à l'exception de ce qui est stipulé ci-après, seront applicables, que les terrains affectés soient totalement ou partiellement compris ou non dans les limites d'une municipalité constituée en corporation.

62. Si une digue ou une autre partie d'ouvrages exécutés en vertu de la présente loi est endommagés par le fait d'un propriétaire ou d'un occupant de terres dans le district faisant paître du bétail ou des chevaux sur des terres adjacentes à la digue, en y établissant un chemin ou entravant ou interrompant un canal d'irrigation ou conduite d'eau par les commissaires, ou à la suite tout autre acte ou négligence de ce propriétaire ou occupant, les commissaires peuvent requérir ces personnes, aussi souvent que de besoin, de réparer le dommage immédia-

---

60. Every notice required to be given, unless herein otherwise directed, shall be a written notice to be served upon the parties in person, or left at their last known place of residence, or by registered letter mailed to their last known address.

61. The provisions of this Act, save as hereinafter mentioned, shall be applicable whether the lands affected are in whole or in part included within the limits of any incorporated municipality or not.

62. If any dyke or other portion of any works executed hereunder shall be injured by reason of any owner or occupier of lands in the district pasturing cattle or horses upon marshes or other lands adjacent to such dyke, or making a road over such dyke, or interfering with or breaking any irrigation canal or water-course constructed by the Commissioners, or by any other act or default

tement ou au jour indiqué, en cas de refus d'obéir à cette réquisition ou en cas d'urgence, les commissaires ordonneront la réparation du dommage et la personne récalcitrante encourra, pour chaque contravention, une amende ne dépassant pas cinquante dollars ; cette somme pourra être recouvrée, avec les frais de réparation, et affectée comme les autres taxes d'endiguement ; un certificat de la confiscation où de l'imposition signé par les commissaires tiendra lieu de preuve définitive.

63. Si une personne endommage volontairement en tout ou en partie, de quelque manière que ce soit, des travaux exécutés en vertu de la présente loi, elle encourra, pour chaque contravention, une amende ne dépassant pas cinquante dollars, laquelle avec les frais de réparation, pourra être recouvrée, sur condamnation sommaire par tout juge de paix. Les frais de réparation de dommages non volontaires peuvent être recouvrés de la même manière.

64. Les propriétaires ou occupants de terrains sujets à

---

of any such owner or occupier, the Commissioners may make an order on such person as often as occasion may require for repairing the injury forthwith or by a certain day to be named therein ; and in case of refusal of obedience to such order, or of sudden emergency, the Commissioners shall cause the injury to be repaired, and the person disobeying the order shall forfeit for every offence a sum not exceeding fifty dollars, which with the costs of repair, may be recovered and applied as other dyke rates, and a certificate of the forfeiture or assessment under the hands of the Commissioners shall be conclusive evidence of the fact.

63. If any person shall in any manner wilfully injure any works executed hereunder, or any portion thereof, he shall forfeit for every offence a sum not exceeding fifty dollars. which, with the costs of repair, may be recovered upon summary conviction by

irrigation ou à travers desquels l'irrigation est ordonnée, peuvent, avec l'autorisation écrite des commissaires, écouler le surplus de leurs eaux au moyen de déversoirs, fossés ou drains dans tout cours d'eau ou canal, en causant le moins de dommages possibles.

65. Aucun commissaire ne sera responsable d'un acte de ses prédécesseurs en fonctions pour un ouvrage dans lequel ce commissaire est engagé, à moins que ce ne soit pour des sommes qu'il pourrait avoir recouvré du chef de travaux faits par ses prédécesseurs.

66. « La loi sur les drainages, les endiguements et les irrigations » et « la loi de 1892 amendant la loi sur les drainages, les endiguements et les irrigations » sont abrogés par la présente loi.

---

any Justice of the Peace. The costs of repairing injury other than wilful may be similarly recovered.

64. The proprietors or occupiers of any lands subject to irrigation or through which irrigation may be ordered may, with the consent in writing of the Commissioners, by means of flumes, ditches, or drains through the adjacent lands, run their surplus and waste water into any creek, gulch, or channel, doing as little damage as possible.

65. No Commissionner shall be liable for any act of his predecessors in office, about any work in which such Commissioner is engaged, unless for money he might or could have collected on account of work done by his predecessors.

66. « The Drainage, Dyking and Irrigation Act » and the « Drainage, Dyking and Irrigation Amendment Act, 1802, » are hereby repealed.

COLOMBIE BRITANNIQUE

Loi de 1894, sur les Drainages, les Endiguements et les Irrigations.

CHAPITRE 64.

Loi concernant le drainage, l'endiguement et l'irrigation de terrains.

Sa Majesté, par et avec l'avis et le consentement de l'Assemblée législative de la province de la Colombie britannique, décrète ce qui suit :

Titre abrégé.

1. La présente loi pourra être citée sous le titre : « Loi sur les drainages, les endiguements et les irrigations ». 1894, c. 12, art. 1er.

Drainage, Dyking and Irrigation Act, 1894.

CHAPTER 64.

An Act respecting the Drainage and Dyking and Irrigation of Lands.

Her Majesty, by and with the advice and consent of the Legislative Assembly of the Province of British Columbia, enacts as follows : —

Short Title.

1. This Act may be cited as the « Drainage, Dyking, and Irrigation Act ». 1894, c. 12, s. 1.

Interprétation.

2. Dans cette loi l'expression « travaux » ou « ouvrages » signifie et comprend : *a*) les digues, barrages, écluses, brise-lames, drains, égouts, fossés, pompes ou déversoirs que les commissaires nommés sous l'empire de la présente loi sont autorisés à construire, bâtir, ériger, creuser ou faire aux fins de drainer, d'endiguer ou d'irriguer tout terrain auquel s'applique la présente loi ; et *b*) les digues, barrages, brise-lames ou tout autre ouvrage pour prévenir l'empiétement des cours d'eau sur leurs rives ; l'expression « propriétaires de terrains » dans ce texte se rapportera aux propriétaires ou occupants des terrains menacés par cet empiétement ; (il est entendu que lorsqu'une pièce ou parcelle indivisée de terrain, tombant sous l'application des dispositions de la présente loi, appartient à ou est occupée par plusieurs propriétaires, le vote de la majorité en intérêts de ceux-ci sera considéré comme représentant le vote pour cette pièce ou parcelle

---

Interpretation.

2. In this Act the word « works » shall mean and include any dykes, dams, weirs, flood-gates, breakwaters, drains, ditches, pumping machinery, or flumes which the Commissioners appointed hereunder are authorised to construct, build, dig, or make for the purpose of draining, dyking, or irrigating any of the lands to which this Act applies, and any dyke, dam, breakwater or other protection to prevent the encroachment of rivers upon their banks ; and « proprietors of lands » in this context shall refer to the owners or occupiers of lands endangered by such encroachment ; (provided that where any undivided piece or parcel of land, to be affected by the provisions of this Act, is vested in or occupied by more than one proprietor, the vote of the majority in interest of such proprietors shall be held to be the vote representing such piece or parcel of land, and in calculating the number of those entitled to

de terrain, et qu'en calculant le nombre de ceux ayant droit de vote en vertu des dispositions de la présente loi, ce vote ne comptera que pour un seul propriétaire); le mot « exécuter » aura la signification qui s'adapte à la description de l'achèvement du travail ou des travaux particuliers dont traite le contexte.

2) L'expression « terrains marécageux et prairies » sera censée comprendre tous les terrains et prairies situés dans un district de drainage, d'endiguement ou d'irrigation qui bénéficieront de l'exécution des travaux projetés, 1894, c. 12, art. 2 ; 1895, c. 19, art. 5 et 1896, c 19, art. 13.

Nomination, élection, pouvoirs et responsabilités des commissaires (1).

3. Le Lieutenant-Gouverneur en Conseil pourra, à la requête de tout propriétaire de terrains marécageux ou de

(1) Comparez pour les modifications apportées aux différents articles de ce chapitre 64, aux articles 5 et 6 du chapitre 17, 1898, publiés plus loin.

---

vote under the provisions of this Act such proprietor shall be counted as only one proprietor) ; and the word « execute » shall have such meaning as shall be appropriate to describe the performance of the particular work or works referred to in the context.

(2.) The expression « marsh, swamp, and meadow lands » shall be deemed to include all lands proposed to be included in any drainage, dyking, or irrigation district, and which would receive benefit from the execution of the proposed works. 1894, c. 12, s. 2 ; 1895, c. 19, s. 5, & 1896, c. 19, s. 13.

Commissioners, their Appointment, Selection, Powers and Liabilities (1).

3. The Lieutenant-Governor in Council, at the request of any of the proprietors of any marsh, swamp, or meadow lands, may

(1) See sections 5 et 6, chap. 17, 1898.

prairies, nommer un ou plusieurs commissaires pour le district ou l'endroit où ces terrains ou prairies sont situés ; il pourra aussi, en tout temps, augmenter ou diminuer le nombre des commissaires nommés, les révoquer tous ou quelques-uns d'entre eux et en nommer d'autres à la place. 1894, c. 12, art. 3.

4. Une majorité en intérêts et en nombre des propriétaires de terrains marécageux et de prairies pourra elle-même, ou par l'intermédiaire de ses agents dûment autorisés par écrit, élire un ou plusieurs commissaires pour exécuter des travaux afin d'assainir ces terrains ou prairies par drainage, endiguement ou irrigation ; cette majorité de propriétaires pourra, en tout temps, augmenter ou diminuer le nombre des commissaires élus, les révoquer tous ou quelques-uns d'entre eux et en élire d'autres à la place ; l'élection de commissaires pour l'administration de tout terrain privé, ainsi que leur révocation, seront faites par un écrit signé par la majorité en intérêts

---

appoint one or more Commissioners for the district or place where such lands lie, and may at any time add to or diminish the number of Commissioners appointed, or supersede any or all of them and appoint others instead. 1894, c. 12, s. 3.

4. A majority in interest and number of the proprietors of any marsh, swamp, or meadow lands may, by themselves or their agents duly authorised in writing, select one or more Commissioners to execute any works for reclaiming such lands by drainage, dyking or irrigation ; and they may at any time add to or diminish the number of Commissioners selected, or supersede any or all of them, and select others instead; and the selection or dismissal of any Commissioners for or from the management of any particular land shall be made in writing, under the hands of a majority in interest and number of the proprietors of such land : Provided, however, that after the works have been undertaken, and any moneys have been

et en nombre des propriétaires de ce terrain. Il est entendu, toutefois, que lorsque les travaux ont été entrepris et des fonds ont été empruntés en vertu des dispositions de la présente loi, les pouvoirs d'augmenter ou de diminuer le nombre des commissaires ou de les révoquer et de les remplacer par d'autres ne pourront être exercés contre l'opposition exprimée par les obligataires ou autres prêteurs d'argent, ou par une majorité d'entre eux ou de leurs fondés de pouvoirs, ni sans le consentement du Lieutenant-Gouverneur en Conseil en cas d'une garantie d'intérêt; l'avis de l'exercice projeté d'un de ces pouvoirs sera inséré, pendant trois semaines, dans la *Gazette* de la Colombie britannique et dans un journal publié ou circulant dans le district. 1894, c. 12, art. 4.

5. Lorsqu'une partie de ces terrains marécageux, de ces prairies ou d'autres terrains appartient à la Couronne, une majorité en intérêts et en nombre des propriétaires privés pourra élire un ou plusieurs commissaires, comme

---

borrowed under the powers contained in this Act, the powers of adding to or diminishing the number of Commissioners, or of superseding any or all of them and substituting and selecting others instead, shall not be exercised against the expressed dissent of the bondholders, or other lenders of the moneys aforesaid, or of a majority of them or of their trustees, nor without the consent of the Lieutenant-Governor in Council in case a guarantee of interest hereunder has been given ; and notice of a proposed exercise of any such powers shall be given by advertisement inserted for three weeks in the British Columbia Gazette, and in a newspaper published or circulating in the district. 1894, c. 12, s. 4.

5. Where any portion of such marsh, swamp, meadow, or other lands, is owned by the Crown, a majority in interest and number of the private owners may select one or more Commissioners as mentioned and provided for in the preceding section ; and the

il est dit à l'article précédent, et le Lieutenant-Gouverneur en Conseil pourra aussi nommer un commissaire analogue pour procéder, de concert avec les commissaires élus par les propriétaires privés, à l'exécution des travaux pour l'amélioration de ces terrains. 1894, c. 12, art. 5.

6. Avant d'entrer en fonctions, les commissaires nommés par le Lieutenant-Gouverneur en Conseil ou élus par les propriétaires en vertu de la présente loi, prêteront serment devant un juge de paix ; la nomination, l'élection ou la révocation et la prestation de serment d'un commissaire seront mentionnées dans le registre des commissaires ou déposées dans leurs archives ; cet enregistrement ou ce dépôt constituera la preuve de la nomination, de la révocation ou de la prestation de serment, suivant le cas, et les noms des commissaires et ceux des propriétaires sollicitant cette nomination en vertu de l'article 3 ou nommant des commissaires en vertu de l'article 4 seront publiés dans la *Gazette* de la Colombie britannique en même temps que les limites du district dans lequel ils doivent opérer ; avant cette publication et la prestation de

---

Lieutenant-Governor in Council may appoint one Commissioner to act with the Commissioners selected by the private owners in executing any works for the reclaiming of such lands. 1894, c. 12, s. 5.

6. The Commissioners appointed by the Lieutenant-Governor in Council or selected by the proprietors under this Act shall be sworn into office by a Justice of the Peace, and the appointment or selection or dismissal of a Commissioner, and such swearing, shall be entered in the Commissioners' book of record, or filed among the records of the Commissioners, which shall be evidence of the fact of such appointment, dismissal or swearing, as the case may be, and their names and the names of the proprietors requesting such appointment under the provisions of section 3, or selecting Commissioners under the provisions of section 4, shall, toge-

serment, un commissaire n'aura ni compétence, ni qualité pour exercer aucune des fonctions de l'emploi. 1894, c. 12, art. 6.

7. Lorsqu'une vacance se produit dans l'emploi de commissaire et que cet emploi a été occupé antérieurement par un commissaire élu en vertu de l'article 4 de la présente loi, les commissaires restant en fonctions devront, dans les quinze jours à partir du moment où cette vacance s'est produite, par un avis public, convoquer une réunion pour la nomination d'un autre titulaire à l'effet de pourvoir à la place vacante et cette nomination sera faite de la manière prévue à l'article 4 ; si les commissaires négligent de le faire, tout propriétaire dans le district, tout obligataire ou créancier des commissaires peut prendre les mesures nécessaires pour assurer cette nomination. Si le titulaire a été antérieurement nommé par le Lieutenant-Gouverneur, les commissaires lui feront connaître la vacance dans le même délai de quinze jours. 1894, c. 12, art. 7.

8. Les propriétaires de terrains dans un district pour

---

ther with the boundaries of the district for which they are to act, be published in the British Columbia Gazette, and until such publication and the swearing in of a Commissioner he shall not be competent or qualified to exercise any of the functions of the office. 1894, c. 12, s. 6.

7. In case any vacancy occurs in the office of Commissioner, it shall be the duty of the remaining Commissioners, if such office had previously been filled by a Commissioner selected under section 4 hereof, within fourteen days of the occurrence of such vacancy, by public notice, to call a meeting for the nomination of a Commissioner to fill the vacancy, and any appointment shall be made in the manner provided by section 4 hereof, and in case of neglect so to do by the Commissioners, any proprietor in the district, or any

lequel des commissaires sont élus ou nommés pourront, pendant ou après l'élection, comme il est dit ci-dessus, ou après la nomination par une majorité en intérêts et en nombre, déterminer l'étendue générale, la portée et les limites des travaux dont l'exécution sera confiée aux commissaires ; toutefois, ceux-ci auront pleins pouvoirs pour régler toutes les questions de détail, à la condition de se conformer aux dispositions de la présente loi. 1894, c. 12, art. 8.

9. Les commissaires pourront fixer, par résolution, leur rémunération qui, pour chacun d'eux, ne dépassera pas cinq dollars par jour d'occupation officielle réelle ; cette rémunération ne dépassera pas non plus cent dollars par an pour chaque commissaire, ni trois cents dollars pour tous ensemble, à moins d'approbation du payement par une majorité des propriétaires présents à une réunion convoquée à cette fin. 1896, c. 19, art. 14.

---

bondholder or creditor of the Commissioners, may take the necessary steps to secure such appointment. If such Commissioner had previously been appointed by the Lieutenant-Governor, the Commissioners shall, within a like period of fourteen days, notify the Lieutenant-Governor of the vacancy. 1894, c. 12, s. 7.

8. The proprietors of lands in any district for which Commissioners are selected or appointed, may, at the time of selecting Commissioners as afore-mentioned, or any time after such selection, or after their appointment by a majority in interest and number, determine the general extent, scope, and limits of the works with the execution of which the Commissioners shall be entrusted, but the Commissioners shall, subject to the provisions of this Act, have full power in all matters of detail. 1894, c. 12, s. 8.

9. The Commissioners may fix by resolution the remuneration to be received by themselves, but such remuneration shall not exceed five dollars per day for each Commissioner when actually employed

10. Immédiatement après leur nomination et leur installation, les commissaires devront prendre toutes les mesures préliminaires d'organisation et pour obtenir les renseignements requis à indiquer sur le plan et dans le memorandum dont il est question à l'article 13, ou tous autres renseignements supplémentaires qu'ils jugeront se rattacher à l'objet de leur nomination. 1894, c. 12, art. 9.

11. A la suite d'une demande écrite et signée par un propriétaire de terrains marécageux ou de prairies ou par son agent, adressée aux commissaires du district où se trouvent les terrains et portant que ceux-ci sont sujets à être inondés ou seront improductifs sans irrigation, les commissaires instruiront cette demande et, s'ils la trouvent fondée, pourront ordonner que ces terrains soient endigués, draînés ou irrigués ; à cet effet, ils feront élever, ouvrir, construire ou creuser dans ces terrains ou dans un terrain adjacent de nouvelles ou d'anciennes

---

in official business, nor shall such remuneration in any calendar year exceed one hundred dollars to any Commissioner, nor three hundred dollars to the whole number, unless the payment of same is sanctioned by a majority of proprietors present at a meeting called to sanction such payment. 1896, c. 19, s. 14.

10. It shall be the duty of the Commissioners forthwith after their appointment and qualification to take all preliminary steps for organisation, and for obtaining such of the information required to be shown upon the plan and in the memorandum referred to in section 13 hereof, or such further or other information as they may deem advisable in connection with te object of their appointment. 1894, c. 12, s. 9.

11. On application by any proprietor of marsh, swamp, or meadow lands, in writing, signed by him or his agent, to the Commissioners for the district in which the lands lie, setting forth that the same are subject to overflow, or are unproductive without irriga-

digues, des drains, déversoirs ou fossés ; ils prescriront telles mesures et feront exécuter tels travaux qu'ils jugent propres à rendre les terrains productifs ; ils pourront requérir les propriétaires ou occupants des terrains à traverser par la digue ou par les travaux de drainage ou d'irrigation projetés, de fournir la partie du travail nécessaire à cette fin ; ils auront aussi le pouvoir d'imposer tous les terrains avantagés par ce drainage, cet endiguement ou cette irrigation, ainsi que leurs propriétaires ou occupants, pour les dépenses de ces travaux et pour les dommages à en résulter ; ces sommes seront levées et recouvrées comme les autres taxes imposées par la présente loi. 1894, c. 12, article 10.

12. Lorsqu'un terrain marécageux endigué appartient en proportion égale à deux personnes, chacune d'elles pourra requérir un ou plusieurs commissaires de prendre

---

tion, the Commissioners shall inquire into the merits of the application and may direct such lands to be dyked, drained, or irrigated by causing new or old dykes, drains, flumes, or ditches to be erected, opened, built, or cut through the same or any adjacent land, or by such other works as they may deem fit, and such Commissioners may order such measures as they may deem proper for rendering the lands productive, and may require the proprietors or occupiers of the lands through which the dyke shall be built or the drainage or irrigation shall be ordered, to perform a just proportion of the labour necessary for the purpose ; and shall have power to assess all lands benefited by such drainage, dyking, or irrigation, and the proprietors or occupiers thereof, for the cost of such works, and for damage arising therefrom, which shall be levied and collected as are other rates imposed hereby. 1894, c. 12, s. 10.

12. Where any dyked marshes are owned by two persons in equal proportions, either party may require one or more Commis-

soin des digues et d'exécuter tout ouvrage nécessaire pour en assurer la réparation. 1894, c. 12. article 11.

13. Les commissaires ne pourront procéder à l'exécution d'aucun ouvrage dont on propose de répartir la dépense sur plusieurs années, avant le dépôt, au bureau de l'enregistrement rural du district où les terrains sont situés :

a) D'un plan indiquant les travaux projetés et les terrains, teintés en vert, qui doivent en bénéficier ;

b) D'un memorandum dressé et signé par un ingénieur civil, approuvé par le haut-commissaire des Terres et Travaux, contenant l'estimation des dépenses des travaux projetés et contresigné par tous les commissaires ;

c) D'un rôle d'imposition, signé par tous les commissaires, indiquant : 1° la somme imposée aux lots ou sections respectifs de terrains ; 2° le mode de payement

---

sioners to take charge of and carry on any work necessary for repairing the dykes thereof. 1894, c. 12, s. 11.

13. The Commissioners shall not have power to proceed to execute any of the works where it is proposed to extend the payment therefor over a term of years, until there shall have been filed in the Land Registry Office for the district in which the lands affected are situated :—

a) A plan showing the proposed works and the lands proposed to be benefited thereby, and thereon coloured green :

b) A memorandum under the hand of a civil engineer, approved of by the Chief Commissioner of Lands and Works, containing an estimate of the cost of the intended works, countersigned by all the Commissioners :

c) An assessment roll showing the amount which it is intended to assess against the respective lots or sections of land, and the intended mode of payment of the cost of the works, with the amounts to be raised annually, both to pay off the interest on the

projeté des dépenses des travaux avec les sommes à lever annuellement, pour solder les intérêts des dépenses et constituer un fonds d'amortissement afin de rembourser le capital à l'échéance ;

d) D'une copie de la requête pour la nomination de commissaires en vertu de l'article 3, certifiée exacte par le greffier du Conseil exécutif, ou pour l'élection des commissaires en vertu de l'article 4, certifiée exacte par le secrétaire des commissaires ;

e) D'une liste des noms de tous les opposants en vertu de l'article 14, certifiée exacte par le secrétaire des commissaires ;

2) Si le plan ci-dessus mentionné contient des terrains marécageux ou des prairies qu'on propose d'imposer, mais qui n'ont pas été représentés à l'élection des commissaires, et que les commissaires élus ne représentent pas la majorité de tous les propriétaires de ces terrains, comme l'exige l'article 4 ci-dessus, ces terrains seront exclus du plan des travaux, à moins que l'élection des commissaires

---

cost and to form a sinking fund to pay the principal at maturity, signed by all the Commissioners :

d) A copy of the request for the appointment of Commissioners under section 3, certified as correct by the Clerk of the Executive Council, or the selection of Commissioners under section 4, certified as correct by the Clerk of the Commissioners :

e) A list of the names of all dissentients under section 14, certified as correct by the Clerk of the Commissioners :

(2.) Should the plan above mentioned show any marsh, swamp or meadow land which it is proposed to assess, but which was not represented in the selection of the Commissioners, and that the Commissioners selected do not represent a majority of the total owners of such lands, as required by section 4 hereof, such lands shall be excluded from the plan of the works, unless the selection of

ne soit ratifiée et confirmée par autant de propriétaires
en intérêts et en nombre des terrains marécageux ou de
prairies dont il s'agit, qu'il est nécessaire pour former la
majorité requise.

3) Lorsque les travaux sont de minime importance et
qu'on propose d'en couvrir les dépenses par des taxes
levées et recouvrées au fur et à mesure de leur avancement, les commissaires pourront procéder immédiatement
à l'exécution des travaux déterminés, conformément à
l'article 8 et toute imposition levée tombera à charge des
terrains immédiatement après le dépôt, au bureau de
l'enregistrement *ad hoc*, d'une déclaration signée par les
commissaires. 1894, c. 12, art. 12 et 1895, c. 19, art. 2.

14. Tout propriétaire pourra, en tout temps, avant
l'expiration du délai d'appel contre l'imposition proposée
devant la Cour de révision, informer les commissaires de
son opposition à l'exécution des travaux ; si une majorité
en intérêts et en nombre des propriétaires fait cette déclaration aux commissaires, ceux-ci ne pourront procéder à

---

the Commissioners be ratified and confirmed by so many of the
proprietors in interest and number of the additional marsh, swamp
or meadow land affected as is necessary to make up the required
majority.

(3.) Where the works are of small extent and it is proposed to
meet the cost thereof by assessments levied and collected from time
to time as the work progresses, the Commissioners may proceed
forthwith to execute the works determined upon, in accordance
with section 8 hereof, and any assessment levied shall become a
charge upon the lands, so soon as a statement thereof, signed by the
Commissioners, is filed in the proper Land Registry Office. 1894,
c. 12, s. 12 & 1895, c. 19, s. 2.

14. Any proprietor may, at any time before the expiry of the
time limited for appealing from the proposed assessment to the

l'exclusion de ces travaux avant qu'une nouvelle majorité en intérêts et en nombre des propriétaires n'ait donné à cette fin son consentement par écrit. 1894, c. 12, art. 13.

15. Les commissaires informeront, dans les quatre semaines, chaque propriétaire d'un lot dont l'adresse est connue, du dépôt du plan du memorandum et du rôle d'imposition, et lui délivreront une copie de la partie de ce rôle qui se rapporte à son terrain, avec un avis de la date et de l'endroit où siégera la Cour de Revision ; les commissaires feront connaître, pendant au moins quatre semaines, dans la *Gazette* de la Colombie britannique et dans un journal circulant dans le voisinage du district intéressé, que ces plan, memorandum et rôle ont été déposés et ils fixeront un délai, d'un mois au moins après la date du premier avertissement, et un endroit pour une réunion où toutes les réclamations contre l'imposition seront entendues ; ils pourront, dans cette réunion ou, en cas d'ajournement, dans une réunion ultérieure, modi-

---

Court of Revision, notify the Commissioners of his dissent from the proposal to go on with the works ; and if a majority in interest and number of the proprietors so notify the Commissioners, the Commissioners shall not be at liberty to go on with such works until the carrying on of such works has been assented to in writing by a majority in interest and number of the proprietors. 1894, c. 12, s. 13.

15. The Commissioners shall give at least four weeks' notice to each owner of a lot whose address is known of the filing of such plan and memorandum and assessment roll, and a copy of so much of the assessment roll as refers to his land, with a notice of the date and place at which the Court of Revision will be held, and shall advertise, for at least four weeks, in the British Columbia Gazette and in a newspaper circulating in the neighbourhood of the district affected, that such plan and memorandum and assessment roll have been filed, and appoint a time, not less than one month after the

fier, amender ou confirmer ledit rôle, comme ils le jugent convenir. Un rapport de tout changement ainsi fait (ou fait par un juge sur appel des commissaires et,dans ce cas, sur la production de la décision du juge) sera signé par les commissaires et déposé au bureau de l'enregistrement rural où les originaux des plan, memorandum et rôle d'imposition ont été déposés. 1894, c, 12, art. 14, et 1895, c. 19, art. 4.

16. S'il est jugé nécessaire d'apporter un changement à la situation des travaux après le dépôt du plan, du rôle d'imposition et des certificats, ces documents ou l'un d'eux, si c'est nécessaire, pourront être modifiés après que l'ingénieur en fonctions aura certifié que ce changement de la situation a modifié l'étendue dont il s'agit de la manière indiquée par ce certificat. Après dépôt de ce certificat et d'un rôle d'imposition amendé, signé par tous les commissaires, ce dépôt aura la même force et le même effet que si le changement dans l'imposition avait été fait

---

date of the first advertisement, and a place for a meeting at which all complaints against such assessment shall be heard, and may, at such meeting, or at any adjournment thereof, alter, amend, or confirm the said assessment, as may seem to them just. A statetement of any alteration so made (or made by a Judge on appeal from the Commissioners, and, in such latter case, upon production of the Judge's order) shall be signed by the Commissioners and deposited in the Land Registry Office in which the original plan and memorandum and assessment roll were filed. 1894, c. 12, s. 14, & 1895, c. 19, s. 4.

16. Should it be deemed necessary to alter the location of the works after the filing of the plan, assessment roll, and certificates as aforesaid, such plan, assessment roll, and certificate, or either of them if necessary, may be altered upon the engineer in charge certifying that such change of location has altered the area affected in the manner indicated by such certificate, and upon such certifi-

par la Cour de Revision ou par un juge. Il est entendu
que lorsque l'augmentation de l'imposition d'un lot dépasse
de cinq pour cent l'imposition primitive, le certificat ne
sera pas déposé avant que la Cour de Revision, conformément à l'article 15, ou un juge, conformément à
l'article 73, n'ait, au préalable, approuvé la modification.
1895, c. 19, art. 3.

17. Le plan, le memorandum et le rôle d'imposition
déposés, comme il est dit ci-dessus, seront, sous réserve de
la modification faite éventuellement par les commissaires
ou par un juge, enregistrés comme une première hypothèque à charge de chaque lot distinct de terrain, ou d'une
de ses parties, autre que terrain de la Couronne, indiqué
comme tel sur ledit plan et teinté, comme il est dit
ci-dessus, jusqu'à concurrence des sommes payables en
vertu de la présente loi pour ledit lot ou pour une de ses
parties, sans tenir compte si l'imposition concerne les

---

cate and an amended assessment roll, signed by all the Commissioners, being filed, such filing shall have the same force and effect
as if the alteration in the assessment had been made by the Court
of Revision or a Judge :   Provided, that in the case of an increase
in the assessment of any lot exceeding five per centum of the
assessment already charged against such lot, the certificate shall
not be filed until a Court of Revision, as provided by section 15,
or a Judge, as provided by section 73, shall have first approved of
the proposed alteration.   1895, c. 19, s. 3.

17. The plan and memorandum and assessment roll, when so
filed as aforesaid, shall, subject to such alteration as may be made
by the Commissioners, or by a Judge, as above provided, be
registered as a first charge on or against each separate lot of land,
or portion thereof, not being Crown lands, so shown on the said
plan and coloured as aforesaid, to the extent of the sums payable by
or under this Act, by or in respect of the said lot or portion thereof,
and whether the assessment is for the cost of the works, or for

dépenses des travaux, leur entretien ou réparation, etc.;
ces sommes rendues ainsi payables, comme il est prévu
ci-dessus, seront versées entre les mains des commissaires,
qui en resteront détenteurs, comme créanciers hypothécaires, aux fins d'exécution des dispositions de la présente
loi. Les honoraires pour enregistrement et dépôt dudit
plan et de tout memorandum seront les mêmes que ceux
pour un simple enregistrement. Il est entendu que les
terrains précités, en tout ou en partie, ne seront grevés
d'aucune somme rendue payable par ou en vertu de la
présente loi, mais non spécifiée dans le memorandum
précité, avant que le dépôt n'ait été fait, au bureau
d'enregistrement, d'un memorandum signé par les commissaires, indiquant le montant de l'imposition grevant à ce
moment chaque lot, section, ou une de ses parties, indiqué et teinté, comme il est dit ci-dessus. (1894, c. 12,
art. 15, et 1895, c. 19, art. 4.)

---

maintenance or repairs, or other purpose, and such sums so made
payable as hereinbefore provided shall be declared payable to the
said Commissioners, and shall be vested in them, and they shall be
the owners of the said charge on the said lands hereby created for
the purposes of carrying out the provisions of this Act.   And the
fee for filing and registering the said plan or any memorandum
shall be the same fee as for a single registration :   Provided that
the aforesaid lands, or any part thereof, shall not stand charged
with any money made payable by or under this Act, but not
specified in the memorandum aforementioned, until a memorandum
under the hands of the Commissioners, showing the amount of the
assessment for the time being made chargeable against each such
lot, section, or portion thereof respectively, so shown and coloured
as aforesaid, shall have been filed in the said Land Registry Office,
1894, c. 12, s. 15, & 1895, c. 19, s. 4.

18. The Commissioners shall have power to construct, build, dig,
make, operate, and maintain such dykes, dams, weirs, flood-gates,

18. Les commissaires auront compétence pour construire, bâtir, creuser, faire, manœuvrer et entretenir les digues, barrages, écluses, brise-lames, drains fossés, pompes, déversoirs, établissements ou améliorations qu'ils jugent nécessaires pour draîner, endiguer ou irriguer les terrains dans le district pour lequel ils sont nommés, ou pour assainir ces terrains ou les protéger contre les eaux de ruisseaux, rivières, lacs, la mer ou d'autres eaux. Il leur incombera d'exécuter ou de faire exécuter les travaux indiqués sur le plan dont il est question dans les trois articles précédents ou décidés, conformément aux dispositions de l'article 8, et de veiller à ce que ces travaux soient dûment effectués et entretenus en bon état. Il leur incombera aussi de surveiller l'établissement, la levée et le recouvrement des impositions, ainsi que l'emploi judicieux des sommes recueillies et généralement, d'exécuter toutes les dispositions de la présente loi.

2) Toute loi, tout objet ou toute chose dont l'exécu-

---

breakwaters, drains, ditches, pumping machinery, flumes, erections or improvements as they may deem necessary for draining, dyking, or irrigating the lands in the district for which they are appointed, or for reclaiming and securing the same from brooks, rivers, lakes, the sea, or other waters. And it shall be their duty to execute or cause to be executed the works shown upon the plan referred to in the three preceding sections hereof, or decided upon in accordance with the provisions of section 8 hereof, and to see that the same are duly operated and maintened in a proper state of repair. It shall also be their duty to attend to the making, levying, and collecting of assessments, and to the proper application of sums collected, and generally to carry out all the provisions of this Act.

(2.) Any act, matter, or thing required to be done by the Commissioners may, when there are more than two, and in the absence of express provision to the contrary, be done by the majority of

tion incombe aux commissaires pourra, quand il y en a
plus de deux, et en l'absence de stipulation expresse contraire, être fait par la majorité d'entre eux; si une loi,
un contrat ou autre document porte que les commissaires
qui l'ont exécuté ont été au complet ou en majorité,
suivant le cas, de ceux ayant le droit d'agir, ou si un
document ou loi semblable paraît devoir être exécuté par
les commissaires, il sera, à première vue, censé être
l'acte ou le devoir des commissaires. (1894, c. 12, art. 16.)

Expropriation de terrains et dommages y causés.

19. Les commissaires auront le pouvoir, et ils y sont
autorisés par la présente loi, de se transporter sur tous
terrains de toutes personnes, de toute institution politique
ou de toute corporation, et de mesurer, préparer, prendre,
exproprier, tenir et acquérir tous les terrains dont ils
croient devoir disposer pour la construction, l'exécution,

(1) Amendé 1901, chap. 19, art. **2**, (voir ci-après).

---

them, and if there be a recital in any deed, contract, or other
document or instrument that the Commissioners who executed it
form all or a majority, as the case may be, of those entitled to act,
or if any such document or instrument purports to be executed by
the Commissioners the same shall, primâ facie, be deemed to be the
act, deed, or instrument of the Commissioners.   1894, c. 12, s. 16.

Expropriation of and Damage to Lands.

19. The Commissioners shall have power, and are hereby
authorised to enter into and upon any lands of any person or
persons, bodies politic or corporate, and to survey, set out, take,
expropriate, hold and acquire, any lands that may in their opinion
be necessary to have and to hold for the purpose of the construc-

(1) Amended sec. **2**, chap. 19, 1901.

la manœuvre, l'entretien ou la réparation des travaux autorisés par la présente loi ; ils payeront de ce chef la compensation qui, à défaut d'accord intervenu, sera décidée par deux arbitres, conformément aux stipulations de « la loi d'arbitrage » ; la compensation payée de ce chef sera considérée comme une partie des dépenses des travaux et imposée et recouvrée en conséquence. (1894, c. 12, art. 17.)

20. Lorsqu'une digue est traversée par une grand'-route publique ou par un chemin privé, le niveau n'en sera pas modifié, mais les commissaires seront responsables, lorsqu'il s'agit de routes cadastrées construites antérieurement, de toute augmentation des dépenses de premier établissement de la route occasionnée par la construction de la digue. Lorsque la crête d'une digue fait partie d'une grand'route ou d'un chemin, il incombera à la corporation municipale ou à tout autre propriétaire ou personne responsable de la réparation de la grand'route, d'en maintenir le niveau et de réparer tout dommage

---

tion, operation, maintenance, or repair of any works authorised by this Act, and shall pay such compensation therefor as may, in default of an agreement being arrived at, be decided by two arbitrators, pursuant to the provisions of the « Arbitration Act, » and the compensation paid hereunder shall be regarded as portion of the cost of the works, and be assessed and levied accordingly. 1894, c. 12, s. 17.

20. When any dyke is crossed by a public highway or private road, the level of such dyke shall not be interfered with, but the Commissioners shall be liable in the case of roads theretofore surveyed or laid out for any increase in the first cost of opening up or constructing the road or highway occasioned by the construction of the dyke. Wherever the top of a dyke forms portion of a highway or road, it shall be the duty of the Municipal Corporation, or other owner or persons responsible the repair of the high-

causé directement ou indirectement à la digue par son usage comme grand'route ou chemin. (1894, c. 12, art. 18.)

21. Lorsque le terrain d'un propriétaire, autre que celui du requérant, est situé dans le périmètre d'un terrain marécageux ou d'une prairie, a été endommagé par l'exécution de travaux en vertu de l'article 11, le dommage sera évalué, imposé et payé de la même manière que celle ordonnée pour les dépenses des travaux. (1894, c. 12, art. 19.)

22. Lorsque des mottes de gazon ou des terres seront enlevées du terrain d'un propriétaire, endigué en commun avec d'autres propriétaires, afin d'endiguer ce terrain, ou lorsque ce terrain sera emporté, déblayé ou endommagé par le charriage fait par ordre des commissaires, le dommage sera évalué, imposé et payé comme d'autres taxes de drainage, d'irrigation ou d'endiguement. (1894, c. 12, art. 20.)

---

way, to maintain the same at a constant level, and to repair all injury directly or indirectly caused to the dyke by its use as a highway or road. 1894, c. 12, s. 18.

21. When the land of any proprietor, within marsh, swamp, or meadow land, other than that of the applicant, shall have been injured by the execution of works under section 11 hereof, the damage shall be valued, assessed, and paid in the same manner as directed for the cost of the works. 1894, c. 12, s. 19.

22. When sods or soil shall be cut off the land of any proprietor, dyked in common with other proprietors, for dyking the same, or such lands shall be washed away, or dyked out, or injured by carting over the same by order of the Commissioners, such damage shall be valued, assessed, and paid as other drainage, irrigation, or dyke rates. 1894, c. 12, s. 20.

Inspecteurs, percepteurs et secrétaires.

23. Les commissaires pourront nommer un secrétaire, un percepteur, un ingénieur et un ou plusieurs inspecteurs pour les assister dans l'accomplissement de leurs devoirs. Chacun de ces employés aura à prêter le serment requis devant un des commissaires qui en fera mention dans le registre des commissaires ; cette mention tiendra lieu de preuve de la prestation du dit serment. (1894, c. 12, art. 21.)

24. Le secrétaire des commissaires tiendra un registre de toutes leurs procédures, un compte exact de tout travail et de tous matériaux fournis par les propriétaires, de toutes les sommes reçues et payées par les commissaires et de tous les placements des fonds d'amortissement ; tous ces registres peuvent être consultés par les personnes intéressées, moyennant payement d'une somme de 25 cents pour chaque recherche et examen ; une copie de toutes

---

Overseers, Collectors, and Clerks.

23. The Commissioners may appoint a clerk, a collector, an engineer, and one or more overseers, to assist them in the performance of their duties. To each of such officers the oath of office shall be administered by one of the Commissioners, by whom an entry thereof shall be made in the Commissioners' Book of Record, which entry shall be evidence of the fact of administration of said oath. 1894, c. 12, s. 21.

24. The Clerk of the Commissioners shall keep a record of all their proceedings, a fair account of all labour and materials furnished by proprietors, and of all moneys received and expended by the Commissioners, and of all investments of sinking funds, all of which records shall be open to the inspection of all persons interested therein, on payment for each search and examination of the books at one time of twenty-five cents; and a copy of any entries shall be furnished to every person interested, when demanded, on

les inscriptions sera fournie sur demande à toute personne intéressée, moyennant payement de 25 cents pour chaque feuillet de cent mots. (1894, c. 12, art. 22.)

25. Le secrétaire aura la garde de tous les fonds des commissaires; ces fonds seront déposés dans une banque privilégiée et n'en seront retirés que sur chèque des commissaires, contresigné par le secrétaire; le percepteur procédera au recouvrement de toutes les contributions et sommes et les versera toutes les semaines, ou dès que le montant dépassera cent dollars, au compte de banque des commissaires. Les fonctions de secrétaire et de percepteur peuvent être cumulées par la même personne. (1894, c. 12, art. 23.)

26. Le percepteur fournira une caution aux commissaires, avec deux garanties suffisantes, de 500 dollars ou d'un montant plus élevé que les commissaires exigeraient, pour sûreté de sa gestion et pour l'accomplissement con-

---

payment of twenty-five cents for every folio of one hundred words. 1894, c. 12, s. 22.

25. The clerk shall have custody of all moneys of the Commissioners, which shall be kept in some chartered bank, and shall be withdrawn only on the cheque of the Commissioners, countersigned by the clerk. The collector shall collect all assessments and moneys, and shall deposit the same weekly, or as soon as the amount shall exceed one hundred dollars, in the regular bank account of the Commissioners. The offices of clerk and collector may be held by the same person. 1894, c. 12, s. 23.

26. The collector shall furnish bonds to the Commissioners, with two sufficient sureties, in the amount of five hundred dollars, or such larger amount as the Commissioners may require, for the due accounting for and paying over by him to the account of the Commissioners of all moneys collected by him, and for the faithful

sciencieux des devoirs de sa charge ; le secrétaire fournira la même caution aux mêmes fins. (1894, c.12, art.24.)

27. Un secrétaire, un inspecteur ou un percepteur sera
un témoin compétent pour prouver tout fait se rattachant
à ses fonctions. (1894, c. 12, art. 25.)

28. Un commissaire ne recevra aucun émolument pour
l'exercice des fonctions de secrétaire ou de percepteur.
(1894, c. 12, art. 26.)

Exécution des travaux.

29. Les commissaires pourront requérir les propriétaires de tous terrains dans le district de fournir des
hommes, des attelages, des outils et des matériaux pour
exécuter les travaux projetés, et pour les entretenir et
les faire manœuvrer lorsqu'ils sont construits ; dans le cas
où il n'est pas donné suite à cette réquisition, ils peuvent
employer des hommes et des attelages et se procurer des

---

performance of the duties of his office ; and the clerk shall furnish
like bonds for the performance of the duties of his office. 1894,
c. 12, s. 24.

27. A clerk, or overseer, or collector shall be a competent
witness to prove any fact connected with the duties of his office.
1894, c. 12, s. 25.

28. No Commissioner shall receive any emolument for holding the
office of clerk or collector. 1894, c. 12, s. 26.

Execution of the Works.

29. The Commissioners may require the proprietors of any lands
in the district to furnish men, teams, tools and materials to execute
the works which have been determined upon, and to maintain and
operate the same when constructed, and in case any such requisition is not complied with, may employ men and teams and provide

outils et matériaux à cette fin, à la charge de ces propriétaires. (1894, c. 12, article 27.)

30. Dans les cas ordinaires, les commissaires inviteront, au moins sept jours à l'avance, non compris les
dimanches, les propriétaires de terrains ou leurs agents
connus, lorsqu'ils demeurent dans un périmètre de dix
milles de l'endroit où le travail doit être fait, à y assister
et à fournir de la main-d'œuvre et des matériaux ; cependant, en cas de ruptures soudaines ou de crainte de ruptures dans les travaux, l'intervention immédiate de chaque
propriétaire peut être requise. (1894, c. 12, art. 28.)

31. Les propriétaires ou occupants de ces terrains ou
leurs agents, après avertissement par les commissaires,
conformément à l'article précédent, devront fournir, au
moment prescrit et à l'endroit indiqué, un nombre suffisant de travailleurs, avec outils, charrettes et attelages,
proportionnellement à la quantité de terrains possédée ou

---

tools and materials for that purpose, at the expense of such
proprietors. 1894, c. 12, s. 27.

30. Commissioners shall, in ordinary cases, cause seven days'notice, exclusive of Sundays, to be given to the proprietors of lands,
or to their known agents when they reside within ten miles of the
place where the labour is required to be done, to attend and furnish labour and materials ; but in case of sudden breaches in any
works, or apprehension thereof, the immediate attendance of each
proprietor may be required. 1894, c. 12, s. 28.

31. Every owner or occupier of such lands, or their agents,
shall, when notified by the Commissioners, as provided in the
preceding section, provide at a certain time and place named, a
sufficient number of labourers, with tools, carts and teams, in proportion to the quantity of land owned or occupied ; and for every
day's neglect, in case of a sudden breach, or the apprehension of

occupée ; pour chaque jour de retard, en cas de rupture soudaine ou de crainte de rupture, le propriétaire défaillant payera, en sus de son imposition, une amende de cinq dollars pour chaque travailleur et la même somme pour chaque charrette ou attelage requis. Toutes les amendes recouvrées seront appliquées au bénéfice des terrains en général. (1894, c. 12, art. 29.)

32. Les commissaires pourront, à leur discrétion, au lieu de faire appel aux propriétaires, comme il est dit dans les trois articles précédents, ordonner l'exécution des travaux aux frais de ceux-ci et faire pour leur compte des dépenses en salaires, matériaux et autres choses que l'occasion exige et qu'ils jugent convenir. (1894, c. 12, art. 30.)

33. Aucune action ne pourra être intentée à charge d'un commissaire du chef d'une demande de travail ou de matériaux fournis par le propriétaire ou l'occupant, ou par son agent, avant que toutes les taxes et dépenses y relatives pour recouvrement ou autrement, imposables

---

one, shall pay, beside his rate of assessment, a fine of five dollars for each labourer, and a like sum for each cart or team so required. All fines, when recovered, to be applied for the benefit of such lands generally. 1894, c. 12, s. 29.

32. The Commissioners may, at their discretion, in lieu of calling upon the proprietors, as in the three preceding sections mentioned, cause the works to be executed themselves at the cost of the proprietors, and incur such expenses in their behalf for wages, material and other purposes as the occasion may require and as they deem expedient. 1894, c. 12, s. 30.

33. No Commissioner shall be liable to an action for any demand for work or materials furnished by the owner or occupier, or his agent, until all rates and expenses thereon for collection or otherwise, chargeable against the lands of such owner or occu-

aux terrains du propriétaire ou de l'occupant, n'aient été payées, ni avant un délai raisonnable pour la confection et le recouvrement du rôle d'imposition, avant qu'aucune vente n'ait lieu, le montant dû au propriétaire ou occupant de ces terrains pour travaux ou matériaux sera déduit du montant dû par ce propriétaire ou occupant. (1894, c. 12, art. 31.)

34. Les commissaires pourront faire exécuter, entretenir ou réparer par contrat tout ou partie des travaux précités et, à cette fin, ils peuvent contracter avec toute personne. (1894, c. 12, art. 32.)

35. Tous les contrats de l'espèce pourront contenir et être subordonnés à certains pouvoirs, conditions et arrangements convenus y mentionnés et seront signés par tous les commissaires. (1894, c. 12, art. 33.)

36. Lorsque les commissaires jugeront nécessaire d'avoir un plan du terrain, indiquant les divers lots et les limites ainsi que les noms des propriétaires et occupants,

---

pier, shall have been paid, nor until after a reasonable time for making up the rate-bill and collecting the same; and before any sale shall take place, the amount due to the owner or occupier of such lands, for work or materials, shall be deducted from the amount due from such owner or occupier. 1894, c. 12, s. 31.

34. The Commissioners may cause all or any part of the aforesaid works to be executed, maintained, or repaired by contract, and for that purpose may enter into any contract or contracts with any person. 1894, c. 12, s. 32.

35. All such contracts as aforesaid may be made subject to and contain such powers, conditions and agreements as may be agreed upon, and shall be signed by all the Commissioners. 1894, c. 12, s. 33.

36. When the Commissioners shall think it necessary to have a

ils pourront charger un arpenteur de dresser ce plan et ordonner que la dépense en soit mise à charge du terrain arpenté ; ils pourront requérir les propriétaires et occu-pants, ou leurs agents, d'indiquer à l'arpenteur les limites de leurs lots respectifs ; les propriétaires, occupants et agents ainsi requis seront liés par cet arpentage et ce plan. (1894, c. 12, art. 34.)

Digues extérieures et intérieures.

37. Lorsque des terrains endigués sont entourés et protégés par d'autres digues à l'extérieur, les commis-saires chargés de la surveillance des terrains protégés par les digues extérieures convoqueront une réunion de tous les propriétaires de ces terrains résidant dans le district ou dans un périmètre de dix milles de l'endroit où ces terrains sont situés, en notifiant, six jours d'avance, à cha-que propriétaire ou à son agent connu, la date et le lieu de

---

plan of the land, shewing the several lots and boundaries, and the names of owners or occupiers, they may employ a surveyor to make such plan, and order the expense to be laid on the land so surveyed as other charges ; and may require the owners or occu-piers, or their agents, to point out to the surveyor the boundaries of their respective lots, and the owners, occupiers, and agents so called upon shall be bound by such survey and plan. 1894, c. 12, s. 34.

Outer and Inner Dykes.

37. Where any lands enclosed by dykes shall, by other dykes erected outside the same, be enclosed and protected, the Commis-sioners in charge of the lands reclaimed by outer dykes shall call a meeting of all the proprietors of the land within the whole level contained and enclosed by the outer dykes, who shall reside within the district or within ten miles of the place where such lands lie, giving six day's notice of the time and place of meeting

la réunion; la majorité en intérêts et en nombre des propriétaires ou occupants présents, ou en cas de négligence
de leur part, les commissaires éliront au moins trois et au
plus cinq propriétaires fonciers désintéressés ; ceux-ci,
après avoir prêté serment devant un juge de paix et en
recourant à tel expert ou telle assistance professionnelle
qu'ils désirent, détermineront la part de bénéfices que les
digues nouvelles ou extérieures ont procuré ou semblent
devoir procurer aux digues anciennes ou intérieures et
aux terrains qu'elles entourent ; ils fixeront la dépense que
les propriétaires des terrains situés entre les anciennes
digues devront annuellement supporter pour l'entretien
et la réparation des nouvelles digues ; ces personnes, ou
la majorité d'entre elles, feront un rapport écrit de leurs
procédures dont il sera fait mention dans le registre pour
les digues extérieures, et chaque somme ou partie de
dépenses ainsi imposée et fixée sera mise à charge des ter-

---

to each proprietor or his known agent; and the majority in interest and number of such owners or occupiers present, or, in case of
their neglect, then the Commissioners, shall elect not less than
three or more than five disinterested freeholders, who, being
sworn before a Justice of the Peace, shall, with such expert or professional assistance as they desire, determine what proportion or
degree of benefit hath accrued, or is likely to accrue, to the old or
inner dykes and the lands lying within the same from the new or
outer dykes, and shall settle and declare the proportion of expense
that the proprietors of the lands within the old dykes ought
annually to contribute and be assessed towards the maintenance
and repair of the new dykes ; and such persons, or a majority of
them, shall make a report in writing of their proceedings, which
shall be entered in the book of record for such outer dykes, and
every sum or proportion of expenses so settled and declared shall
be borne upon the lands within the inner dykes, and assessed and
collected as other dyke rates. 1894, c. 12. s. 35.

rains situés entre les digues intérieures et recouvrée comme les autres taxes d'endiguement. (1894, c. 12, art. 35.)

38. Si, pendant un certain temps, les digues extérieures, en tout ou en partie, cessent de protéger les digues intérieures, les terrains situés à l'intérieur de ces dernières n'auront pas à contribuer pendant ce temps au maintien ou à la réparation des premières. (1894, c. 12, art. 36.)

39. Si, à un moment donné, une majorité en intérêts et en nombre des propriétaires des terrains situés entre les digues intérieures a des doutes au sujet de la solidité des digues extérieures ou de la possibilité de les réparer, une majorité en intérêts et en nombre des propriétaires de toute l'étendue pourra inviter un ou plusieurs commissaires à examiner les digues extérieures ; si le ou les commissaires estiment qu'il y a lieu à réparation, celle-ci sera immédiatement ordonnée avec l'assentiment de cette majorité de propriétaires en intérêts et en

---

38. If such outer dykes shall at any time cease, in whole or in part, to protect such inner dykes, the lands within the inner dykes shall not for such time contribute or be assessed to the support or repair of the outer dyke. 1894, c. 12, s. 36.

39. If at any time a majority in interest and number of the proprietors of the lands within the inner dykes shall be apprehensive that the outer dykes are unsafe or out of repair, a majority in interest and number of the proprietors of the whole level may call upon one or more Commissioners to examine the outer dykes, and if it appears to him or them to require repair, he or they, with the assent of such a majority in interest and number of the proprietors of the whole level, shall forthwith cause the same to be repaired, or otherwise, with the like consent, put the inner dykes in a state of repair, as shall seem most advisable. If the inner dykes be re-

nombre, ou, moyennant le même consentement, le ou les commissaires feront mettre les digues intérieures dans un état de réparation qui paraîtra le plus convenable. Si les digues intérieures sont réparées, la dépense sera supportée par les propriétaires des terrains entourés par elles. (1894, c. 12, art. 37.)

Impositions.

40. (1) Les commissaires pourront imposer aux propriétaires ou occupants de tous terrains situés dans le district pour lequel ils ont été désignés le coût des travaux, y compris l'escompte des obligations ou quittances émises pour les sommes empruntées et toute autre dépense faite par eux, soit avant ou après le dépôt du plan, du memorandum et du rôle d'imposition dont il est question ci-dessus, soit que ces documents aient été déposés ou non ou que les travaux aient été entrepris ou non ; il y sera compris également une somme ne dépassant pas cinq dol-

(1) Amendé 1901, s. 3, chap. 19, voir ci-après.

---

paired, then the proprietors of the lands enclosed thereby shall bear the expense. 1894, c. 12, s. 37.

Assessments.

40. (1) The Commissioners may assess the owners or occupiers of any lands included within the district for which they were appointed for the cost of the works, including discount on bonds or debentures issued for moneys borrowed and any other expenses incurred by them, whether preliminary to or subsequent to the filing of the plan and memorandum and assessment roll above referred to, and whether such plan and memorandum and assessment roll are filed or the works undertaken or not, and also including a sum not exceeding five dollars per day for every Commis-

(1) Amended Sec. 3. Chap. 19. 1901.

lars par jour pour chaque commissaire effectivement en fonctions et une somme raisonnable pour le payement du secrétaire, des inspecteurs et du percepteur en tenant compte de la quantité et de la qualité de terrain de chaque propriétaire ou occupant et du bénéfice qu'il en retirera. En dehors des impositions faites pour les premiers frais des travaux, des impositions supplémentaires peuvent être établies de temps en temps pour les dépenses de manœuvre, d'entretien et d'administration et pour celles des réparations qui peuvent être nécessaires ; ces impositions seront réparties sur tous les terrains du district dans la même proportion que les impositions primitives.

2) Lorsqu'il sera nécessaire d'établir une imposition supplémentaire à répartir sur plusieurs années, il sera déposé au bureau de l'enregistrement foncier, conformément à l'article 15, un memorandum signé par les commissaires, indiquant la somme totale à lever par imposition et le montant à imposer à chaque lot, section, ou à une

---

sioner while actually employed, and a reasonable sum for the payment of the clerk, overseers, and collector, having regard to the quantity and quality of land of each owner or occupier, and the benefit to be by him received. In addition to the assessments made for the first cost of the works, supplementary assessments may be made from time to time for expenses of operation, maintenance and management, and for such repairs as may be required, which assessments shall be distributed over all lands in the district in the same proportion as the original assessments.

(2) Whenever it shall become necessary to make a supplementary assessment, the payment of which is to be spread over a term of years, a memorandum under the hands of the Commissioners, shewing the total sum required to be raised by assessment, and the amount to be assessed against each lot, section, or portion thereof, shall be filed in the proper *Land Registry office* as required by section 15 hereof. Preliminary expenses, when the works

partie de section ou de lot. Lorsque les travaux ne sont pas entrepris, les dépenses préliminaires seront supportées par les parties qui ont consenti à la nomination des commissaires. Cependant, lorsque les commissaires se sont conformés aux stipulations des articles 13, 14 et 15 ci-dessus, les dépenses faites ainsi seront mises à charge de tous les terrains imposables. (1894, c. 12, art. 38 et 1895, c. 19, art. 4 et 6.)

41. Les terrains pour lesquels aucune concession de la Couronne n'a été délivrée, mais qui sont tenus en préemption ou en location, ou qui peuvent être vendus, concédés ou transférés seront censés, pendant qu'ils sont ainsi occupés ou pendant l'existence du consentement de la vente, de la concession ou du transfert, avoir été passibles d'imposition aux fins de toute loi, comme il est dit ci-dessus, quoique l'assentiment à cet effet du Gouverneur-Général en Conseil ou du Lieutenant-Gouverneur en Conseil, sui-

---

are not undertaken, shall be borne by the parties assenting to the appointment of Commissioners. When, however, the Commissioners have complied with the requirements of sections 13, 14 and 15 hereof, the expenses so incurred shall be charged against all the lands assessable. 1894, c. 12, s. 38, & 1895, c. 19. ss. 4 & 6.

41. Lands in respect of which no Crown grant is issued, but which are held in pre-emption or lease, or agreed to be sold, granted, or conveyed, shall be, and shall be deemed to have been liable while so held, or during the existence of such agreement, to be assessed for the purposes of any such Act as aforesaid, notwithstanding that the consent of the Governor-General in Council or Lieutenant-Governor in Council, as the case may be, shall not have been or shall not be obtained thereto, but such assessment shall not, in the absence of any such consent, affect the rights of Her Majesty in such lands. 1895, c. 19, s. 3.

42. Whenever, by the making or repairing of a breakwater,

vant le cas, n'ait pas été ou ne sera pas obtenu ; mais en l'absence d'un tel assentiment, l'imposition n'affectera pas les droits de Sa Majesté sur ces terrains. (1896, c. 19, art. 3.)

42. Lorsque, par l'établissement ou la réparation d'un brise-lames, un marais salant situé en dehors en retirera des avantages, celui-ci sera taxé et imposé, dans les dépenses du brise-lames dans la proportion des avantages qui en résultent. (1894. c. 12, art. 39.)

43. Lorsque par l'endiguement ou le drainage d'un marais ou d'une prairie, une partie en sera avantagée, la proportion de la dépense sera imposée sur celte partie seulement. (1894, c. 12, art. 40.)

44. Les commissaires pourront, comme supplément à toute autre imposition autorisée en vertu de la présente loi, imposer les terrains indiqués et teintés comme ci-dessus, de toute somme additionnelle, ne dépassant pas le quart du devis des dépenses des travaux, comme l'indique

---

salt marsh lying outside the same shall be benefited thereby, the same shall be taxed and assessed, towards the expense of the breakwater, in proportion to the benefit derived. 1894. c. 12, s. 39.

43. Whenever, in the dyking or draining of any swamp or meadow land, a part shall be benefited, the proportion of the expense shall be assessed on that part only. 1894, c. 12. s. 40.

44. The Commissioners may, in addition to any other assessment authorised to be made under this Act, assess the aforesaid land so shown and coloured as aforesaid for any additional sum or sums, not exceeding one-fourth of the amount of the estimated cost of the works, as shown by the memorandum referred to in section 13 hereof, as a margin to insure the prompt payment into the sinking fund for the repayment of any money which may have been borrowed, or be proposed to be borrowed, of the annual amounts

le memorandum dont il est question à l'article 13 ; cette imposition supplémentaire aura pour objet d'assurer le prompt payement au fonds d'amortissement pour le remboursement de toute somme empruntée ou dont l'emprunt est proposé, le payement des montants annuels dus, ainsi que des intérêts des capitaux ainsi empruntées ; les impositions supplémentaires établies à charge de chaque lot, section ou partie de section seront proportionnelles à la partie des dépenses des travaux imposée à la même propriété. (1894, c. 12, art. 41.)

45. L'imposition ou les impositions établies en vertu de cet article ou d'un des articles précédents constitueront une obligation formelle et la garantie fournie pour le remboursement des capitaux empruntés par les commissaires sur ces impositions et sur le fonds d'amortissement en vertu des pouvoirs contenus dans la présente loi sera absolument valable et liera toutes les parties y intéressées ; cette garantie ne sera ébranlée ou écartée pour aucun motif, quel qu'il soit, si ce n'est à la suite d'une

---

due thereto, and of the interest on moneys so borrowed, and the additional assessments made against each such lot, section, or portion thereof respectively, as aforesaid, shall be in proportion to the portion of the amount of the estimated cost of the work assessed against the same property. 1894, c. 12, s. 41.

45. The assessment or assessments made by the authority of this or any of the preceeding sections shall be absolutely binding, and the security given for the repayment of any moneys borrowed by the Commissioners on such assessments and upon the sinking fund under the powers contained in this Act shall be absolutely valid and binding on all parties interested therein according to the terms thereof, and shall not be quashed or set aside on any ground whatsoever, unless upon an application or in an action made or commenced in some Court of competent jurisdiction within two

demande faite ou d'une action intentée ou commencée devant quelque Cour de juridiction compétente dans les deux semaines après le dernier jour auquel les commissaires se sont réunis pour entendre les réclamations contre les impositions. (1894, c. 12, art. 42.)

46. Toutes les amendes, taxes et impositions pourront être recouvrées, avec les frais, par et au nom des commissaires, comme s'il s'agissait de dettes privées ; une copie du rôle d'imposition ou de la partie qui concerne la taxe dont le recouvrement est poursuivi, constituera une preuve suffisante de l'imposition établie et de l'obligation du propriétaire ou de l'occupant du terrain en question de la payer ; aucune amende, taxe ou imposition ne sera sujette à une demande reconventionnelle d'une nature privée ou jointe à une réclamation privée du côté des commissaires. (1894, c. 12, art. 43 ; 1896, c. 19, art. 15.)

47. Toutes les impositions pour endiguement dues ou

---

weeks after the last day upon which the Commissioners met to hear complaints against such assessment or assessments. 1894, c. 12, s. 42.

46. All fines, rates, and assessments may be recovered by and in the name of the Commissioners, with costs, as if the same were private debts ; and a copy of the assessment, or of such part as may relate to the particular rate sued for, shall be sufficient proof of the assessment having been made and of the liability of the owner or occupier of the land in question to pay the same ; and no fine, rate, or assessment shall be subject to any set-off of a private nature, or be joined with any private claim on the part of the Commissioners. 1894, c. 12, s. 43 ; 1896, c. 19, s. 15.

47. All dyking assessments due or to become due, shall bear interest from the time when the same are due and payable, at the rate of six per centum per annum, and the interest thereon shall be collectible as the original assessment. 1896 c. 19, s. 20.

devenant payables produiront un intérêt de 6 p. c. l'an depuis le moment où elles sont dues et payables ; ces intérêts seront recouvrables comme l'imposition originale. (1896, c. 19, art. 20.)

48. Tout déficit dans le montant de la taxe peut être levé et recouvré comme une taxe originale. (1894, c. 12, art. 44.)

49. En dehors des moyens obtenus en vertu d'un jugement, les commissaires peuvent louer une partie du terrain jusqu'à concurrence de la somme nécessaire pour payer la taxe et les dépenses y relatives, moyennant affichage préalable pendant vingt jours, d'un avis dans au moins trois places publiques du district où est situé le terrain. (1894, c. 12, article 45.)

50. En dehors de tous autres moyens pour le recouvrement de taxes ou d'impositions, le shériff ou son délégué, à la suite d'une requête des commissaires et d'un mandat

---

48. Any deficiency in the amount of the rate may be levied and collected as an original rate.   1894, c. 12, s. 44.

49. In addition to any remedy under a judgment obtained the Commissioners may let so much of the land as will pay the rate and expenses thereon, first giving twenty days' notice, by handbills posted in at least three of the most public places in the district where the lands lie.   1894, c. 12, s. 45.

50. In addition to all other remedies for the recovery of rates or assessments, the Sheriff, or is deputy, at the request of the Commissioners and upon receipt of a warrant under their hands, shall sell the lands assessed, or so much thereof as is necessary to pay the rate and expenses, having given three months' previous notice of the time and place of such sale, by hand-bills posted in at least three of the most public places in the district where such lands lie; and shall execute and deliver to the purchaser a valid deed of such lands in fee simple and free from all incumbrances, save and except their

signé par eux, vendra les terrains imposés ou la partie
nécessaire pour payer la taxe et les dépenses, en annonçant la date et le lieu de cette vente trois mois d'avance
par des affiches placées dans au moins trois endroits publics
du district où les terrains sont situés ; il dressera et délivrera à l'acquéreur un acte authentique de ces terrains
en propriété héréditaire et libres de toutes charges, sauf
pour ce qui concerne leur part proportionnelle dans les
impositions établies antérieurement pour les années suivantes ; ces terrains seront toujours passibles de leur part
dans les impositions futures ; du chef de cet acte et de ses
occupations au sujet de la vente, le shériff aura droit à
3 p. c. du produit. La mention dans la loi que les affiches
ont été dûment placées en sera la preuve présumée.

2) Le mandat du commissaire ou shériff pourra être
fait d'après la formule de la cédule ci-annexée. (1894,
c. 12, art. 46 et 1896, c. 19, art. 16.)

51. Lorsque la personne qui, au moment du dépôt du
memorandum dont il est question à l'article 13, était le

---

proportional share of any assessments for ensuing years theretofore made; such lands being also still liable for their share of future
assessments—for which deed, and his attention about the sale, he
shall be entitled, out of the proceeds, to three per cent. A recital
in the deed of such hand-bills having been duly posted shall be presumptive evidence of the fact:

(2.) The Commissioners' warrant to the Sheriff may be in the
form provided in the Schedule hereto.   1894, c. 12, s. 46, & 1896,
c. 19, s. 16.

51. Where the person who, at the time of the filing of the memorandum referred to in section 13 was the owner or occupier of any
land, or his known agent, or his successor in title, shall not have
agreed to the execution of the work, the land only shall be liable
for the rate assessed.   1894, c. 12, s. 47.

propriétaire ou l'occupant d'un terrain ou son agent connu, ou son successeur en titre, n'aura pas consenti à l'exécution des travaux, le terrain ne sera passible que de la taxe imposée. (1894, c. 12, art. 47.)

52. Les commissaires auront compétence pour recevoir, garder, prendre et acquérir toutes les concessions et donations volontaires qui leur sont faites de terrains ou d'autre propriété, èt pour détenir, prendre et acquérir de la Couronne ou de toute corporation, personne ou personnes, tout terrain ou autre propriété et pour hypothéquer, vendre, louer ou aliéner autrement et disposer de de ce terrain ou de cette propriété en tout ou en partie, aux fins de l'entreprise et moyennant l'assentiment du Lieutenant-Gouverneur en Conseil. (1894, c. 12, art. 48.)

Pouvoirs d'emprunter.

53. Les commissaires pourront emprunter, moyennant la garantie de la totalité ou d'une partie des amendes, taxes et impositions, rendues payables en vertu de la pré-

---

52. The Commissioners shall have power to receive, hold, take, and acquire all voluntary grants and donations of land or other property made to them, and to purchase, hold, take, and acquire of and from the Crown or any corporation, person or persons, any land or other property, and to mortgage, sell, lease, or otherwise alienate and dispose of such land or other property, or any part thereof, for the purpose of the undertaking and subject to the assent of the Lieutenant-Governor in Council. 1894, c. 12, s. 48.

Borrowing Powers.

53. The Commissioners may borrow upon security of the fines, rates and assessments, or any of them, or any part thereof respectively, made payable under this Act, and upon such terms as they may think fit, from any person willing to lend the same, any sum

sente loi, pour la durée qu'ils jugent convenir et aux
personnes disposées à le faire, toute somme d'argent ne
dépassant pas le montant indiqué dans le memorandum,
déposé en exécution des articles 13 et 15 précités; ils
pourront remettre au prêteur un acte indiquant les objets
pour lesquels l'argent est emprunté, les termes de remboursement et les terrains à charge desquels les amendes,
taxes et impositions données en garantie seront recouvrables; cet acte sera subordonné aux pouvoirs, conditions et arrangements y contenus, que les commissaires et
le prêteur accepteront mutuellement. Ces commissaires
pourront, à l'égard des sommes ainsi empruntées ou
d'autres engagements contractés, émettre des obligations
ou quittances, soit au pair, soit à primes, payables au porteur, dans les quarante années de leur date, au moment,
et à l'endroit, par tels montants et à tel taux d'intérêt que
les commissaires fixeront ; subsidiairement, les commissaires peuvent dresser un acte en garantie de ces amendes,

---

of money not exceeding the amount specified in a memorandum,
filed in pursuance of sections 13 or 15 hereof, and may execute to
the lender a deed specifying the objects for which the money is
alleged to be borrowed, the terms of repayment, and the lands in
respect of which the fines, rates, and assessments given as security
may be recoverable, and the said deed may be made subject to and
contain such powers, conditions and agreements as the Commissioners and the lender may mutually agree on. And the Commissioners may, in respect of the moneys so borrowed or of other
obligations incurred, issue bonds or debentures either at par or at a
premium or discount, payable to bearer, at such time, within forty
years of the date thereof, and place, and for such amounts, and
bearing such rate of interest as the Commissioners may determine,
collateral to which said debentures the Commissioners may
execute a deed in trust of such fines, rates, and assessments, or any
of them, and of the sinking fund created thereout, in favour of such

taxes et impositions, en tout ou en partié et du fonds
d'amortissement, en faveur de telles personnes ou corporations agréées par eux et le prêteur ; cet acte indiquera
les objets pour lesquels le capital est emprunté, les délais
de remboursement, les terrains à charge desquels les
amendes, taxes et impositions données en garantie seront
recouvrables, la proportion dans laquelle ces terrains
seront séparément grevés du chef de cet emprunt ; il
sera, en outre, subordonné aux pouvoirs, conditions et
arrangements y contenus, que les commissaires et le prêteur adopteront respectivement. (1894, c. 12, art. 49.)

54. Lorsque des obligations sont supposées avoir été
émises par les commissaires pour un district d'endiguement, sous l'empire d'une loi à ce moment en vigueur à
cet effet, ou émises avec la complaisance préméditée des
pouvoirs conférés par un acte semblable, et que le Lieutenant-Gouverneur en Conseil a garanti le payement d'une
partie de l'intérêt, les dites obligations sont déclarées

---

persons or corporations as may be agreed upon by the Commissioners and the lender, which said deed shall specify the objects for
which the money is alleged to be borrowed, the terms of repayment
the lands in respect of which the fines, rates, and assessments
given as security may be recoverable, the extent to which such
lands shall be separately charged in respect of such loan, and otherwise subject to and contain such powers, conditions, and agreements as the Commissioners and the lender may mutually agree
upon. 1894, c. 12, s. 49.

54. Where any debentures purport to have been heretofore issued
by the Commissioners for any dyking district, under the authority
of any Act for the time being in force in that behalf, or issued in
intended compliance with the powers conferred by any such Act,
and the Lieutenant-Governor in Council has guaranteed the
payment of a portion of the interest thereon, the said debentures
are hereby declared to be and shall be valid according to the terms

valables par le présent, conformément à leurs termes, nonobstant toute omission de substance ou de forme, soit dans les obligations mêmes ou dans leur émission, soit dans les procédures requises par un tel acte et à accomplir par les commissaires avant l'émission des obligations, ou sous l'autorité des commissaires ou autrement; et le memorandum (ou les memoranda) ou le memorandum modifié (ou les memoranda modifiés), déposé (s) par les commissaires au bureau de l'enregistrement foncier pour le district où sont situés les terrains affectés, prévoyant l'imposition des dits terrains pour garantir le remboursement de l'emprunt représenté ou censé être représenté par lesdites obligations, est (ou sont) déclaré (s) et sera (ou seront) valable (s), conformément à ses (leurs) termes aux fins précitées, nonobstant toute omission de forme ou de substance dans ces documents, dans les dites procédures ou dans l'autorité des commissaires ou autrement. (1896,c.19, art. 2.)

---

thereof, notwithstanding any want of substance or form either in the debentures themselves or in the issue of the same, or in the proceedings required by such Act to be taken by such Commissioners before the issue thereof, or in the authority of the Commissioners in respect thereof, or otherwise; and the memorandum or memoranda, or amended memorandum or memoranda, filed in the Land Registry Office for the district in which the lands affected are situate by such Commissioners, providing for the assessment of the said lands for securing the repayment of the loan represented or intended to be represented by the said debentures, are declared to be and shall be valid, according to the terms thereof for the purpose aforesaid, notwithstanding any want of form or substance therein or in the said proceedings, or in the authority of the Commissioners or otherwise.   1896, c. 19, s. 2.

55. All moneys borrowed by the Commissioners shall be expen-

55. Toutes les sommes empruntées par les commissaires seront dépensées pour l'exécution, l'entretien, la manœuvre et l'administration des travaux pour l'exécution desquels elles ont été empruntées. (1894, c. 12, art. 50.)

56. Les commissaires, en leur propre nom ou au nom des fondés de pouvoirs désignés en vertu de l'article 53, garderont et placeront toutes les impositions recouvrées pour le compte du fonds d'amortissement pour le payement de toute dette à l'échéance.

Les dispositions du *Municipal Clauses Act* relatives aux dotations de fonds d'amortissement par des municipalités de district, s'appliqueront aux fonds d'amortissement créés en vertu de la présente Loi, les commissaires exerçant à cette fin les pouvoirs du Conseil. En estimant le montant d'accroissement d'un fonds d'amortissement, il ne sera pas calculé un taux supérieur à 5 p. c. sur les dotations.

2) En plus des dotations des fonds d'amortissement

---

ded in the execution, maintenance, operation and management of the works for executing which they were borrowed. 1894, c. 12, s. 50.

56. The Commissioners shall hold and invest, either in their own names or in the names of the Trustees appointed under section 53 hereof, all assessments collected on sinking fund account for the payment of any indebtedness at maturity. The provisions of the « Municipal Clauses Act » in relation to investments of sinking funds by district municipalities shall apply to sinking funds created under this Act, the Commissioners exercising the powers of the Council in that behalf. In estimating the amount to accrue on any sinking fund, no higher rate than five per cent on investments shall be calculated upon.

(2.) In addition to the investments of the sinking funds hereinbefore authorised, the same may be invested in the repurchase of

autorisées ci-dessus, ceux-ci peuvent être affectés au rachat des obligations des commissaires, qn'elles aient été émises avant ou après la passation de la présente Loi. (1894, c. 12, art. 51 et 1896, c. 19, art. 17.)

57. Lorsque la fonction de commissaire deviendra vacante et qu'il ne sera pas pourvu à la vacance, comme lorsqu'il n'est pas procédé à une nomination en vertu de l'article 7, pendant que des sommes empruntées en vertu de la présente Loi sont impayées, les prêteurs ou leurs fondés de pouvoirs ou une majorité d'entre eux, ou les fondés de pouvoirs des obligataires pourront, par écrit signé et cacheté, nommer une personne pour remplir les fonctions de commissaire ; à la suite de cette nomination, tous les pouvoirs et toutes les autorités dévolus à un commissaire ou à des commissaires, par la présente Loi, appartiendront à ce commissaire ainsi nommé. (1894, c.12, art. 52.)

58. Lorsque les commissaires négligeront de faire ren-

---

the bonds of the Commissioners, whether the same were issued before or after the passing of this Act. 1894, c. 12, s. 51, & 1896, c. 19, s. 17.

57. In case the office of Commissioner shall become vacant, and shall not be filled up, and in case of failure to secure an appointment under section 7 hereof, while any moneys borrowed by virtue of this Act are unpaid, the lenders or their assignees, or a majority of them, or the trustees for the bond or debenture holders may, by writing under their hands and seals, appoint some person to act as a Commissioner, and thereupon all the powers and authorities vested in any Commissioner or Commissioners by this Act shall vest in such Commissioner so appointed. 1894, c. 12, s. 52.

58. In case the Commissioners shall neglect to enforce the payment of the moneys so borrowed under the powers vested in them

trer les sommes empruntées en vertu des pouvoirs qui leur sont attribués, conformément aux conditions auxquelles l'emprunt a été subordonné, le shériff ou son délégué, à la demande du prêteur ou de ses ayants-cause, s'adressera immédiatement aux propriétaires ou occupants des terrains pour obtenir toutes les sommes dues ; en cas de non-payement du montant dû, le shériff, après réception d'un mandat signé et scellé par le créditeur et procédera moyennant une indemnité convenable, à la vente des terrains pour lesquels serait due on non payée, en tout ou en partie, une amende, une taxe ou une imposition, ou de la partie nécessaire pour payer ces sommes dues ainsi que les dépenses, de la même manière que s'il agissait à la requête des commissaires; il exécutera et délivrera à l'acquéreur un acte authentique de ces terrains ayant la portée indiquée dans l'article 50 ; pour cet acte et ses peines, à l'occasion de la vente, il aura droit à 3 p. c. sur le produit. Une mention dans l'acte au sujet

---

in accordance with the conditions on which the same were borrowed, the Sheriff or his deputy, on the application of the lender or his assigns, shall forthwith apply to the owners or occupiers of the lands for all moneys due, and in case of non-payment of the amount so due, the Sheriff, upon receiving a warrant under the hands and seals of the creditor and due indemnity, shall proceed to sell, and shal sell the lands in respect of which any fine, rate, assessment, or part thereof respectively, may be due and unpaid, or so much thereof as may be necessary to pay the moneys so due and unpaid, and expenses, in like manner as if he were acting at the request of the Commissioners, and shall execute and deliver to the purchaser a valid deed of such lands of such effect as is specified in section 50 hereof, for which deed and his attention about the sale he shall be entitled out of the proceeds to three per cent. A recital in the deed of the hand-bill referred to in section 50, having been

de l'affichage dont il est question dans l'article 50, tiendra lieu de preuve. (1894, c. 12, art 53.)

59. Le greffier enregistrera, sur demande et de la manière usitée, l'acte produit et exécuté par le shériff en vertu de l'article 50 ou de l'article précédent. (1894, c. 12, art. 54.)

Inspection dé certaines digues.

60. Le Lieutenant-Gouverneur en Conseil pourra, de temps à autre, nommer un ingénieur civil ou toute autre personne ou personnes dûment qualifiées pour inspecter et examiner, pendant les saisons indiquées par ordre en conseil ou à d'autres époques prescrites par le Haut-Commissaire des Terres et Travaux, toutes digues pour l'établissement desquelles des obligations ont été émises par un commissaire avec intérêt garanti par le Lieutenant-Gouverneur en Conseil ; toutes les réparations et mesures de précaution que cet ingénieur ou cette autre personne

---

duly posted, shall be accepted as evidence of the fact. 1894, c. 12, s. 53.

59. The proper Registrar of Titles, upon production of the deed executed by the Sheriff under section 50 or the last preceding section hereof, and application in the usual form, shall register or record the same in the usual manner. 1894, c. 12, s. 54.

Inspection of certain Dykes.

60. The Lieutenant-Governor in Council may, from time to time appoint a Civil Engineer, or other properly qualified person or persons, whose duty it shall be to inspect and examine at such seasons of the year as may be specified by Order in Council, or at such other times as the Chief Commissioner of Lands and Works may direct, any dykes for the erection of which bonds have been issued by any Commissioners, and interest thereon guaranteed by the Lieutenant-Governor in Council ; and any repairs or precautionary measures which such engineer or other person may consider urgent

considéreront comme urgentes, seront exécutées immédiatement par les commissaires et à leurs frais ; en cas de
négligence des commissaires ou en cas d'extrême urgence,
cet ingénieur ou cette personne auront le pouvoir d'effec-
tuer, au nom des commissaires, les réparations ou de
prendre les mesures en notifiant immédiatement aux
commissaires et au haut commissaire des terres et travaux toutes les dépenses faites de ce chef. La rémunération et les dépenses de cet ingénieur ou de cette autre
personne, seront supportées par les commissaires du district
d'endiguement pour lequel elles ont été faites, ou seront
réparties entre deux ou plusieurs bureaux de commissaires, d'après les parts fixées par le Lieutenant-Gouverneur en Conseil. (1896, c, 19, art. 19.)

Terres de la Couronne.

61. Lorsque des terres de la Couronne ou des terres
jouissant du droit de préemption sont comprises dans un

---

shall be carried out forthwith by the Commissioners and at their
expense ; and in case of default by the Commissioners or extreme
urgency, such engineer or other person shall have power, on
behalf of the Commissioners, to carry out the said repairs or measures, and shall forthwith notify the Commissioners and the Chief
Commissioner of Lands and Works of any expenditure in the premises. The remuneration and expenses of such engineer or other
person shall be borne by the Commissioners of the dyking district
in respect of which they were incurred, or shall be divided between
two or more Boards of Commissioners in such shares as the Lieutenant-Governor in Council may determine.   1896, c. 19, s. 19.

Crown Lands.

61. Where Crown lands, or lands held under pre-emption right,
are included in the district, and will be benefited by the execution
of the works, the said lands, or such of them as may be specified in
any Order in Council, may, if the consent of the Lieutenant-

district et bénéficieront de l'exécution des travaux, ces terres ou celles d'entr'elles indiquées dans un ordre en Conseil pourront, si l'assentiment du Lieutenant-Gouverneur en Conseil est obtenu à cet effet, être imposées pour leur part dans les frais d'exécution des travaux et pour dans toutes les autres dépenses d'après les mêmes principes et dans les mêmes conditions que les terrains de propriétaires privés ; toutes ces impositions seront imputées sur les sommes votées de temps en temps, à cet effet, par la législature, ou payées, lorsqu'il s'agit de terres jouissant du droit de préemption, par l'acheteur privilégié, ou elles grèveront les terres dont elles constitueront une charge, lorsque celles-ci seront préemptées ou aliénées autrement par la Couronne.

Il est entendu, toutefois, que le montant total imposé à une parcelle de terre ne sera pas immédiatement payable, à la suite de préemption ou d'aliénation, mais qu'il sera réparti sur un terme de même durée que l'ont été les impositions originales ; le commencement dudit terme sera

---

Governor in Council be obtained thereto, be assessed for their proportion of the cost of execution of the works, and for all other expenses upon the same principles and subject to the same conditions as the lands of private proprietors, and all assessments shall either be paid out of such moneys as shall be voted by the Legislature from time to time for that purpose, or, in case of pre-empted lands, by the pre-emptor, or the said assessment shall stand charged against the lands, and shall be a charge upon the same when pre-empted or otherwise alienated from the Crown : Provided, however, that the total amount charged against any parcel of land shall not, upon pre-emption or alienation, be then immediately payable but the same shall be distributed over a term of like length as were the original assessments, the beginning of said term being the date of pre-emption or other alienation. 1894, c. 12, s. 56.

62. Lands belonging to the Dominion Government, or the terri-

la date de la préemption ou de toute autre aliénation.
(1894, c. 12, art. 56.)

62. Les terres appartenant au gouvernement fédéral ou
dont les revenus fonciers appartiennent à celui-ci, qui sont
tenues en préemption ou susceptibles de vente ou de location seront sujettes à imposition aux fins de la présente loi,
à la condition que le consentement du Gouverneur-Général en Conseil ait au préalable été obtenu et que les acheteurs privilégiés, détenteurs ou locataires de ces terres
soient censés en être les propriétaires aux fins de la présente loi ; et moyennant le même consentement du Gouvernement fédéral et les arrangements à conclure entre
celui-ci et les gouvernements provinciaux, des terres fédérales peuvent être imposées, quoique n'étant pas tenues à
préemption ou susceptibles de vente ou de location. (1894,
c. 12, art. 56.)

63. En vue de faire face au déficit dans le montant de
toute imposition causé par les impositions sur les terres

---

torial revenues whereof belong to the Dominion Government,
which are held under pre-emption or under agreement to sell or
lease, shall be liable to assessment for the purposes of this Act,
provided the consent of the Governor-General in Council has been
first had and obtained, and the pre-emptors, holders, or lessees of
such lands shall be deemed proprietors for the purposes of this Act ;
and with the like consent of the Dominion Government and subject
to arrangements to be concluded between the Dominion and Provincial Governments Dominion lands may be assessed, although
not held under pre-emption or under agreement to sell or lease.
1894, c. 12, s. 56.

63. In order to meet the deficiency in the amount of any assessment caused by the assessments on the Crown lands not being
immediately payable, the Commissioners, may, if they are of
opinion that this contingency is not sufficiently provided for by any

de la Couronne qui ne sont pas immédiatement payables, les Commissaires pourront, s'ils estiment que cette éventualité n'est pas suffisamment prévue par une taxe extraordinaire imposée en vertu des dispositions de l'article 44, imposer les autres terrains dans le district en proportion du déficit ainsi créé. Les Commissaires peuvent aussi, de temps en temps, réduire la taxe sur d'autres terrains, lorsque les terres de la Couronne deviennent passibles d'imposition et lorsque les taxes sont payées. (1894, c. 12, art. 57.)

Procédure à l'égard des réclamations contre les Commissaires.

64. Toutes les réclamations au nom ou contre les Commissaires pourront être exécutées par action intentée par ou contre ceux en fonctions au moment de l'ouverture de cette action, que la cause de l'action s'élève pendant le temps où les Commissaires sont en fonctions ou pendant le temps où leurs prédécesseurs étaient en fonctions. (1896, c. 19, art. 4.)

---

extra rate assessed under the provisions of section 44 hereof, assess the other lands in the district for their proportion of the deficiency thereby created. The Commissioners may also reduce the rate upon such other lands, from time to time, as the Crown lands become liable to assessment and the said assessments are paid. 1894, c. 12, s. 57.

Procedure on Claims against Commissioners.

64. All claims on behalf of or against the Commissioners may be enforced by action brought by or against the Commissioners holding office at the time of the bringing of such action, whether the cause of action arise during the time when such Commissioners hold office or during the terms of office of their predecessors as such Commissioners. 1896, c. 19, s. 4.

65. Toute ordonnance d'exécution contre les Commissaires peut être endossée avec un ordre au shériff ou au bailli d'une Cour de Comté, en cas de jugement suivi d'effet, pour en lever le montant par taxe, et les procédures seront les suivantes : (1896, c, 19, art. 5.)

66. Le shériff ou le bailli délivrera une copie de l'ordonnance et de l'endossement au secrétaire des Commissaires, ou en laissera une copie au bureau ou dans l'habitation de ce fonctionnaire, avec un état des honoraires du shériff ou du bailli et du montant requis pour assurer l'exécution, y compris l'intérêt calculé à partir du jour aussi proche que possible de la date de la signification. (1896, c. 19, art. 5.)

67. Lorsque le montant avec l'intérêt à partir du jour mentionné dans l'état, n'est pas payé dans un mois après la signification, au shériff ou au bailli, celui-ci examinera le plan et le memorandum déposés et, de la manière que les impositions sont faites par les Commissaires à des fins générales, imposera une taxe suffisante pour couvrir le montant dû sur l'exécution, avec tel supplément qu'il juge

---

65. Any writ of execution against the Commissioners may be indorsed with a direction to the Sheriff or to the Bailiff of a County Court, in case of a judgment recovered therein, to levy the amount thereof by rate, and the proceedings thereon shall be the following : 1896, c. 19, s. 5.

66. The Sheriff or Bailiff shall deliver a copy of the writ and indorsement to the Clerk of the Commissioners, or leave such copy at the office or dwelling-house of that officer, with a statement in writing of the Sheriff's or Bailiff's fees, and of the amount required to satisfy such execution, including in such amount the interest calculated to some day as near as is convenient to the day of the service. 1893, c. 19, s. 6.

67. In case the amount, with interest thereon from the da

suffisant pour pays l'intérêt, ses propres honoraires et le pourcentage du Percepteur, jusqu'au moment où cette taxe sera probablement perçue. (1896, c. 19, art. 7.)

68. Le shériff ou le bailli émettra ensuite uu ou des mandats signés par lui et revêtus de son sceau officiel, adressés au secrétaire des Commissaires, et annexera à chaque mandat le rôle de la taxe ; au moyen de ce mandat et après y avoir constaté que le Commissaire a négligé d'y donner suite, il ordonnera au secrétaire, en se référant au plan et memorandum, de lever immédiatement cette taxe. (1896, c. 19, art. 8.)

69. Si, au moment de lever ces taxes, le secrétaire est en possession d'un rôle général, il y ajoutera une colonne intitulée « Taxe d'exécution à charge de A. B., Commissaires » y inscrira le montant requis par chaque mandat à lever sur chaque personne respectivement et lèvera le

---

mentioned in the statement, be not paid to the Sheriff or Bailiff within one month after the service, the Sheriff or Bailiff shall examine the plan or memorandum filed, and shall, in like manner as assessments are made by the Commissioners for general purposes, strike a rate sufficient in the dollar to cover the amount due on the execution, with such addition to the same as the Sheriff or Bailiff deems sufficient to cover the interest, his own fees, and the collector's percentage up to the time when such rate will probably be available. 1896, c. 19, s. 7.

68. The Sheriff or Bailiff shall there upon issue a precept or precepts under his hand and seal of office, directed to the clerk of the Commissioners, and shall annex to every precept the roll of such rate, and shall by such precept, after reciting the writ, and that the Commissioners had neglected to satisfy the same, and referring to the plan and memorandum, command the Clerk to levy such rate forthwith. 1896, c. 19, s. 8.

69. In case, at the time of levying such rates, the Clerk has a

montant de cette taxe d'exécution comme il est dit ci-dessus ; il renverra ensuite, avec toute la célérité convenable, au shériff ou au bailli, le mandat avec le montant recouvré, après déduction du pourcentage pour recouvrement. (1896, c. 19, art. 9.)

70. Le shériff ou le bailli, après avoir procédé à l'exécution et payé tous les honoraires, versera le restant, dans les dix jours après réception, entre les mains du secrétaire pour les besoins généraux des Commissaires. (1896, c. 19, art. 10.)

71. Le secrétaire, les assesseurs et percepteurs des Commissaires seront censés être les officiers du Tribunal qui a délivré l'ordonnance, pour toutes les fins se rattachant à la mise en vigueur des dispositions de la présente loi ou permettant le shériff ou le bailli à les mettre en vigueur ; comme tels, ils sont responsables devant le Tribu-

---

general rate roll delivered to him, he shall add a column thereto, headed « Execution Rate in A. B. v. Commissioners, » and shall insert therein the amount in such precept required to be levied on each person respectively, and shall levy the amount of such execution rate as aforesaid, and shall, with all reasonable expedition, return to the Sheriff or Bailiff the precept with the amount levied thereon, after deducting the percentage for collection. 1896, c. 19, s. 9.

70. The Sheriff or Bailiff shall, after satisfying the execution and all fees thereon, pay any surplus, within ten days after receiving the same, to the Clerk for the general purposes of the Commissioners. 1896, c. 19, s. 10.

71. The Clerk, Assessors, and Collectors of the Commissioners shall, for all purposes connected with carrying into effect, or permitting or assisting the Sheriff or Bailiff to carry into effect the provisions of this Act with respect to such executions, be deemed to be officers of the Court out of which the writ was issued, and as

nal et il peut être procédé contre eux par saisie-arrêt ou autrement, pour les contraindre à accomplir les devoirs qui leur sont imposés; et tout juge du Tribunal qui délivre cette exécution pourra prendre telle ordonnance qu'il juge nécessaire pour mettre ces dispositions en vigueur. (1896, c. 19, art. 11.)

72. Les dispositions des huit derniers articles seront considérées comme ayant un effet rétroactif et s'appliqueront à toutes les matières résultant de toutes procédures paraissant avoir été faites sous l'empire de « la loi sur les drainages, les endiguements et les irrigations », des lois codifiées de 1888, chapitre 36 et des amendements y relatifs et de « la loi sur les drainages, les endiguements et les irrigations de 1894 ». aussi bien que sous l'empire de la présente loi. (1896, c. 19, art. 12.)

Dispositions diverses.

73. Si un propriétaire ou occupant de terrain, un obli-

---

such shall be amenable to the Court, and may be proceeded against by attachment, or otherwise, to compel them to perform their duties hereby imposed upon them; and any Judge of the Court out of which such execution issues may make such order as may seem necessary for carrying out the provisions aforesaid. 1896, c 19, s. 11.

72. The provisions of the last preceding eight sections shall be considered retrospective, and shall apply to all matters arising out of any proceedings purporting to have been taken under the « Drainage, Dyking, and Irrigation Act, » Consolidated Acts 1888, Chapter 36, and amendments thereto, and the « Drainage, Dyking, and Irrigation Act, 1894,» as well as under this Act. 1896, c. 19, s. 12.

Miscellaneous.

73. If any owner or occupier of land, or any bondholder or

gataire ou un créancier des Commissaires se croit lésé ou souffrir un préjudice du chef des procédures, d'une omission ou d'une négligence de ceux-ci, ou d'une personne agissant en vertu de la présente loi, il peut se pourvoir en appel auprès de tout juge de la Haute Cour d'une manière sommaire et, le cas échéant, sur assignation par ledit juge ; et cet ordre peut être fait de la manière qu'il semble juste et convenable au dit juge et avec la détermination qui conviendra ; toutefois, une garantie suffisante sera au préalable fournie par le requérant au Greffier de la Cour pour payement des frais à adjuger et à taxer : il est entendu cependant qu'aucun appel ne sera interjeté après l'expiration d'un délai de vingt et un jours à partir de la date de la procédure attaquée, ou de la continuation de l'omission ou de la négligence et non sans avoir informé au préalable un des Commissaires de l'intention d'aller en appel. (1894, c. 12, art 58.)

74. Aucune disposition de la présente loi ne portera

---

creditor of the Commissioners, think himself aggrieved by the proceedings or by any omission or default of the Commissioners, or of any person acting under this Act or liable to be prejudiced thereby, he may appeal to any Judge of the Supreme Court, in a summary manner upon a summons to be granted, if deemed expedient, by such Judge, and such order may be made as to the said Judge may seem just and proper, and such determination made as shall be proper; but sufficient security shall be first given by the applicant to the Registrar of the Court for payment of costs to be awarded and taxed :   Provided, however, no appeal shall be taken after the expiration of twenty-one days from the date of the proceeding complained of, or of a continuance of the omission or default, and not without notice being first given to one of the Commissioners of the intention to appeal. 1894, c. 12, s. 58.

74. Nothing in this Act contained shall prejudice any claim by

préjudice à aucune réclamation par ou au nom du ou des propriétaires des lots n°ˢ 280 et 281, du groupe I, dans le district de New-Westminster, en ce qui concerne le nombre d'acres compris dans le district d'endiguement où sont situés ces terrains. (1896 c. 19, art. 18.)

75. Tous les secrétaires, inspecteurs et commissaires qui négligeront ou refuseront de s'acquitter de leurs devoirs en vertu de la présente loi seront passibles, sur condamnation sommaire, d'une amende ne dépassant pas cinquante dollars pour chaque contravention, à appliquer comme d'autres amendes en vertu de la présente loi. (1894, c. 12, art. 59.)

76. A moins de stipulation contraire dans la présente loi, tout avis à donner devra se faire par écrit et être signé aux parties en personne, ou remis à leur dernier domicile connu, ou par lettre recommandée adressée à leur dernière adresse connue. (1894, c. 12, art. 60.)

77. Les dispositions de la présente loi, à l'exception de ce qui est stipulé ci-après, seront applicables, que les

---

or on behalf of the owner or owners of lots numbers 280 and 281, in Group I, in the District of New Westminster, as regards the number of acres comprised within the dyking district wherein such lands lie. 1896, c. 19, s. 18.

75. All clerks, collectors, overseers, and Commissioners who shall neglect or refuse to duly perform their duties under this Act, shall be liable, upon summary conviction, to a fine of a sum not exceeding fifty dollars for each offence, to be appropriated as other fines under this Act. 1894, c. 12, s. 59.

76. Every notice required to be given, unless herein otherwise directed, shall be a written notice to be served upon the parties in person, or left at their last known place of residence, or by registered letter mailed to their last known address. 1894, c. 12, s. 60.

77. The provisions of this Act, save as hereinafter mentioned,

terrains affectés soient totalement ou partiellement compris ou non dans les limites d'une municipalité constituée en corporation. (1894, c. 12, art. 61.)

78. Si une digue ou autre partie d'un ouvrages exécutés en vertu de la présente loi est endommagée par le fait d'un propriétaire ou occupant de terres dans le district faisant paître du bétail ou des chevaux sur des terres adjacentes à la digue, en y établissant un chemin, ou entravant ou interrompant un canal d'irrigation ou conduite d'eau construit par les commissaires, ou à la suite de tout autre acte ou défaut de ce propriétaire ou occupant, les commissaires peuvent lui ordonner, aussi souvent que de besoin, de réparer le dommage immédiatement ou au jour indiqué ; en cas de refus d'obéir à cette réquisition ou en cas d'urgence, les commissaires ordonnent la réparation du dommage et la personne récalcitrante encourra pour chaque contravention une amende ne dépassant pas cinquante dollars, laquelle, avec les frais de réparation, pourra être recouvrée et appliquée comme les autres taxes ·

---

shall be applicable whether the lands affected are in whole or in part included within the limits of any incorporated municipality or not. 1894, c. 12, s. 61.

78. If any dyke or other portion of any works executed hereunder shall be injured by reason of any owner or occupier of lands in the district pasturing cattle or horses upon marshes or other lands adjacent to such dyke, or making a road over such dyke, or interfering with or breaking any irrigation canal or water-course constructed by the Commissioners, or by any other act or default of any such owner or occupier, the Commissioners may make an order on such person as often as occasion may require for repairing the injury forthwith or by a certain day to be named therein ; and in case of refusal of obedience to such order, or of sudden emergency, the Commissioners shall cause the injury to be repaired,

d'endiguement ; un certificat de l'imposition signé par les commissaires sera la preuve du fait. (1894, c. 12, art. 62.)

79. Si une personne endommage volontairement en tout ou en partie, de quelque manière que ce soit, des travaux exécutés en vertu de la présente loi, elle encourra pour chaque contravention une amende ne dépassant pas cinquante dollars, laquelle, avec les frais de réparation, pourra être recouvrée sur condamnation sommaire par tout juge de paix. Les frais de réparation d'un dommage non volontaire peuvent être recouvrés de la même manière. (1894, c. 12, art 63.)

80. Les propriétaires ou occupants de terrains sujets à l'irrigation ou à travers desquels l'irrigation est ordonnée, peuvent, avec l'autorisation écrite des commissaires, au moyen de déversoirs, fossés ou drains à travers les terres adjacentes, déverser le surplus des eaux dans tout cours d'eau ou canal, en causant le moins de dommages possibles. (1894, c. 12, art. 64.)

---

and the person disobeying the order shall forfeit for every offence a sum not exceeding fifty dollars, which, with the costs of repair, may be recovered and applied as other dyke rates, and a certificate of the forfeiture or assessment under the hands of the Commissioners shall be conclusive evidence of the fact. 1894, c. 12, s. 62.

79. If any person shall in any manner wilfully injure any works executed hereunder, or any portion thereof, he shall forfeit for every offence a sum not exceeding fifty dollars, which, with the costs of repair, may be recovered upon summary conviction by any Justice of the Peace. The costs of repairing injury other than wilful may be similarly recovered. 1894, c. 12, s. 63.

80. The proprietors or occupiers of any lands subject to irrigation or through which irrigation may be ordered may, with the consent in writing of the Commissioners, by means of flumes, ditches, or drains through the adjacent lands, run their surplus and

81. Aucun commissaire ne sera responsable d'un acte de ses prédécesseurs en fonctions pour un ouvrage dans lequel ce commissaire est engagé, à moins que ce ne soit pour des sommes qu'il pourrait avoir recouvrées du chef de travaux faits par ses prédécesseurs. (1894, c. 12, art. 65.)

82. *Voir article 4, chap. 19, 1901.* (Voir plus loin.)

---

waste water into any creek gulch, or channel, doing as little damage as possible.   1894, c. 12, s. 64.

81. No Commissioner shall be liable for any act of his predecessors in office, about any work in which such Commissioner is engaged, unless for money he might or could have collected on account of work done by his predecessors.   1894, c. 12, s. 65.

82. *See Sec. 4, Chap. 19, 1901.*

ANNEXE.

Autorisation de vente.

Province de la Colombie britannique, à savoir : (« Loi sur les drainages, les irrigations et les endiguements ». Autorisation de vente,

Considérant que les terrains décrits dans l'annexe ci-dessous ont été imposés pour les sommes indiquées en regard de leurs descriptions respectives sous l'empire des dispositions de la présente loi ; considérant que le payement de ces impositions n'a pas été fait régulièrement et qu'il reste des sommes dues du chef de ces terrains : Vous êtes autorisé à vendre les terrains imposés décrits plus spécialement dans l'annexe ci-annexée ou la partie néces-

---

SCHEDULE.

Warrant to Sell.

PROVINCE OF BRITISH COLUMBIA, To Wit ; («Drainage, Dyking and Irrigation Act.» Warrant to Sell.

Whereas the lands hereinafter described in the Schedule hereto following have been assessed in the amounts set opposite their respective descriptions under the provisions of the said Act ; and whereas default has been made in the payment of such assessments, and there are now due and owing the amounts as set forth on account of the said lands respectively : Now these presents are to authorise you, and you are hereby authorised, to sell the lands assessed, which are more particularly described in the Schedule

saire pour payer la taxe et les dépenses comme il est indiqué dans cette cédule.

Annexe se rapportant à ce qui précède.

Description du terrain.	Propriétaire.	Montant de l'imposition due.	Dépenses.

1896, art. 19, Céd.

hereto annexed, or so much thereof as are necessary to pay the
rate, as shown in the Schedule, and expenses :

Schedule Referred to in the Foregoing.

Description of Land.	Owner.	Amount of Assessment Owing.	Expenses.

1896, s. 19. Sch.

Loi de 1897 sur les obligations relatives aux endiguements.

CHAPITRE 12.

Loi autorisant le rachat de certaines obligations émises pour la construction de travaux d'endiguement et subsidiairement, autorisant des dépenses supplémentaires pour la consolidation, l'entension et la réparation de certaines digues.

(8 mai 1897.)

Considérant qu'en vertu de « la loi de drainage, d'endiguement et d'irrigation de 1894 » et de lois d'amendement, il a été émis des obligations jusqu'à concurrence de trois cent vingt-quatre mille dollars pour l'exécution de travaux

Dyking Debenture Act, 1897.

CHAPTER 12.

An Act to authorise the redemption of certain Debentures issued for the Construction of Dyking Works, and subject thereto to authorise the Expenditure of Additional Moneys in the Strengthening, Extending and Repair of Certain Dykes.

(8th May, 1897.)

Whereas, under the authority of the « Drainage, Dyking and Irrigation Act, 1894, » and amending Acts, certain debentures were issued, to the amount of three hundred and twenty-four thou-

d'endiguement dans les municipalités et districts aux dates respectives et conformément aux conditions mentionnées dans la cédule annexée à cette loi ; considérant que ces obligations rapportent un intérêt de 6 % l'an, garanti jusqu'à concurrence de 4 % (à l'exclusion du principal en tout ou en partie) par le gouvernement de la Colombie britannique ;

Considérant que les capitaux provenant de l'émission de ces obligations ont été appliqués à la construction de digues aux fins d'amender des terrains dans les municipalités et districts pour lesquels cette émission a été faite ;

Considérant, d'autre part, qu'il a été établi en maintes circonstances que les digues ainsi construites ont été insuffisantes pour protéger ces terres et que des capitaux supplémentaires, ne dépassant pas cent cinquante-cinq mille dollars, sont nécessaires pour les consolider, étendre et réparer ; considérant que sans la dépense de ces capitaux supplémentaires, les sommes déjà dépensées sont ex-

---

sand dollars, for the prosecution of dyking works in the municipalities and districts at the respective dates, and according to the particulars mentioned in the Schedule to this Act ; and such respective debentures bear interest at the rate of six per centum per annum, guaranteed as to four per centum of such interest (but not as to principal or any part thereof) by the Government of British Columbia :

And whereas the moneys arising from the issuing of such debentures were applied in the construction and erection of dykes for the purpose of reclaiming certain lands within the municipalities and districts affected by the issue of such debentures, but the dykes so constructed and erected have in many instances proved insufficient for reclaiming the lands, and additional moneys, not exceeding one hundred and fifty thousand dollars, are required for strengthening, extending and repairing the same, and without the expenditure of such additional moneys there is danger that the moneys already

posées l'avoir été en pure perte ou tout au moins en grande partie ;

Considérant que pour faire face à l'intérêt et à la constitution d'un fonds d'amortissement pour le remboursement du principal, aussi bien des sommes empruntées déjà que de la somme supplémentaire de cinquante-cinq mille dollars, si elle est empruntée au crédit du Gouvernement, il ne sera pas nécessaire de faire annuellement une dépense dépassant largement les intérêts actuellement garantis par le Gouvernement ; que, dès lors, une somme exagérée d'intérêts sera évitée aux colons ainsi que le danger de gaspiller les capitaux déjà dépensés, si le Gouvernement avançait les fonds nécessaires, jusqu'à concurrence de la somme de 1/5000 dollars pour consolider, étendre et réparer les digues ;

Pour ces motifs, Sa Majesté, par et avec l'avis et le consentement de l'Assemblée législative de la province de la Colombie britannique, décrète ce qui suit :

1. Le Lieutenant-Gouverneur en Conseil aura compé-

---

expended, or a large portion thereof, will be lost and thrown away ;

And whereas, to provide interest and a sinking fund for redemption of principal, as well upon the moneys already borrowed as upon the said additional sum of one hundred and fifty thousand dollars, will not, if borrowed on the credit of the Government, require a yearly outlay largely in excess of the interest moneys now gnaranteed by Government, and an excessive amount of interest wil, thereby be saved to the settlers, and the danger will be avoided of the moneys already expended being thrown away, if the Government should make provision for the raising of the necessary moneys, limited to the sum of one hundred and fifty thousand dollars, to strengthen, extend and repair the dykes :

Therefore, Her Majesty, by and with the advice and consent of

tence pour acheter toutes ou quelques-unes des obligations indiquées dans la cédule annexée à la présente loi
et, aux fins de cet achat, pour emprunter ou lever à discrétion, en dehors de toutes autres sommes dont la levée
ou l'emprunt est autorisé par toute autre loi de la province, toute somme ne dépassant pas trois cent vingt-
quatre mille dollars par la vente d'obligations ou autrement.

2. Il peut être disposé des obligations à émettre sous
l'empire de la présente loi, soit par émission et vente, et
les sommes à en provenir seront payées au Ministre des
finances, versées au crédit d'un compte appelé « l'Acte
d'emprunt pour endiguement de 1897 », et affectées à
l'acquisition d'obligations indiquées dans la cédule; elles
peuvent aussi être échangées de la manière que le Lieutenant-Gouverneur en Conseil admet pour les obligations
spécifiées dans la cédule, ou partiellement d'une façon et
partiellement d'une autre.

3. Toute obligation indiquée dans la cédule ci-annexée,

---

the Legislative Assembly of the Province of British Columbia,
enacts as follows :—

1. It shall be lawful for the Lieutenant-Governor in Council to
purchase all or any of the debentures specified in the Schedule to
this Act, and for the purpose of such purchase to borrow or raise at
discretion in addition to all other moneys authorised to be raised
or borrowed by any other Act of the Province, any sum of money
not exceeding three hundred and twenty-four thousand dollars by
the sale of debentures or otherwise.

2. The debentures to be issued under this Act may be disposed of
either by issue and sale, and the moneys arising therefrom be paid
to the Minister of Finance and placed to the credit of an account
called the « Dyking Debenture Loan Act, 1897, » and be applied in
the purchase of the debentures specified in the Schedule, or may be

achetée, comme il est dit ci-dessus, en vertu de l'autorisation de la présente loi, sera attribuée au Ministre des Finances de l'époque pour le compte de la province ; le Ministre sera censé en être le détenteur et, comme tel, il aura tous les pouvoirs et toutes les autorités nécessaires pour le recouvrement des intérêts et du principal et rendra compte des sommes ainsi recouvrées comme une partie du fonds consolidé de la province.

4. En dehors des sommes mentionnées au premier paragraphe de la présente loi, le Lieutenant-Gouverneur peut dépenser toute somme ne dépassant pas 150,000 dollars pour la consolidation, la réparation ou l'extension des divers travaux d'endiguement mentionnés dans la dite cédule annexée à la présente Loi, et emprunter les capitaux nécessaires jusqu'à concurrence de 150,000 dollars par la vente d'obligations ou autrement.

5. Ces travaux seront exécutés en vertu de la « Loi

---

exchanged in such manner as the Lieutenant-Governor in Council may agree for the debentures specified in the Schedule, or partly in one way and partly in another.

3. Any of the debentures specified in the Schedule to this Act, so purchased as aforesaid under the authority of this Act, shall be vested in the Minister of Finance, for the time being, in right of the Province, and he shall be deemed to be the holder of the same, and as such shall have and be possessed of all necessary powers and authorities for collection and recovery of interest moneys and principal, and shall account for all moneys so collected or recovered as part of the Consolidated Revenue Fund of the Province.

4. In addition to the moneys mentioned in the first paragraph of this Act, the Lieutenant-Governor may expend any sum of money not exceeding one hundred and fifty thousand dollars in strengthening, repairing or extending the several dyking works mentioned in the said Schedule to this Act, and may borrow the necessary

des Travaux publics » et sous le contrôle du Haut-Commissaire des terrains et travaux.

6. Avant l'exercice de tout ou partie des pouvoirs mentionnés dans l'article 4 de la présente loi, et avant l'entreprise des travaux de consolidation, de réparation et d'extension, le remboursement des sommes à dépenser avec toutes les dépenses encourues par le Gouvernement pour surveillance, inspection ou autrement sera garanti, sur le terrain affecté, par les impositions des propriétaires, en même temps que l'intérêt au taux désigné par le Lieutenant-Gouverneur en Conseil, comme une dette due Gouvernement de la Colombie britannique, dans la forme et de la manière que le Lieutenant-Gouverneur en Conseil prescrira ; cette garantie sur le terrain et cette imposition ne doivent pas être données ou créées par des arrangements séparés, mais peuvent être décrétées par des règlements à faire et à promulger par le Lieutenant-

---

moneys limited to one hundred and fifty thousand dollars, by the sale of debentures or otherwise.

5. Such works shall be carried on under the « Public Works Act, » and under the control of the Chief Commissioner of Lands and Works.

6. Before the exercise of any of the powers mentioned in section 4 of this Act, and before the undertaking of any such works of strengthening, repair or extension, the repayment of the moneys to be expended, together with all expenses to which the Government may have been put owing to supervision, inspection or otherwise, shall be secured upon the land affected, and by assessment upon the owners, together with interest at such rate as shall be designated by the Lieutenant-Governor in Council, as a debt due to the Government of British Columbia, in such form and in such manner as the Lieutenant-Governor in Council shall prescribe ; Such security upon the land, and liability for assessment, need not

Gouverneur en Conseil ; ces règlements auront la même sanction et le même effet que s'ils avaient été décrétés par la présente loi ; le Lieutenant-Gouverneur en Conseil peut aussi faire et arrêter des règlements portant : 1° réduction du taux des intérêts payables pour les obligations à acheter par le Gouvernement sous l'empire de la présente Loi et 2° imposition d'un taux uniforme pour dédommager le Gouvernement de l'intérêt et des fonds d'amortissement payés, y compris toutes les sommes déjà dépensées par le Gouvernement en poursuite de leur garantie.

7. Le Lieutenant-Gouverneur en Conseil fixera, par ordre en Conseil, une taxe annuelle suffisante afin de constituer un fonds d'amortissement pour le rachat final des obligations et prescrira de temps en temps la manière dont le dit fonds pourra être doté.

8. Lorsque les taxes imposées sur des terrains d'un district n'ont pas été payées à la Trésorerie provinciale

---

be given or created by separate agreements, but may be provided and enacted by rules and regulations to be made and promulgated by the Lieutenant-Governor in Council, and any such rules and regulations shall have the same force and effect as if expressly enacted in this Act ; and the Lieutenant-Governor in Council may also make and prescribe regulations whereunder the interest moneys payable under the debentures to be purchased by the Government under authority of this Act may be reduced as to the rate, and a uniform rate imposed for recouping the Government the interest and sinking fund payable by them, including any moneys already expended by the Government in pursuance of their guarantee.

7. The Lieutenant-Governor in Council shall by Order in Council determine an annual rate sufficient to provide a sinking fund for the final redemption of the debentures, and also from time to time prescribe the manner in which said fund may be invested.

en temps utile pour faire le payement de l'intérêt et de la dotation du fonds d'amortissement aux échéances, le Ministre des Finances est autorisé à en faire l'avance sur les revenus de la province ; la somme avancée sera imposée au district en défaut.

9. La présente loi pourra être citée comme « Loi de 1897 sur les obligations relatives aux endiguement ».

PREMIÈRE ANNEXE.

District municipal de Maple Ridge.

Obligations nᵒ 1 à 80 de 1,000 dollars chacune = 80,000 dollars. Portant la date du 1ᵉʳ juin 1894 et rapportant un intérêt de 6 p. c. l'an, payable pendant 20 ans semestriellement, le 15 décembre et le 15 juin de chaque année. Le premier payement est dû le 15 décembre 1894.

---

8. In the event of the rates levied against the lands of any district not having been paid into the Provincial Treasury in time to meet the payment of interest and sinking fund at the dates on which they fall due, the Minister of Finance is authorised to advance the same from the revenue of the Province, which sum so advanced shall, for the time being, be charged against the delinquent district.

9. This Act may be cited as the « Dyking Debenture Act, 1897 ».

THE FIRST SCHEDULE.

Municipality District of Maple Ridge.

Bonds No. 1 to 80, $1,000.00 each = $80,000.00.

Obligations émises sous l'empire de la « Loi de drainage,
d'endiguement et d'irrigation de 1894 ».

Garantie du Gouvernement, 4 p. c. de l'intérêt.

Commissaires :

W. J. Harris.
C. E. Woods.
Wm. Manson.

District de Maple Ridge.

Obligations n°° 1 à 46, de 1,000 dollars chacune (seconde
émission) = 46,000 dollars.

Portant la date du 1°° mars 1905 et produisant un intérêt de 6 °/₀ l'an payable semestriellement, pendant 20 ans,
le 15 décembre et le 15 juin de chaque année.

Obligations émises sous l'empire de « la loi de drainage,
d'endiguement et d'irrigation de 1894 ».

Dated 1st June, 1894, bearing interest at six per cent. per annum,
payable half-yearly for twenty years, on the 15th day of December
and 15th day of June each year. The first payment due 15th December, 1894. Bonds issued under authority of the « Drainage, Dyking and Irrigation Act, 1894 ».

Government guarantee four per cent. interest.

Commissioners :

W. J. Harris,
C. E. Woods,
Wm. Manson.

District of Maple Ridge.

Bonds No. 1 to 46, $1,000.00 each (second issue) = $46,000.00.

Dated 1st March, 1905, bearing interest at six per cent. per
annum payable half-yearly, for twenty years, on the 15th day of
December and 15th day of June in each year. Bonds issued under
authority of the « Drainage, Dyking and Irrigation Act, 1894 ».

Garantie du gouvernement, 4 % de l'intérêt.

Commissaires :

W. N. Bole,
W. J. Harris,
Wm. Manson,
James Cunningham,
C. C. Major.

District de Sumas.

Obligations n°s 1 à 36 de 500 dollars chacune = 18,000 dollars.

Portant la date du 22 février 1895 et payable en quarante ans à partir du 15 janvier 1895, produisant un intérêt de 6 % l'an, payable semestriellement le 15 juillet et le 15 janvier de chaque année. Le premier payement est dû le 15 juillet 1895. Obligations émises sous l'empire de

---

Government guarantee four per cent, interest.

Commissioners :

W. N. Bole,
W. J. Harris,
Wm. Manson,
James Cunningham,
C. C. Major.

District of Sumas.

Bonds No. 1 to 36, $500.00 each = $18,000.00.

Dated 22nd February, 1895, and payable in forty years from the 15th day of January, 1895, bearing interest at six per cent. per annum, payable half-yearly on the 15th day of July and 15th day of January in each year. The first payment due 15th July, 1895. Bonds issued under authority of the « Drainage, Dyking and Irrigation Act, 1894 », and « Amendment Act, 1895 ».

« la loi sur les drainages, les endiguements et les irrigations de 1894 » et de « la loi d'amendement de 1895 ».

Garantie du gouvernement, 4 % de l'intérêt,

Commissaires :

J. L. Atkinson,
Donald McGillivray,
Wm. Maher,
Asa Ackerman.

District de Coquitlam.

Obligations nᵒˢ 1 à 70 de 1000 dollars = 70,000 dollars.

Portant la date du 15 janvier 1895, produisant un intérêt de 6 % l'an pendant 40 ans, payable le 15 juillet et le 15 janvier de chaque année. Obligations émises sous l'empire de « la loi de draniage, d'endiguement et d'irrigation de 1894 ».

Government guarantee four per cent. interest.

Commissioners :

J. L. Atkinson,
Donald McGillivray,
Wm. Maher,
Asa Ackerman.

District of Coquitlam.

Bonds Nᵒ. 1 to 70, $1,000.00 = $70,000.00.

Dated 15th January, 1895, bearing interest at six per cent. per annum for forty years, half-yearly, on the 15th day of July and 15th day of January each year. Bonds issued under authority of the « Drainage, Dyking and Irrigation Act, 1894 ».

Garantie du gouvernement, **4 %** de l'intérêt.

Commissaires :

W. H. Keary,
T. Dunn,
R. B. Kelly.

District d'endiguement de Pitt-Meadows.

Obligations n°s 1 à 60 de 1,000 dollars chacune = 60,000 dollars.

Portant la date du 1er mai 1905, produisant un intérêt de 6 % l'an pendant 40 ans, payable semestriellement le 1er mai et le 1er novembre de chaque année. Obligations émises sous l'empire de « la loi de drainage, d'endiguement et d'irrigation de 1894 ».

Garantie du gouvernement, **4 %** de l'intérêt.

Commissaires :

David Oppenheimer,
James Ford Garden,
John Wesly Sexsmith.

Government guarantee four per cent. interest.

Commissioners :

W. H. Keary,
T. Dunn,
R. B. Kelly.

Pitt Meadows Dyking District.

Bonds No. 1 to 60. $1,000.00 each = $60,000.00.

Dated 1st May, 1895, bearing interest at six per cent. per annum for forty years, half-yearly, on the 1st day of May and the 1st day of November each year. Bonds issued under authority of the « Drainage, Dyking and Irrigation Act, 1894 ».

Government guarantee four per cent. interest.

Commissioners :

David Oppenheimer,
James Ford Garden,
John Wesley Sexsmith.

District de Matsqui.

Obligations n°s 1 à 100 de 500 dollars chacune = 50,000 dollars.

Portant la date du 1er janvier 1896. produisant un intérêt de 6 °/₀ l'an pendant 40 années et payable annuellement le 1er janvier à la Banque de la Colombie britannique, à Vancouver. Obligations émises sous l'empire de « la loi sur les drainages, les endiguements et les irrigations de 1894 ».

Garantie du Gouvernement, 4 °/₀ de l'intérêt.

Commissaires :

Alben Hawkins.
Charles J. Sim,
Herbert F. Page.

District of Matsqui.

Bonds No. 1 to 100, $500.00 each = $50,000.00.

Dated 1st January, 1896, bearing interest at six per cent per annum for forty years, payable annually on 1st of January at the Bank of British Columbia, Vancouver. Bonds issued under authority of the « Drainage, Dyking and Irrigation Act, 1894».

Government guarantee four per cent. interest.

Commissioners :

Albon Hawkins,
Charles J. Sim,
Herbert F. Page.

Loi de 1898 sur les Endiguements.

CHAPITRE 17.

Loi concernant la construction de certains travaux d'endiguement.

(20 mai 1898.)

Considérant que par « la loi d'emprunt pour endiguement de 1897 » le Lieutenant-Gouverneur en Conseil a été autorisé à acheter certaines obligations d'endiguement indiquées dans l'annexe jointe à la dite loi, de la valeur globale de trois cent vingt-quatre mille dollars, dont l'intérêt a été garanti par le gouvernement et à émettre et à vendre à cette fin des obligations provinciales jusqu'à con-

---

Public Dyking Act, 1898.

CHAPTER 17.

An Act respecting the contruction of certain Dyking Works.

(May 20th, 1898.)

Whereas by the «Dyking Debenture Act, 1897,» the Lieutenant-Governor in Council was authorised to purchase certain Dyking Debentures, set out in the Schedule to the said Act, of the face value of three hundred and twenty-four thousand dollars, the interest whereon had been theretofore guaranteed by the Government, and for that purpose to issue and sell Provincial debentures for a sum

currence de la même somme ; considérant qu'il a été en outre autorisé à emprunter, aux fins de consolider, réparer et étendre les travaux d'endiguement dans les districts mentionnés dans la dite annexe,une somme ne dépassant pas cent cinquante mille dollars;

Considérant que ladite loi stipulait en outre que le Lieutenant-Gouverneur en Conseil pouvait faire et promulguer des règlements pour exécuter les détails de l'achat des dites obligations et pour procéder aux réparations ;

Et considérant qu'en exécution des pouvoirs contenus dans la dite loi, le Lieutenant-Gouverneur en Conseil a acheté toutes les obligations indiquées dans ladite cédule : 1° par l'émission et l'échange d'obligations pour la somme totale de trois cent quatorze mille dollars, représentée par trois cent quatorze obligations de mille dollars chacune, portant la date du 1er novembre 1897, et numérotées de un à trois cent quatorze inclusivement, remboursables

---

not exceeding three hundred and twenty-four thousand dollars, and was further authorised to borrow for the purpose of expending in strengthening, repairing and extending the dyking works in the districts referred to in the said Schedule, a sum not exceeding one hundred and fifty thousand dollars :

And whereas by said Act it was further in effect provided that the Lieutenant-Governor in Council might make and promulgate rules and regulations for carrying out the details of the purchase of said debentures and the execution of such repairs :

And whereas in pursuance of the powers in said Act contained the Lieutenant-Governor in Council has purchased all the debentures set out in the said Schedule by the issue and exchange therefor of debentures for the total sum of three hundred and fourteen thousand dollars, represented by three hundred and fourteen debentures of one thousand dollars each, dated the first day of November, A.D. 1897, and numbered arithmetically from one to three hundred and fourteen, inclusive, payable forty years

après quarante ans à partir du 1er juillet 1897 et produisant un intérêt de 3 1/2 % l'an payable semestriellement ; et 2° par la vente d'obligations jusqu'à concurrence de la somme de 7,000 dollars représentée par sept obligations du même import, de la même teneur, du même effet et de la même date que les obligations ci-dessus mentionnées et numérotées de 465 à 471 inclusivement ;

Considérant, en outre, qu'en exécution des pouvoirs contenus dans ladite loi, le Lieutenant-Gouverneur en Conseil a émis 150 autres obligations du même import de la même teneur, du même effet et de la même date que celles mentionnées ci-dessus et numérotées de 315 à 464 inclusivement ;

Et considérant que ladite « loi d'emprunt pour endiguement de 1897 » et les règlements décrétés sous son empire, stipulent que le Gouvernement conservera les obligations des commissaires, achetées comme il est dit ci-

---

from the first day of July, 1897, and bearing interest at the rate of three and one-half per cent. per annum payable half yearly ; and by the sale of debentures for the total sum of seven thousand dollars, represented by seven debentures for the like amount, tenor, effect and date as the last-mentioned debentures, and numbered arithmetically from four hundred and sixty-five to four hundred and seventy-one, inclusive :

And whereas in further pursuance of the powers in said Act contained the Lieutenant-Governor in Council has issued one hundred and fifty further debentures, each of the same amount, tenor, effect, and date as such last mentioned debentures, and numbered arithmetically from three hundred and fifteen to four hundred and sixty-four, inclusive :

And whereas said « Dyking Debenture Act, 1897,» and the regulations made thereunder contemplate the retention by the Government of the Commissioners' debentures, purchased as aforesaid, as security for the moneys expended in the purchase thereof,

dessus, à titre de garantie des sommes dépensées pour leur achat, mais qu'il est utile de consolider les charges sur les terrains pour les travaux d'endiguement et qu'à cet effet un plan, un memorandum et un rôle d'imposition pour chacun des districts existants, basés sur une consolidation des charges pour des travaux d'endiguement sur les terrains dans les dits districts ont été déposés, en conformité des dispositions des sous-articles (*a*), (*b*) et (*c*) de l'article 13 de la « loi de drainage, d'endiguement et d'irrigation », par l'Inspecteur des digues, au bureau de l'enregistrement foncier, aux dates suivantes : Pour Matsqui, Coquitlam et Pitt Meadows, le 28 janvier 1898 ; pour Maple Ridge et Sumas, le 18 avril 1898. Il résulte des divers plans, mémoranda et rôles d'imposition que les sommes suivantes seront nécessaires pour faire face : 1° aux dépenses de consolidation, de réparation et d'extension des travaux d'endiguement, y compris les salaires des fonctionnaires et toutes les dépenses ; 2° aux sommes payées pour l'acqui-

---

but it is advisable to consolidate the charges against the lands for dyking works, and to carry out such purpose a plan, memorandum and assessment roll for each of the existing districts, based upon a consolidation of the charges for dyking works against the lands within the said districts, were, in accordance with the provisions of sub-sections (*a*.), (*b*.) and (*c*.) of section 13 of the « Drainage, Dyking and Irrigation Act,» duly filed by the Inspector of Dykes in the proper Land Registry Office on the dates following, viz : For Matsqui, Coquitlam and Pitt Meadows, on the 28 th January, 1898; for Maple Ridge and Sumas, on the 18th April, 1898, from which several plans, memoranda, and assessment rolls it appears that there will be required to meet the cost of the strengthening, repair, completion and extension of the dyking works, including salaries of officers and all expenses, and also to meet the amounts paid for purchase of the Commissioners' debentures and expenses incidental to such purchase, and also to meet the expenses thereto-

sition des obligations des commissaires et aux dépenses y relatives ; 3° aux dépenses faites antérieurement par le gouvernement du chef de surveillance, d'inspection ou autrement ; 4° aux responsabilités des commissaires agissant antérieurement pour les divers districts existants :

Maple Ridge	185,364.18 dollars.
Sumas	19,728.75 id.
Coquitlam	115,742.90 id.
Pitt Meadows	79,938.99 id.
Matsqui.	106,445,24 id.
Dollars. . .	507,220,06

Considérant que ces sommes, dans leur ensemble, dépassent celle autorisée en vertu des dispositions de « la loi d'emprunt pour endiguement de 1897 » et qu'il est utile d'autoriser l'émission d'autres obligations pour parfaire l'émission en vertu de la dite loi ;

Considérant qu'il est utile : *a*) de confirmer tout ce qui

---

fore incurred by the Government on account of supervision, inspection and otherwise, and also to meet the just liabilities of the Commissioners heretofore acting for the several existing districts, the following respective amounts, viz.:—

Maple Ridge	.$185,364.18
Sumas	. 19,728.75
Coquitlam	. 115,742.90
Pitt Meadows	. 79,938.99
Matsqui	. 106,445.24
	$507,220.06

And whereas these amounts, in the aggregate, exceed the sum authorised under the provisions of the « Dyking Debenture Act, 1897,» and it is advisable to authorise the issue of further debentures to supplement the issue under the said Act :

And whereas it is advisable to confirm all that has been done

a été fait en vertu des dispositions de la dite « loi d'emprunt pour endiguement de 1897 » ou des dits règlements pour exécuter cette loi ; *b*) d'incorporer dans le présent toutes les dispositions contenues auparavant dans des règlements ou autre documents qui peuvent être nécessaires pour exécuter les dits travaux ; et *c*) de prendre des dispositions appropriées à cette fin ;

Considérant que l'exécution de grands travaux d'endiguement dans d'autres districts est urgente et que ces travaux peuvent être effectués le plus économiquement par l'application du système actuellement en usage dans les districts existants et qu'il est utile de permettre l'entreprise de ces travaux sous certaines conditions et, à cet effet, de sanctionner l'emprunt de certaines sommes ne dépassant pas les totaux indiqués plus loin ;

Considérant qu'il est nécessaire de prendre des dispositions pour constater et vérifier toutes les responsabilités et toutes les réclamations contre les commissaires agissant antérieurement pour les districts existants ou d'autres districts auxquels la présente loi peut être appli-.

---

under the provisions of the said « Dyking Debenture Act, 1897,» or of the said regulations to carry out said Act, and to embody herein all provisions, whether heretofore contained in regulations or otherwise, which may be necessary for the carrying out of the said works, and to make full and adequate provision therefor :

And whereas large dyking works in other districts are urgently needed, and can most economically be carried out by the application thereto of the system now applied to the existing districts, and it is advisable to enable the same to be undertaken under certain conditions, and for that purpose to sanction the borrowing of certain moneys not to exceed the totals hereinafter referred to :

And whereas it is necessary to make provision for ascertaining and verifying all claims against or liabilities of the Commissioners heretofore acting for the existing districts, or other districts to

quée, lorsque ces responsabilités sont assumées comme une partie des dépenses de construction des nouveaux travaux;

Pour ces motifs, Sa Majesté, par et avec l'avis et le consentement de l'assemblée législative de la province de la Colombie britannique, décrète ce qui suit :

1. La présente loi peut être citée comme « la loi d'endiguement public de 1898 ».

2. Est confirmé par la présente l'achat, par le Lieutenant-Gouverneur en Conseil, des obligations pour endiguement indiquées dans l'annexe annexée à « la loi d'emprunt pour endiguement de 1897 », en vertu des pouvoirs mentionnés dans la dite loi.

3. Les obligations dont il est question ci-dessus, numérotées de 1 à 471 inclusivement, du montant total de 471,000 dollars, datées du 1er novembre 1897, remboursables en 40 ans à partir du 1er juillet 1897 et produisant un intérêt de 3 1/2 p. c. l'an payable par semestre, sont confirmées et mises à charge du fonds d'amortissement créé pour leur remboursement ; elles sont ensuite, avec

---

which this Act may be applied, where such liabilities are assumed as portion of the cost of construction of the new works :

Therefore, Her Majesty, by and with the advice and consent of the Legislative Assembly of the Province of British Columbia, enacts as follows :

1. This Act may be cited as the « Public Dyking Act, 1898 ».

2. The purchase by the Lieutenant-Governor in Council of the dyking debentures set out in the Schedule to the « Dyking Debenture Act, 1897,» in pursuance of the powers in said Act contained, is hereby confirmed.

3. The hereinbefore recited debentures, numbered arithmetically from 1 to 471, inclusive, for the aggregate amount of $471,000, dated the 1st day of November, 1897, payable 40 years

leurs intérêts, mises à charge du et payées par le fonds consolidé de la Province.

4. Le Lieutenant-Gouverneur en Conseil pourra, aux fins d'exécution des travaux d'endiguement dans les districts de Maple Ridge, Sumas, Coquitlam, Pitt Meadows et Matsqui, pour lesquels des commissaires furent désignés antérieurement (mentionnés ci-après comme des districts existants), ou dans tout autre district ou districts où des travaux pourront être entrepris en vertu des dispositions de la présente loi, nommer un fonctionnaire qui, de même que ses successeurs, sera appelé l'Inspecteur des digues, et qui pourra être nommé pour un ou plusieurs districts. Tout fonctionnaire nommé en vertu des règlements antérieurement en vigueur restera en fonctions en vertu des dispositions de la présente loi jusqu'à ce que son successeur soit nommé.

---

from the 1st day of July, 1807, and bearing interest at the rate of 3½ per cent. per annum, payable half-yearly, are hereby confirmed and charged upon the sinking fund created for the repayment thereof, and, together with the interest thereon, further charged upon and shall be payable out of the Consolidated Revenue Fund of the Province.

4. The Lieutenant-Governor in Council may, for the purpose of carrying on the dyking works in the Districts of Maple Ridge, Sumas, Coquitlam, Pitt Meadows, and Matsqui, for which Commissioners were heretofore appointed (hereafter referred to as existing districts), or in any other district or districts in which works may be undertaken subject to the provisions of this Act, appoint an officer, who, with his successors, shall be called the Inspector of Dykes, and who may be appointed for one or more districts. Any officer appointed under regulations heretofore in force shall hold office under the provisions of this Act until his successor is appointed.

5. The Inspector of Dykes shall, save as hereinafter provided,

5. L'Inspecteur des digues aura et possédera, sauf pour ce qui est stipulé ci-après, tous les pouvoirs des commissaires en vertu « de la loi de drainage, d'endiguement et d'irrigation » et à la suite de la nomination d'un inspecteur pour un district sous l'empire de la présente loi, les pouvoirs des commissaires en fonctions en vertu de la dite loi ou de tout autre loi annulée par celui-ci cesseront immédiatement et leur nomination deviendra nulle et non avenue. L'Inspecteur des digues nommé antérieurement pour les districts mentionnés dans l'article précédent, en vertu des dispositions des règlements mentionnés ci-dessus, sera censé avoir été nommé en vertu de la présente loi ; quant aux pouvoirs des commissaires en fonctions en vertu d'une loi d'endiguement antérieurement en vigueur dans l'un ou l'autre de ces districts, ils seront censés avoir cessé et être expirés, à partir de la date de la nomination

---

have and possess all the powers of Commissioners under the « Drainage, Dyking, and Irrigation Act, » and upon the appointment of an Inspector for any district under this Act the powers of the Commissioners holding office under the said Act, or any Act superseded by the same, shall forthwith cease and determine, and their appointment or selection shall become null and void. The Inspector of Dykes heretofore appointed for the districts named in the preceding section, under the provisions of the hereinbefore recited regulations, shall be deemed to have been appointed under this Act, and the powers of the Commissioners holding office under any Act heretofore in force respecting dyking within any of such districts shall be deemed, as and from the date of the appointment of the said Inspector, to have ceased and determined. The Commissioners shall forthwith, upon the appointment of the Inspector, hand over and give up possession to the Inspector of all books, papers, accounts, and documents relating to the works, and shall pay over to the Inspector all moneys in their hands or under their disposal as Commissioners, and do all other matters and things

de l'Inspecteur. Immédiatement après la nomination de l'Inspecteur, les commissaires lui remettront tous les livres, papiers, comptes et documents concernant les travaux ainsi que toutes les sommes qu'ils possèdent ou dont ils disposent comme commissaires ; ils feront en outre toutes autres choses et fourniront à l'Inspecteur tous les renseignements nécessaires pour arriver à un contrôle complet des travaux et à une compréhension faite des ouvrages entrepris antérieurement et des dispositions précédemment prises par ou pendantes devant eux.

6. Les articles 3, 4, 5, 6, 7, 8, 9, 10, sous-articles (d) et (e) et les clauses (2) et (3) de l'article (13), clause (2) de l'article 18, les articles 23, 53, 54, 55, 56, 57 et 58 de « la loi de drainage, d'endiguement et d'irrigation » ne seront pas applicables aux travaux à entreprendre en vertu de la présente loi ni à l'inspecteur nommé en exécution de ces dispositions ; mais le restant de la dite loi sera applicable, *mutatis mutandis* excepté : 1° lorsqu'il est question dans ladite loi des commissaires ou d'une majorité

---

and afford the Inspector all such information as may be requisite for obtaining complete control of the works and acquiring a thorough understanding of the works theretofore carried on and the matters theretofore disposed of by or then pending before the Commissioners.

6. Sections 3, 4, 5, 6, 7, 8, 9, 10, sub-sections (d) and (e), and clauses (2) and (3) of section 13, clause (2) of section 18, sections 23, 53, 54, 55, 56, 57 and 58 of the « Drainage, Dyking and Irrigation Act » shall not apply to the works to be carried on under this Act, nor to the Inspector appointed hereunder, but the remainder of the said Act shall, mutatis mutandis, apply, except that wherever Commissioners, or a majority of them, are referred to in the said Act the Inspector of Dykes alone shall be held to be substituted, and wherever in the said Act moneys are autho-

d'entre eux, l'Inspecteur des digues seul y sera substitué, et 2° lorsque, dans ladite loi, autorisation est donnée aux commissaires, pour recouvrer et recevoir des sommes pour leur propre usage, ou si aucune indication n'est donnée pour l'approbation de ces sommes, elles seront portées en compte et payées à la Trésorerie.

7. Avant d'entrer en fonctions, l'Inspecteur prêtera serment (qui sera enregistré au bureau du Greffe provincial) devant un juge de paix et fournira une caution suffisante aux yeux du Lieutenant-Gouverneur en Conseil pour l'accomplissement fidèle des devoirs de sa charge. Le Lieutenant-Gouverneur en Conseil peut, de la même manière, requérir tous autres fonctionnaires ou toutes autres personnes subordonnées au commissaire, de prêter serment et de fournir une caution pour l'accomplissement de leurs devoirs.

8. L'inspecteur remettra de temps en temps au Ministre des Finances toutes les sommes levées, recueillies et reçues par lui en vertu de ses fonctions ; il en rendra également

---

rised to be collected and received by the Commissioners for their own use, or no reference is made to the appropriation of such moneys, the same shall be accounted for and paid into the Treasury.

7. Before entering upon the duties of his office the Inspector shall take an oath (which shall be filed in the Provincial Secretary's office) before a Justice of the Peace and also give security to the satisfaction of the Lieutenant-Governor in Council to faithfully perform the duties of his office. The Lieutenant-Governor in Council may likewise require any other officers or persons employed under the Commissioner to be sworn and to give adequate security for fulfilling their office.

8. The Inspector shall account for and pay all moneys levied, collected, and received by him by virtue of his office from time to

compte au Ministre des Finances, qui tiendra deux comptes de ces sommes pour le district, l'un appelé « Le Compte des intérêts » dont les sommes, portées au crédit, serviront à payer l'intérêt des obligations provinciales, et l'autre, appelé « le Compte du Fond d'amortissement » dont les sommes, portées au crédit, seront de temps en temps placées à intérêt, moyennant telles garanties et à tels montants que le Lieutenant-Gouverneur en Conseil fixera de temps en temps.

9. Le Lieutenant-Gouverneur en Conseil pourra nommer les divers fonctionnaires mentionnés dans l'article 23 de la loi de drainage, d'endiguement et d'irrigation » ; il fixera aussi leurs traitements.

10. Les articles 4, 7 et 9 de « la loi d'emprunt pour endiguement de 1897 » et les règles et règlements pour l'exécution des dispositions de « la loi d'émission pour endiguement 1897 », en date du 8 septembre 1897, sont abrogés par les présentes.

---

time to the Finance Minister, who shall keep two accounts with the District in respect of such moneys, one to be called « The Interest Account, » the moneys to the credit of which account shall he expended in payment of the interest on the Provincial Debentures, and the other account to be designated « The Sinking Fund Account,» the moneys to the credit of which account shall from time to time be invested at interest, upon such securities and in such amounts as the Lieutenant-Governor in Council shall from time to time determine.

9. The Lieutenant-Governor in Council may appoint the several officers mentioned in section 23 of the « Drainage, Dyking and Irrigation Act», and may fix their salaries.

10. Sections 4, 7 and 9 of the « Dyking Debenture Loan Act, 1897», and the rules and regulations for carrying out the provi-

11. Les divers memoranda et rôles d'imposition déposés antérieurement par les commissaires agissant pour les districts existants, sont annulés par les présentes ; toutefois, cette disposition ne s'appliquera à aucun payement fait antérieurement en vertu de l'imposition levée en exécution de ces documents, et les droits de toutes les parties entre elles seront réglés par l'Inspecteur devant les Cours de Revision dont il est question ci-après.

12. Les obligations et procurations antérieurement émises et exécutées par l'Inspecteur, en vertu de l'article 9 des dispositions pour l'exécution des stipulations de « la loi d'émission pour endiguement de 1897 » et en conformité de l'article 6 de la dite loi, sont annulées par les présentes.

13. Les impositions principales sur les terrains dans les districts existants indiqués ci-dessus, s'élevant pour Maple-Ridge à dollars 185.364,18, pour Sumas à 19 mille 728 dollars 75, pour Coquitlam à dollars 115,742.90, pour

---

sions of the « Dyking Debenture Act, 1897,» dated the 8th September, 1897, are hereby repealed.

11. The several memoranda and assessment rolls heretofore filed by the Commissioners acting for the existing districts, are hereby cancelled, but this shall not affect any payment heretofore made under the assessment thereby levied, and the rights of all parties between themselves shall be settled by the Inspector at the Courts of Revision hereinafter referred to.

12. The Debentures and Deed of Trust heretofore issued and executed by the Inspector under the provisions of section 9 of the regulations for carrying out the provisions of the « Dyking Debenture Act, 1897», and in pursuance of section 6 of the said Act, are hereby cancelled.

13. The capital assessments against the lands in the existing

Pitt Meadows à dollars 79,938.99, et pour Matsqui à dollars 106,445.24, sont confirmés par la présente loi et le remboursement des dites sommes au Gouvernement, avec l'intérêt de 3 1/2 °/₀ par an, est garanti par la présente loi comme une dette due à la province de la Colombie britannique ; d'autre part, l'inspecteur des digues restera dépositaire de toutes les amendes, taxes et impositions et exercera tous les droits, privilèges et charges de ce chef pour la province de la Colombie britannique.

14. Le fonds d'amortissement d'un et demi pour cent par an sur l'imposition principale, prévu par ordre en Conseil, conformément à l'article 7 de « la loi d'émission pour endiguement de 1897 », est confirmé par la présente loi ; il constituera une charge sur les terrains imposés dans les districts existants et sera payable de la même manière que l'intérêt.

15. L'Inspecteur des digues pourra amender le memo-

---

districts hereinbefore recited and of the following amounts, viz., Maple Ridge, $185,364.18 ; Sumas, $19,728.75 ; Coquitlam, $115,742.90; Pitt Meadows, $79,938.99, and Matsqui, $106,445.24, are hereby confirmed, and the repayment of the said amounts to the Government, together with interest thereon at the rate of three and one-half per cent. per annum, is hereby secured as a debt due to the Province of British Columbia, and the Inspector of Dykes shall possess and hold all the fines, rates, and assessments, and shall hold and exercise all the rights, privileges and charges in respect thereof in trust for the Province of British Columbia.

14. The sinking fund of one and one-half per cent. per annum upon the capital assessment provided by Order in Council in pursuance of section 7 of the « Dyking Debenture Act, 1897, » is hereby confirmed, and the same shall be a charge upon the assessed lands within the existing districts and payable in the same manner as the interest moneys.

randum et le rôle d'imposition pour tout district existant, déposés, comme il est dit ci-dessus, en en écartant la dépense annuelle pour manœuvre et entretien ; toutes les sommes qui pourront de temps en temps être exigées pour manœuvre, entretien et réparation ou pour faire face à des dépenses imprévues seront levées et procurées par les voies indiquées dans l'article 40 de « la loi de drainage, d'endiguement et d'irrigation ». Le Ministre des Finances pourra, lorsque ces sommes sont requises d'urgence, en faire l'avance sur le fonds consolidé moyennant remboursement immédiat par l'Inspecteur après le recouvrement des impositions.

16. Dans le cas où les taxes levées sur les terrains d'un district, n'ont pas été payées à la Trésorerie provinciale en temps voulu, pour payer l'intérêt et le fonds d'amortissement aux échéances, le Ministre des Finances est autorisé à en faire l'avance sur les revenus de la Province ;

---

15. The Inspector of Dykes may amend the memorandum and assessment roll for any existing district, filed as mentioned in the recital hereof, by omitting therefrom the annual charge for operation and maintenance and all sums which may from time to time be required for operation, maintenance, and repairs, or to meet unforeseen expenditure, shall be levied and procured by the means indicated in section 40 of the « Drainage, Dyking and Irrigation Act». The Minister of Finance may, when such sums are urgently required, advance the same from the Consolidated Revenue, to be repaid forthwith upon collection of the assessments by the Inspector.

16. In the event of the rates levied against the lands of any district not having been paid into the Provincial Treasury in time to meet the payment of interest and sinking fund at the dates on which they fall due, the Minister of Finance is authorised to advance the same from the revenue of the Province, which sum so

la somme ainsi avancée sera mise à la charge du district en retard.

17. Toutes les avances faites en vertu de l'un ou de l'autre des deux articles précédents, produiront un intérêt de 5 °/₀ l'an jusqu'au payement, et l'Inspecteur pourra, en tout temps, à la suite d'un mandat lui adressé sous la signature du Ministre des Finances, indiquant le montant dû pour les avances, exercer tous les pouvoirs qui lui sont conférés par la loi et prendre toutes les mesures nécessaires pour le recouvrement des taxes et impositions ; il aura, en outre, le droit, en dehors de toute autre mesure pour leur recouvrement, de recouvrer le montant dû avec toutes les dépenses, par l'expropriation et la vente des biens des débiteurs.

18. Aux Cours de Revision fixées antérieurement pour les districts existants ou à leur ajournement, en tout ou en partie, toutes les modifications nécessaires peuvent, sans autre avis, être faites pour déterminer définitivement

---

advanced shall for the time being, be charged against the delinquent district.

17. All advances under either of the two preceding sections shall bear interest at the rate of five per cent. per annum until paid, and the Inspector shall at any time, upon warrant directed to him under the hand of the Minister of Finance setting forth the amount due in respect of such advances, exercise all powers and remedies for the collection of the rates and assessments conferred upon him by law, and shall, in addition to any other remedy for the collection of the same, be entitled to recover the amount due, together with all expenses, by distress and sale of the goods of the persons liable to pay the same.

18. At the Courts of Revision heretofore fixed for the existing districts, or at any adjournment thereof, or of any of them, all necessary alterations or amendments may, without further notice,

la distribution, éntre les propriétaires imposés des districts, des différentes charges confirmées par la présente.

19. Tous les engagements contractés antérieurement par les commissaires pour les districts existant que l'Inspecteur des digues certifiera avoir été dûment encourus dans l'exécution des travaux, seront payés comme une part de la charge principale. Si l'Inspecteur décline, pour une raison quelconque, de donner ce certificat, ce refus sera définitif ; toutefois, au lieu de se refuser à certifier, l'Inspecteur peut exposer que cet engagement était dûment encouru selon l'opinion de tout juge de la Cour Suprême ; celui-ci décidera d'une manière sommaire, et cette décision sera définitive et sans appel.

20. Considérant que les rôles d'imposition sont basés sur le rapport d'un ingénieur et tenus pour une estimation aussi exacte et aussi scientifique que celle obtenue et basée sur les données courantes, mais que cette estimation est sujette à être dépassée dans l'exécution des travaux et

---

be made in order to finally determine the distribution among the assessed owners of the districts of the several charges hereby confirmed.

19. There shall be paid as part of the capital charge for the execution of the works all liabilities of the Commissioners heretofore acting for the existing districts which the Inspector of Dykes may certify to have been properly incurred in the execution of the works. In case the Inspector declines for any reason to so certify such refusal shall be final, but in lieu of declining to certify the Inspector may state a case as to whether such liability was properly incurred for the opinion of any Judge of the Supreme Court, who shall decide the same in a summary manner, and whose decision thereon shall be final and without appeal.

20. And whereas the assessment rolls are based on an engineer's report and are believed to be as accurate and scientific an esti-

qu'il importe, si cet excédent n'est pas trop grand, d'autoriser une imposition supplémentaire pour couvrir les frais. Pour ces motifs, il est décrété que l'Inspecteur des digues peut, par un memorandum signé par lui et déposé au bureau de l'Enregistrement foncier *ad hoc*, prévoir la levée, par imposition, d'une somme ne dépassant pas 15 °/₀ de l'imposition actuelle pour faire face aux dépenses des travaux projetés, mais dont les frais peuvent avoir dépassé l'estimation, ou pour faire face aux dépenses de travaux auxiliaires, dont la nécessité s'est fait jour pendant ou après la construction des travaux projetés.

Si les frais des travaux dépassent le pourcentage précité de 15 °/₀, leur construction ne sera pas entreprise, si ce n'est avec la sanction de la législature ou d'une majorité, en intérêts et en nombre des propriétaires imposés dans le district.

21. Aux fins de compléter les travaux projetés dans les districts existants et de faire face à des éventualités

---

mate as can be obtained based on current data, but such estimate is open to be exceeded in carrying out the works, and it is advisable, if such excess is not large, to allow a supplementary assessment to be made to meet the cost. Therefore, be it enacted that the Inspector of Dykes may, by a memorandum under his hand filed in the proper Land Registry Office, provide for the raising by assessment of an amount not exceeding fifteen per cent. of the present assessment to meet expenses of works now contemplated and provided for, but the cost of which may have exceeded the estimate, or to meet the expenses of auxiliary works, the necessity of which is disclosed during or after the construction of the works now contemplated. If the cost of the works exceeds the aforesaid percentage of fifteen per cent. their construction shall not be undertaken, except with the sanction of the Legislature or of a majority in interest and number of the assessed owners within the District.

imprévues, le Lieutenant-Gouverneur en Conseil peut emprunter, par la vente d'obligations ou autrement, à titre de supplément du prêt autorisé par l'article 5 de la « loi d'emprunt pour endiguement de 1897 », des sommes jusqu'à concurrence d'un montant ne dépassant pas 45,000 dollars.

Autres travaux d'endiguement.

22. Le Lieutenant-Gouverneur en Conseil pourra, à la requête d'une majorité en intérêts et en nombre des propriétaires de terrains à améliorer par les travaux d'endiguement décrits dans la cédule ci-annexée, nommer un inspecteur des digues pour tels ou tels districts qui seront avantagés par ces travaux, ou par quelques-uns d'entre eux ; cet inspecteur aura ensuite, ainsi que ses successeurs pour le ou les districts pour lequel ou lesquels il a été nommé, les mêmes pouvoirs que ceux conférés par la présente loi aux inspecteurs de digues pour les districts exis-

---

21. For the purpose of completing the works contemplated in the existing districts and in order to provide for unforeseen contingencies, the Lieutenant-Governor in Council may borrow, in addition to and as supplementing the loan authorised by section 5 of the « Dyking Debenture Loan Act, 1897 », moneys to an amount not exceeding forty five thousand dollars by the sale of debentures or otherwise.

Further Dyking Works.

22. The Lieutenant-Governor in Council may, at the request of a majority in interest and number of the proprietors of land to be benefited by the dyking works outlined in the Schedule hereto, appoint an Inspector of Dykes for such district or districts as may be benefited by such works, or any of them, who, with his successors, shall thereafter, for the district or districts for which he may be appointed, have the same powers as are by this Act conferred

tants, sauf que les articles 8 et 10 et les sous-articles (d),
(e) et 2 de l'article 13, ainsi que l'article 14 de « la loi de
drainage, d'endiguement et d'irrigation » s'appliqueront à
l'inspecteur des digues ainsi nommé et qu'il possèdera tous
les pouvoirs lui conférés, et en remplira, de la manière y
indiquée, tous les devoirs imposés aux Commissaires choi-
sis ou nommés.

23. Si après dépôt du plan, du memorandum et du rôle
d'imposition pour le district, l'exécution des travaux est
approuvée par une majorité en intérêts et en nombre des
propriétaires dans les districts respectifs, le Lieutenant-
Gouverneur en Conseil pourra de temps en temps, emprunter, par la vente d'obligations ou autrement, (au delà de
toutes les sommes qu'il est autorisé à emprunter) une
somme suffisante, comme l'indique le dit memorandum,
pour exécuter les travaux ne dépassant cependant pas
celle de 225,000 dollars. Il est entendu que les dépenses

---

upon the Inspectors of Dykes for the existing districts, save that
sections 8 and 10, and sub-sections (d), (e), and 2 of section 13 and
section 14 of the « Drainage, Dyking, and Irrigation Act » shall
apply to the Inspector of Dykes so appointed, and he shall possess
all the powers therein conferred upon and, in the manner therein
provided, perform all the duties therein imposed upon Commissioners selected or appointed.

23. If, after the plan, memorandum, and assessment roll for the
district have been filed, the execution of the works is approved of
by a majority in interest and number of the proprietors within the
respective districts, the Lieutenant-Governor in Council may from
time to time borrow (in addition to any other moneys which he is
authorised to borrow) a sum sufficient, as shown by the said memorandum, to construct the works, not exceeding, however, the sum
of $ 225,000, by the sale of debentures or otherwise :   Provided,

des travaux dans chaque district ne dépasseront pas les sommes respectives suivantes :

Chilliwhack   .   .   .   .   . 131,000 dollars.
(Amendé par l'article 3, chapitre 23, 1899.)
Agassiz 10,000   Id.
Hatzic   50,000   id.
Surrey 27,000   id.
(Voir chap. 6, 1900.)
Nouveau district de Westminster en général 7.000.

24. Après emprunt des dites sommes, leur dépense sera réglée par les dispositions de la présente loi et par les autres dispositions réglant la dépense de sommes empruntées pour l'exécution de travaux dans les district existants ; ces sommes constitueront, sans autre acte, une première hypothèque sur les terrains avantagés, garantie par les amendes. taxes et impositions de la même manière que les

---

that the cost of the works in each district shall not exceed the following respective amounts, namely :—

Chilliwhack $131,000 (1)
Agassiz.   10,000
Hatzic 50,000
Surrey 27,000 (2)
New Wesminter District generally   . 7,000

24. After the said moneys have been borrowed, their expenditure shall be governed by the provisions of this Act and the other provisions governing the expenditure of moneys borrowed for the execution of the works in the existing districts, and the same shall, without further or any deed or instrument, be a first charge upon the lands benefited and secured by the fines, rates and assessments

(1) Amended S. 3, Chap. 23, 1899.
(2) See Chap. 6, 1900.

18

sommes sont dépensées ou doivent être dépensées dans les districts existants.

25. Considérant que les travaux indiqués dans la première clause de la cédule ci-annexée sous le titre de « District de Chilliwhack » et consistant dans le barrage de Hope, Camp, Halfmoon et Greyell Sloughs, avec les digues à construire, présentent une grande importance et que leur exécution immédiate est nécessaire.

Pour ces motifs, il est décrété que le Lieutenant-Gouverneur en Conseil est autorisé à entreprendre les dits travaux immédiatement et à emprunter à cette fin les sommes nécessaires, qui seront mises à charge du district de Chilliwhack ; ces sommes constitueront, en cas d'entreprise d'autres travaux, une partie de la dépense totale et seront remboursées en conséquence ; dans le cas où ces autres travaux ne sont pas entrepris, les sommes seront levées par imposition sur les terrains avantagés, de la manière prévue par la « loi de drainage, d'endiguement et d'irri-

---

in the same manner as are the moneys expended, or to be expended, in the existing districts.

25. And whereas the works in the Schedule hereto set out in the first clause under the heading « Chilliwhack District » and consisting of the damming of Hope, Camp, Halfmoon, and Greyell Sloughs with the intervening dykes, have been found to be of urgent importance, and their immediate execution necessary :

Therefore, be it enacted that the Lieutenant-Governor in Council is hereby authorised to undertake the said works forthwith and to borrow the necessary moneys therefor, which said moneys shall be charged against the said Chilliwhack District, and shall, in the event of the other works being undertaken, form portion of the whole expenditure and be repaid accordingly, and in the event of such other works not being undertaken, be levied by assessment upon the lands benefited, in manner provided by the « Drainage,

gation ». Les dispositions de la loi s'appliqueront aux dits travaux.

26. Le Lieutenant-Gouverneur en Conseil pourra arrêter des règlements pour prévenir les délits et les dommages aux aux digues par des personnes ou des animaux, et pour le recouvrement sommaire, avec les frais,à charge de toute personne de la somme nécessaire pour réparer tout dommage causé par elle ou par un animal lui appartenant ; il pourra aussi stipuler des pénalités pour la sanction de ces règlements.

27. Le Lieutenant-Gouverneur en Conseil pourra de temps en temps arrêter des ordres et des règlements jugés nécessaires pour l'exécution des dispositions de la présente loi conformément à leur intention vraie et pour régler les détails nécessaires afin de placer les travaux sous le contrôle public et d'assurer leur exécution rapide.

Dyking, and Irrigation Act ». The provisions of this Act shall apply to the said works.

26. The Lieutenant-Governor in Council may make rules and regulations for the prevention of trespass upon or damage to the dykes by persons or animals, and for the summary recovery with costs from any person of the amount necessary to repair any damage done by him, or by an animal belonging to him, and may provide penalties to enforce such regulations.

27. The Lieutenant-Governor in Council may from time to time make such Orders or Regulations as are deemed necessary to carry out the provisions of this Act according to their true intent, and to arrange the necessary details of bringing the works under the public control and ensure their speedy execution.

ANNEXE.

District de Chilliwhack.

1. Le barrage de Hope, Camp, Halfmoon et Greyell Sloughs avec la digue à construire.

2. Une digue à partir de l'extrémité de la digue ci-dessus, le long de la rive du Fraser jusqu'à l'embouchure de Hope Sloughs, barrant les marécages traversés par la digue et ne laissant de côté qne les terrains qui exigeraient une trop grande dépense pour être améliorés.

3. Une digue sur Hope Slough, de l'embouchure jusqu'à un point de même niveau que la côte des hautes eaux de 1894, à l'embouchure du marécage.

4. Commençant à Chilliwhack Mountain, sur la rive méridionale de Hope Sloughs, et une digue le long de sa rive jusqu'au Fraser ; ensuite le long de la rive du Fraser jusqu'à Chilliwhack, puis le long du côté nord et est du

---

SCHEDULE.

Chilliwhack District.

1. The damming of Hope, Camp, Halfmoon, and Greyell Sloughs with the intervening dyke.

2. The running of a dyke from the end of the above dyke along the shore line of the Fraser to the mouth of Hope Slough damming such of the sloughs as are crossed on the line, and leaving out only such of the land as would necessitate too great expenditure to reclaim.

3. Running a dyke up Hope Slough from the mouth to a point of equal elevation to high water mark of 1894 at the mouth of the slough.

4. Commencing at Chilliwhack Mountain, on the south bank of Hope Slough, and running a dyke along its shore line to the Fra-

Chilliwhack jusqu'à un point de même niveau que la côte des hautes eaux de 1894, à l'embouchure du Chilliwhack.

5. Le placement d'une écluse à la rivière Semialt.

6. La modification du cours de l'Elk Creek, détournant cette rivière dans la Hope Sloughs par un écoulement plus rationnel et plus direct.

7. Une digue Chilliwhach Mountain, le long de la rive sud de Hope Sloughs, à un point de même niveau que la côte des hautes eaux de 1894, et, si c'est nécessaire, prolonger la digue jusqu'à la nouvelle coupure de l'Elk Creek.

8. Le barrage de l'ancien cours de l'Elk Creek au départ de la nouvelle coupure et à l'embouchure de l'ancien canal.

9. Le détournement des eaux du Jackman dans l'Elk Creek.

10. Le détournement, si possible, des eaux du Bailey

---

ser; thence along the shore line of the Fraser to the Chilliwhack; thence along the north and east side of the Chilliwhack to a point of equal elevation to the high water mark of 1894 at the mouth of the Chilliwhack.

5. The insertion of a gate at the Semialt River.

6. The altering of the course of Elk Creek, bringing that stream into Hope Slough by a more convenient and straighter course.

7. Running a dyke from Chilliwhack Mountain, along the south bank of Hope Slough, to a point of equal elevation with the high water mark of 1894, and, if necessary, continuing the dyke up the new cut of Elk Creek.

8. The damming of the old course of Elk Creek at the departure of the new cut, and at the mouth of the old channel.

9. The turning of the Jackman waters into Elk Creek.

10. The turning, if possible, of the Bailey waters into the Chilli-

dans le Chilliwahck et, si c'est nécessaire, approfondisse-
ment à cette fin d'une tranchée étroite dans le lit du Chilliwhack.

11. Tous les travaux se rattachant aux précédents.

District d'Agassiz.

Les travaux d'endiguement projetés ont pour objet
d'amender des terres dans le périmètre suivant: Commençant à un point où la limite orientale du lot 31, groupe I,
district de la Nouvelle Westminster, traverse la voie de
la *Canadian Pacific Railway Company* ; ensuite vers
le nord, le long du côté oriental de la même limite où elle
traverse la limite septentrionale de la moitié méridionale
de la section 34 ; puis à l'ouest le long du côté nord de la
dite moitié de la section 34 jusqu'à la limite occidentale
de la section 33 ; puis au sud, le long de la limite occidentale de la section 33 jusqu'à la droite de la voie de la
Canadian Pacific Railway Company ; enfin, à l'est, le

---

whack, and, if necessary, deepening a small cut in the bed of the
Chilliwhack to permit of the above.

11. All works incidental to any of the above.

Agassiz District.

The proposed Dyking Works are for the purpose of reclaiming
lands within the following area :—

Commencing at a point where the eastern boundary line of lot 31,
group 1, New Westminster District, intersects the track of the
Canadian Pacific Railway Company; thence north along the said
eastern boundary line and boundary line produced, when it intersects with the northern boundary line of the south half of section
34 ; thence west along the north side of the said south half of section
34 to the western boundary line of section 33 ; thence south along
the western boundary line of section 33 to the right of way of the
Canadian Pacific Railway Company; thence easterly along the

long du centre de la dite voie au point de départ ; tous ces terrains se trouvent dans le township 3, rangée 29, à l'ouest du 6ᵉ méridien.

District de Hatzic.

Il y a déjà eu une digue et un ensemble d'écluses dans ce district, la digue ayant consisté dans le remblai du C. P. R. On propose de reconstruire les écluses et de faire un remblai effectif, ainsi que d'acheter certaines obligations.

District de Surrey.

Il y a eu une digue le long de la rive de Mud Bay et sur la rivière de Micomekl avec un ensemble d'écluses dans la Serpentine River. Ces travaux ont été endommagés et rendus complétement sans usage. On propose de les réparer et de les reconstruire là où c'est nécessaire, en y plaçant de nouvelles écluses; on propose aussi de nettoyer le canal de la Serpentine.

---

centre of the said right of way to the point of commencement ; all the said lands being in township 3, range 29, west of sixth meridian.

Hatzic District.

There has already been a dyke and set of gates in Hatzic, the dyke having consisted of the C. P. R. embankment. It is proposed to reconstruct the gates and make an effective embankment ; also to purchase certain debentures.

Surrey District.

There has been a dyke along the shore line of Mud Bay and up the Nicomekl River, together with a set of gates in the Serpentine River. The above has been damaged and rendered completely useless. It is proposed to repair and rebuild, where necessary, the above, putting in new gates ; also cleaning out the channel of the Serpentine.

Loi de 1899 sur les Endiguements amendant celle de 1898.

CHAPITRE 23.

Loi amendant « la Loi sur les Digues publiques de 1898 ».

(27 février 1899.)

Sa Majesté, par et avec l'avis et le consentement de l'Assemblée législative de la province de la Colombie britannique, décrète ce qui suit :

1. La présente Loi peut être citée comme la « Loi de 1899 amendant la Loi sur les digues publiques de 1898 ».

Public Dyking Act (1898) Amendment Act 1899.

CHAPTER 23.

An Act to amend the « Public Dyking Act, 1898. »

(27th February, 1899.)

Her Majesty, by and with the advice and consent of the Legislative Assembly of the Province of British Columbia, enacts as follows :—

1. This Act may be cited as the « Public Dyking Act (1898) Amendment Act, 1899 ».

2. En vue des travaux d'endiguement autorisés par le chapitre 17 des statuts de 1898, toute parcelle de terre imposée et rendue responsable de la dépense de ces travaux d'endiguement, sera responsable pour toute la dépense en connexion avec le projet spécial pour lequel elle est imposée et rendue responsable. Dans le cas où, pour une raison quelconque, une taxe ou imposition établie sur une parcelle de terre pour ces travaux n'est pas recouvrée, le montant en sera imposé à la partie restante du terrain à laquelle se rapporte le projet.

3. L'article 23 du dit chapitre 17 est amendé par la présente loi en augmentant le montant pour Chilliwhack de cent trente et un mille dollars à cent cinquante-cinq mille dollars.

---

2. In connection with any dyking works authorised by chapter 17 of the Statutes of 1898, each parcel of land assessed and made liable for the expenditure for such dyking works shall be liable for the whole expenditure in connection with the particular scheme for which it is assessed and made liable. In case, for any reason, any rate or assessment imposed upon any parcel of land for such work is not collected, the amount thereof shall be assessed upon the remainder of the land affected by such scheme. Such additional assessment may be made for any year succeeding the year for which such parcel of land is in default.

3. Section 23 of said chapter 17 is hereby amended by increasing the amount for Chilliwhack from one hundred and thirty-one thousand dollars to one hundred and fifty-five thousand dollars.

Loi de 1900 sur les Endiguements amendant celle de 1898.

CHAPITRE 6.

Loi amendant la « Loi publique d'endiguement de 1898 ».

(31 août 1900.)

Considérant que par l'article 23 de la « Loi sur les digues publiques de 1898 », tel qu'il a été amendé par l'article 3 des statuts de 1899, le Lieutenant-Gouverneur en Conseil a été autorisé à emprunter une somme ne dépassant pas deux cent quarante-neuf mille dollars aux fins de construire certains travaux d'endiguement, pourvu

Public Dyking Act (1898) Amendment Act 1900.

CHAPTER 6.

An Act to amend the « Public Dyking Act, 1898. »

(*31st August, 1900.*)

Whereas by section 23 of the « Public Dyking Act, 1898, » as amended by section 3 of chapter 23 of the Statutes of 1899, the Lieutenant-Governor in Council was empowered to borrow a sum not exceeding two hundred and forty-nine thousand dollars for the purpose of constructing certain dyking works, provided that the

que la dépense des travaux dans chaque district ne
dépassât pas respectivement les sommes suivantes, savoir :

Chilliwhack . . . . 155,000 dollars.
Agassiz. . . . . 10,000 id.
Hatzic . . . . 50,000 id.
Surrey . . . . 27,000 id.
Nouveau district de Westminster
en général . . . . 7,000 id.

Considérant qu'il n'a été emprunté de cette somme de
deux cent quarante-neuf mille dollars que cent cinquante-
cinq mille dollars, parce que les travaux projetés pour
Agassiz, Hatzic, Surrey et dans le nouveau district de
Westminster en général n'ont pas été entamés ;

Considérant que la somme de nonante-quatre mille dollars, constituant le solde de celle de 249,000, est nécessaire pour l'amélioration et l'achèvement des travaux
d'endiguement à Coquitlam, Maple Ridge, Pitt Madows,

---

cost of the works in each district should not exceed the following
respective amounts, namely:—

Chilliwhack $155.000
Agassiz. 10,000
Hatzic 50,000
Surrey 27,000
New Westminster District, generally . 7,000

And whereas only one hundred and fifty-five thousand dollars of
said sum of two hundred and forty-nine thousand dollars has been
borrowed, as the proposed works at Agassiz, Hatzic, Surrey, and
in the New Westminster District generally, were not proceeded
with :

And whereas the sum of ninety-four thousand dollars, the balance
of said sum of two hundred and forty-nine thousand dollars, is
required for the improvement and completion of the dyking works

Matsqui et Chilliwhack autorisés par la dite « Loi d'endiguement de 1898 » et pour l'entretien et la réparation des ouvrages dans tous les districts ;

Sa Majesté, par et avec l'avis et le consentement de l'Assemblée législative de la province de la Colombie britannique, décrète ce qui suit :

1. Cette Loi peut être citée comme la « Loi de 1900 amendant la Loi sur les digues publiques de 1898 » .

2. La dite somme de nonante-quatre mille dollars pourra successivement être empruntée par le Lieutenant-Gouverneur en Conseil par l'émission d'obligations ou autrement, et pourra être affectée à l'amélioration et à l'achèvement, en tout ou en partie, des dits travaux à Coquitlam, Maple Ridge, Pitt-Madows, Matsqui et Chilliwhack et à l'entretien et à la réparation des travaux dans tous les districts.

---

at Coquitlam, Maple Ridge, Pitt Meadows, Matsqui and Chilliwhack, authorized by said « Public Dyking Act, 1898, » and for the maintenance and repair of the works in all the districts :

Therefore, Her Majesty, by and with the advice and consent of the Legislative Assembly of the Province of British Columbia, enacts as follows :—

1. This Act may be cited as the « Public Dyking Act, 1898, Amendment Act, 1900 ».

2. The said sum of ninety-four thousand dollars may, from time to time, be borrowed by the Lieutenant-Governor in Council by the sale of debentures or otherwise, and may be applied to the improvement and completion of the said works at Coquitlam, Maple Ridge, Pitt Meadows, Matsqui and Chilliwhack, or some or any of them, and to the maintenance and repair of the works in all the districts.

Loi de 1901 amendant la Loi sur les Drainages, les Endiguements et les Irrigations.

CHAPITRE 19.

Loi amendant la « Loi de drainage, d'endiguement et d'irrigation ».

(11 mai 1901.)

Sa Majesté, par et avec l'avis et le consentement de l'Assemblée législative de la province de la Colombie britannique, décrète ce qui suit :

1. La présente loi peut être citée comme la « Loi de 1901 amendant la Loi de drainage, d'endiguement et d'irrigation ».

Drainage, Dyking and Irrigation Act Amendment Act, 1901.

CHAPTER 19.

An Act to amend the « Drainage, Dyking and Irrigation Act.»

(*May 11th, 1901.*)

His Majesty, by and with the advice and consent of the Legislative Assembly of the Province of British Columbia, enacts as follows:—

1. This Act may be cited as the « Drainage, Dyking and Irrigation Act Amendment Act, 1901 ».

2. L'article 19 du chapitre 64 des statuts revisés de 1897, étant la « Loi de drainage, d'endiguement et d'irrigation», est amendée par le présent par l'adjonction après le mot «Loi», dans la neuvième ligne, des mots « un de ces arbitres à nommer par chacune des parties. »

3. L'article 40 du dit chapitre 64 est amendé par la présente par l'insertion après le mot « terrains » dans la seconde ligne, des mots « y compris les terrains, routes et autres travaux appartenant ou confiés à des municipalités constituées en corporations. »

4. La dite Loi est complétée comme suit par l'article 82 :

« 82. Lorsque les impositions levées en vertu des dispositions de la présente Loi ont été payées et après achèvement des travaux pour lesquels ces impositions ont été levées, il incombera aux commissaires du district de déposer, au bureau du Conservateur des titres *ad hoc*, dans le délai d'une année à partir de la date de l'achève-

---

2. Section 10 of chapter 64 of the Revised Statutes, 1807, being the « Drainage, Dyking and Irrigation Act», is hereby amended by adding after the word « Act », in the ninth line thereof, the words «one of such arbitrators to be appointed by each party».

3. Section 40 of said chapter 64 is hereby amended by inserting after the word «lands», in the second line thereof, the words « including lands, roads and other works belonging to or held in trust by Municipal Corporations ».

4. The following is hereby added to the said Act as section 82 :—

« 82. Where assessments levied under the provisions of this Act have been paid and the works for which such assessments were levied have been completed, it shall be the duty of the Commissioners for the district to deposit with the proper Registrar of Titles, within one year from the time of the completion of such works, a statement signed by the said Commissioners showing that such

ment des travaux, un rapport signé par eux portant que ces impositions ont été payées ; il incombera au dit conservateur de titres d'annuler les charges imposées aux terres dans ledit district à raison de ces impositions.

Les honoraires pour annulation de ces charges seront les mêmes que ceux pour une simple annulation.

---

assessments have been paid ; and it shall be the duty of the said Registrar of Titles to cancel the charges entered against the lands in the said district by reason of such assessments. The fee for cancelling such charges shall be the same as for a single cancellation.

Loi de 1901 confirmant les taxes d'endiguement.

CHAPITRE 20.

Loi confirmant certaines impositions d'endiguement.

(25 avril 1901.)

Considérant que par l'article 23 du chapitre 17 des statuts de 1898, tel qu'il est amendé par le chapitre 23 des statuts de 1899, le Lieutenant-Gouverneur en Conseil a été autorisé à emprunter, au fur et à mesure des besoins, une somme suffisante, mais ne dépassant pas 155,000 dollars, pour construire, entre autres ouvrages, les travaux dans le district d'endiguement de Chilliwhack, indiqués dans la cédule annexée à la première loi mentionnée ci-dessus ;

Dyking Assessments Confirmation Act, 1901.

CHAPTER 20.

An Act to confirm certain Dyking Assessments.

(*25th April, 1901.*)

Whereas by section 23 of chapter 17 of the Statutes of 1898, as amended by chapter 23 of the Statues of 1899, the Lieutenant-Governor in Council was authorised from time to time to borrow a sum sufficient to construct, amongst other works, the works in the Chilliwack Dyking District, set out in the Schedule to said first

Considérant que ces travaux dans le district d'endiguement de Chilliwhack ont été entrepris et que les dites
sommes empruntées par le Lieutenant-Gouverneur en
Conseil sont dépensées ou sont en voie d'être dépensées
pour les dits travaux ;

Considérant que les terres avantagées par l'exécution
des dits travaux ont été imposées pour les sommes dépensées et à dépenser, comme il est dit ci-dessus ;

Considérant qu'en vertu des dispositions de l'article 25
de la dite loi de 1898, le Lieutenant-Gouverneur en Conseil a entrepris immédiatement après la promulgation de
la loi, l'exécution du barrage de Hop, Camp, Halfmoon et
Greyell Houghs avec les digues y relatives, parce que ces
travaux présentaient un caractère d'urgence ;

Considérant que l'exécution du restant des travaux dans
le district précité de Chilliwhack a dû être entamée avant
d'avoir obtenu l'approbation de la majorité en intérêts et

---

mentioned Act, not exceeding the sum of one hundred and fifty-five
thousand dollars :

And whereas the said works in the Chilliwack Dyking District
have been undertaken and the said moneys have been borrowed by
the Lieutenant-Governor in Council, and have been expended or
are being expended on said works :

And whereas the lands to be benefited by the execution of the
said works have been assessed for the moneys expended and to be
expended as aforesaid :

And whereas under the provisions of section 25 of said Act of
1898, the damming of Hope, Camp, Halfmoon and Greyell Sloughs
with the intervening dykes, being found to be of immediate
importance, was undertaken by the Lieutenant-Governor in
Council forthwith after the passing of the Act :

And whereas the construction of the remainder of said works in

19

en nombre des propriétaires fonciers dans le dit district, comme il est prévu à cette fin par la loi ;

Considérant que l'approbation des dits propriétaires a été obtenue après l'exécution des travaux ;

Considérant qu'il importe de confirmer et de rendre légales les dites impositions sous tous les rapports :

Sa Majesté, par et avec l'avis et le consentement de l'Assemblée législative de la province de la Colombie bri-tannique, décrète ce qui suit :

1. La présente loi peut être citée comme la « loi de 1901 confirmant les impositions pour endiguement ».

2. L'approbation actuellement donnée par la majorité en intérêts et en nombre des propriétaires dans le district d'endiguement de Chilliwhack pour l'exécution des dits travaux sera tenue comme une approbation suffisante de ceux-ci pour toutes les fins de la « loi de drainage, d'en-

---

the said Chilliwack Dyking District had to be commenced before obtaining the approval of the majority in interest and number of the proprietors of land in said district, as provided by the Act in that behalf :

And whereas the approval of said proprietors was subsequently obtained to the prosecution of all of said works :

And whereas it is expedient to confirm and legalize the said assessments in all respects :

Therefore, His Majesty, by and with the advice and consent of the Legislative Assembly of the Province of British Columbia, enacts as follows :—

1. This Act may be cited as the « Dyking Assessment Confirmation Act, 1901 ».

2. The approval actually given by the majority in interest and number of the proprietors within the said Chilliwack Dyking District, to the prosecution of all of said works. shall be deemed to

diguement et d'irrigation » formant le chapitre 64 des statuts revisés de 1897 et des lois mentionnées ci-dessus.

3. Tous les plans, mémoranda, impositions et rôles d'impositions arrêtés, préparés, revisés ou employés et toutes les taxes levées aux fins de recouvrer les sommes dépensées pour les dits travaux sont légalisés, confirmés et déclarés légaux, valables et obligatoires à toutes fins, comme si les dits plans, mémoranda, impositions avaient été arrêtés, préparés, revisés et rendus authentiques conformément aux différentes dispositions statuaires, exigences et autorités qui en dérivent.

---

be a sufficient approval of said works for all the purposes of the « Drainage, Dyking and Irrigation Act,» being chapter 64 of the Revised Statutes, 1897, and of the Acts above mentioned.

3. All the several plans, memoranda, assessments and assessment rolls made, prepared, revised or used, and all rates levied for the purpose of levying, collecting or raising the amounts expended upon the said works are hereby legalized and confirmed and declared to be legal, valid and binding, as fully to all intents and purposes as if the said plans, memoranda, assessments and assessment rolls had been made, prepared, revised and authenticated with strict regard to and in accordance with the various statutory provisions, requirements and powers relevant thereto.

Loi de 1902 amendant la loi de 1898 sur les endiguements.

GHAPITRE 19.

Loi amendant la « loi sur les digues publiques de 1898 ».

(22 avril 1902.)

Considérant que par l'article 3 du chapitre 23 des statuts de 1899, l'article 23 du chapitre 17 des statuts de 1898 a été amendé en augmentant le montant pour la digue de Chilliwhack de 131,000 dollars à 155,000 dollars ;

Considérant qu'il a été prouvé qu'une somme supplémentaire est requise pour compléter les travaux d'une manière efficace et pour protéger immédiatement la rive du Fraser en deux endroits contre les affouillements de la

Public Dyking Act Amendment Act, 1902.

CHAPTER 19.

An Act to amend the « Public Dyking Act, 1898.

(*22nd April, 1902.*)

Whereas by section 3 of chapter 23 of the Statutes of 1800 section 23 of chapter 17 of the Statutes of 1898 was amended by increasing the amount for Chilliwack Dyke from one hundred and thirty-one thousand dollars to one hundred and fifty-five thousand dollars :

And whereas it has been ascertained that an additional amount is required to complete the works in an efficient and proper manner and to immediately protect the bank of the Fraser River at two

rivière, les dits affouillements mettant en péril la solidité de la digue et la sécurité des terrains et autres propriétés des occupants et autres propriétaires de terrain ;

Considérant qu'il importe de confirmer et de rendre légales les dépenses faites jusqu'à présent et les dépenses ultérieures jusqu'à concurrence du montant mentionné ci-après ;

Pour ces motifs, Sa Majesté, par et avec l'avis et le consentement de l'Assemblée législative de la province de la Colombie britannique décrète ce qui suit :

1. La présente loi peut être citée comme la « loi de 1902 amendant la loi d'endiguement public de 1898 ».

2. L'article 23 du dit chapitre 17 des statuts de 1898 et l'article 3 du chapitre 23 des statuts de 1899 sont amendés par le présent en majorant le montant pour la digue de Chilliwhack jusqu'à concurrence de deux cent soixante-cinq mille dollars.

---

points from further encroachment of the river, the said encroachments imperilling the safety of the dyke and adjacent lands and other properties of the occupiers and other owners of the land :

And whereas it is expedient to confirm and legalise the expenditures up to this time and further expenditures up to the amount hereinafter mentioned :

Therefore, His Majesty, by and with the advice and consent of the Legislative Assembly of the Province of British Columbia, enacts as follows :—

1. This Act may be cited as the « Public Dyking Act (1898) Amendment Act, 1902 ».

2. Section 23 of said chapter 17 of the Statutes of 1898, and section 3 of chapter 23 of the Statutes of 1800, are hereby amended by increasing the amount for Chilliwack Dyke to a total of two hundred and sixty-five thousand dollars.

ÉTATS-UNIS DE L'AMÉRIQUE DU NORD.

Etats-Unis de l'Amérique du Nord.

Note préliminaire à la publication des documents relatifs aux irrigations dans les Etats-Unis de l'Amérique du Nord.

PAR

M. R. A. Van SANDICK.

Les textes législatifs qui suivent serviront à compléter les rapports publiés par l'Institut Colonial International dans le compte rendu de la session de Rome en 1905, c'est-à-dire le rapport de M.-O. P. Austin sur « les irrigations aux Etats-Unis d'Amérique et aux Iles Hawaï (1) et la dernière partie du discours de M. R. A. Van Sandick, prononcé le 25 avril 1905 sur « les irrigations dans l'Ouest des Etats-Unis d'Amérique; législation » (2).

L'auteur de ce dernier rapport a tâché de donner quelques notions sommaires sur le côté législatif des questions d'irrigation.

Pour faciliter l'étude des textes sans avoir nécessairement besoin de consulter chaque fois les rapports précédents, il est utile de rappeler que dans le territoire de l'Union il y a deux pouvoirs : 1º le Gouvernement fédéral ou national et 2º celui de l'Etat. Ces deux pouvoirs ont fait des lois sur les mêmes matières. Dans chaque Etat ou

---

(1) Compte rendu de la session de Rome, p. 431,
(2) Idem p. 130.

Territoire de la Grande République, il y a donc deux systèmes de législation, d'un ordre différent, sur l'usage de l'eau : 1° la législation fédérale ou nationale, ayant un caractère général et 2° la législation de l'Etat, souvent très compliquée et peu explicite.

Les lois fédérales ou nationales sont peu nombreuses. En principe, le législateur a, dès 1866, abandonné à la compétence de chaque Etat le soin de légiférer sur les irrigations comme sur les mines, sauf quelques exceptions ayant rapport aux terres vacantes et aux domaines nationaux, et qui sont indiquées plus loin.

La loi nationale sur les défrichements (National Reclamation law) inaugure en 1902 une ère nouvelle.

Cette loi, dont nous donnons le texte plus loin, a été examinée dans le rapport publié précédemment (1).

Nous publions, comme complément de ce tableau de la législation nationale, les statuts de la première association hydraulique ou société d'irrigation, créée en vertu de la loi sur les défrichements, la *Salt River Valley Water Users' Association.*

Quant à la législation sur les irrigations dans les différents Etats, nous avons préféré donner une idée exacte des lois et règlements sur l'usage de l'eau dans un Etat, plutôt que de publier une série de lois dans des Etats différents. Mais, en acceptant cette méthode, il fallait nécessairement choisir un Etat dont la législation pût servir de type. Nous avons donné la préférence à l'Etat de Wyoming, qui a le rare avantage de posséder une codification complète de ses lois, composée par M. Johnston, ingénieur de cet Etat. Nous rappelons (2) que les bases des lois

---

(1) Compte rendu de la session de Rome, p. 135 et suivantes.
(2)   Idem   idem   p. 136,

de Wyoming peuvent être utilement comparées à celles du Canada.

Les droits des riverains (riparian rights) sont abolis. Le Gouvernement se déclare propriétaire de l'eau, non seulement des rivières navigables et flottables, mais de toute eau naturelle, et le Gouvernement a abandonné à des commissaires d'Etat le règlement, le contrôle, la répartition et l'attribution de l'eau.

LEGISLATION NATIONALE.

Droits sur l'usage de l'eau. Article 2339 et 2340 des Statuts Revisés des États-Unis.

La législation nationale n'a reconnu qu'en 1866 la condition particulière de la zone aride, quant à l'usage de l'eau pour l'agriculture. Le principe de la priorité d'appropriation de l'eau, autant qu'elle était admise ordinairement à cette époque, séparé du droit commun en vigueur en Amérique, c'est-à-dire des droits riverains (riperian rights) est reconnu par le Congrès dans l'article 9 de la loi du 26 juillet 1866 (Stat. L. vol. 14, p. 253), plus tard incorporé dans les Statuts Revisés des Etats-Unis (Revised Statutes of the United States) comme article 2339. Cet article se trouvait dans une loi générale, ayant rapport aux régions minières de l'Ouest. La nécessité de légiférer s'imposait alors par suite du développement de l'industrie minière dans l'Ouest, qui entraîna l'emploi de l'eau par les Mexicains par le procédé du *hydraulic mining*, tandis que l'usage de l'eau pour les irrigations existait déjà de longue date.

Dans les premiers temps, les dispositions de cet article ne furent appliquées qu'à l'industrie minière, mais leur application à l'agriculture se répandit bientôt et, après les décisions de la Haute Cour des Etats-Unis (United States Supreme Court), les prescriptions de cet article ont été considérées comme reconnaissant légalement le droit civil commun, qui est coutumier dans l'Ouest, comme s'étant

manifesté par les lois locales, les coutumes et les sentences des Cours de justice.

Le texte de cet article est ainsi conçu :

ARTICLE 2339.

Lorsque, par suite de la priorité de possession, des droits à l'usage de l'eau ont été acquis et accordés en vue d'exploiter des mines ou des manufactures, dans un intérêt agricole ou à d'autres fins et que ces droits sont reconnus par les coutumes locales, par les lois et par les arrêts des tribunaux, le maintien en est garanti à leurs possesseurs et propriétaires ; quant au droit de passage pour la construction de fossés et de canaux aux fins indiquées dans la présente loi, il est reconnu et confirmé. Toutefois, lorsqu'à l'occasion de la construction d'un fossé ou d'un canal, il est porté préjudice à la possession d'un colon sur le domaine public, celui qui aura causé le dommage en sera responsable vis-à-vis de celui qui l'a subi.

SECTION 2330.

Whenever, by priority of possession, rights to the use of water for mining, agricultural, manufacturing, or other purposes have vested and accrued, and the same are recognized and acknowledged by the local customs, laws, and the decisions of courts, the possessors and owners of such vested rights shall be maintained and protected in the same ; and the right of way for the construction of ditches and canals for the purposes herein specified is acknowledged and confirmed ; but whenever any person, in the construction of any ditch or canal, injures or damages the possession of any settler on the public domain, the party committing such injury or damage shall be liable to the party injured for such injury or damage.

La loi fut amendée par l'art. 17 de la loi du 9 juillet 1870 (Stat. L. vol. 17, p. 218) actuellement incorporé comme l'article 2340 des Statuts Revisés.

Cet article prévoit et autorise la réserve de tous les droits, qui sont reconnus dans les licences pour l'établissement d'un colon sur des terres domaniales.

Cet article dit :

ARTICLE 2340.

Tout titre octroyé, toute préemption ou toute concession gratuite (*homestead*) accordée seront subordonnés aux droits à l'usage de l'eau acquis et accordés, ou aux droits à des fossés et réservoirs dont il est fait usage pour l'exercice de ces droits à l'eau qui pourraient avoir été acquis en vertu de l'article précédent ou reconnus par celui-ci.

LOI de 1877 sur les terres vacantes (Desert land Act).

En 1875 une loi spéciale du Congrès régla la vente des terres vacantes, arides, non cultivées, appartenant au domaine national et situées dans le Comté de Lassen

---

SECTION 2340.

All patents granted, or preemption or homesteads allowed, shall be subject to any vested and accrued water rights, or rights to ditches and reservoirs used in connection with such water rights, as may have been acquired under or recognized by the preceding section.

An ACT to provide for the sale of desert lands in certain States and Territories.

Be it enacted by the Senate and House of Representatives of the United States of America in Congress assembled, That it shall be

dans l'État de Californie. Cette loi, qui imposait au colon d'irriguer et de défricher ses terres et qui était seulement applicable à un Comté de l'État de Californie, montra le chemin au législateur pour faire deux ans après une loi générale pour la zone aride.

Le texte de cette loi du 3 mars 1877 (Etat L. vol. 19, p. 377), est ainsi conçu :

LOI relative à la vente de terrains incultes dans certains Etats et Territoires.

Il est décrété ce qui suit par le Sénat et la Chambre des Représentants des Etats-Unis d'Amérique réunis en Congrès :

Tout citoyen des États-Unis, ou toute personne ayant l'âge voulu et se trouvant dans les conditions voulues pour en devenir citoyen qui a fait une déclaration à cette fin peut, après payement de vingt-cinq cents par acre, déposer une déclaration sous serment chez le greffier et le receveur du district foncier où sont situés les terrains incultes, portant qu'il a l'intention de défricher dans les

---

lawful for any citizen of the United States, or any person of requisite age « who may be entitled to become a citizen, and who has filed his declaration to become such, » and upon payment of twinty-five cents per acre, to file a declaration under oath with the register and the receiver of the land district in which any desert land is situated, that he intends to reclaim a tract of desert land, not exceeding one section, by conducting water upon the same within the period of three years thereafter: *Provided however* That the right to the use of water by the person so conducting the same, on or to any tract of desert land of six hundred and forty acres shall depend upon boha fide prior appropriation ; and such right shall not exceed the amount of water actually appropriated and neces-

trois années, en recourant à l'irrigation, un lot de terrain inculte ne dépassant pas une section.

Il est entendu cependant que le droit à l'usage de l'eau par la personne qui la conduit sur un lot de terrain inculte de six cent quarante acres sera subordonné à une appropriation antérieure de bonne foi ; ce droit ne pourra pas dépasser la quantité d'eau effectivement appropriée et nécessairement employée pour l'irrigation et le défrichement ; quant à l'eau dépassant la quantité appropriée et employée effectivement, elle restera disponible, moyennant les droits existants, pour l'appropriation et l'usage du public pour l'irrigation, l'exploitation des mines et manufactures. Il en sera de même pour l'eau des lacs, rivières et autres sources d'approvisionnements d'eau non navigables. La dite déclaration contiendra la description exacte de la dite section de terrain, si elle est cadastrée ; dans la négative, il en sera donné une description aussi exacte que possible. Pendant la période de trois ans après le dépôt de la déclaration, un titre sera accordé au déclarant après que celui-ci aura fourni au greffier et au rece-

---

sarily used for the purpose of irrigation and reclamation ; and all surplus water over and above such actual appropriation and use, together with the water of all lakes, rivers, and other sources of water supply upon the publics lands, and not navigable, shall remain and be held free for the appropriation and use of the public for irrigation, mining, and manufacturing purposes subject to existing rights. Said declaration shall describe particularly said section of land if surveyed, and if unsurveyed shall describe the same as possible without a survey, At any time within the period of three years after filing said declaration, upon making satisfactory proof to the register and receiver of the reclamation of said tract of land in the manner aforesaid, and upon the payement to the receiver of the additional sum of one dollar per acre for a tract of land not exceeding six hundred and forty acres to any one per-

veur une preuve suffisante du défrichement du lot de terrain de la manière susdite et payé au receveur la somme
supplémentaire d'un dollar par acre pour un lot ne dépassant pas six cent quarante acres par personne.

Personne ne pourra occuper plus d'un lot de terrain ni
dépasser six cent quarante acres qui seront d'un seul
tenant.

Article 2.

A l'exception des terrains où se trouve du bois de charpente et des terrains miniers, tous ceux qui ne produi-
raient aucune récolte agricole sans irrigation seront
censés être des terrains incultes au sens de la présente
loi ; cette qualité sera certifiée sous serment par la preuve
de deux ou plusieurs témoins dignes de foi, dont les attestations seront déposées à l'administration foncière où est
située le lot de terrain dont il s'agit.

Article 3.

La présentes loi ne sera appliquée et exécutée que dans

---

son, a patent for the same shall be issued to him : *Provided,* That
no person shall be permitted to enter more than one tract of land,
and not to exceed six hundred and forty acres, which shall be in
compact form.

Section 2.

That all lands exclusive of timber lands and mineral lands which
will not, without irrigation, produce some agricultural crop, shall
be deemed desert lands within the meaning of this act, which fact
shall be ascertained by proof of two or more credible witnesses
under oath, whose affidavits shall be filed in the land-office in
which said tract of land may be situated.

Section 3.

That this act shall only apply to and take effect in the States

les Etats de Californie, Oregon et Nevada et dans les territoires de Washington, Adaho, Montana, Utah, Wyoming, Arizona, Nouveau-Mexique et Dakota.

La détermination de ce qui peut être considéré comme terrain inculte sera subordonnée à la décision et au règlement du Commissaire de l'Administration foncière générale.

S'il est évident que cette loi ne contient pas le principe que l'eau employée pour l'irrigation appartiendra à la propriété de la terre sur laquelle elle a été employée, on trouve cependant dans les considérants de la loi que le défrichement de la terre au moyen de l'irrigation, se fera d'après les dispositions de la loi, avec licence autorisant l'établissement sur une terre nationale vacante (1).

Amendement de 1891 à la loi de 1877 sur les terres vacantes.

Article 2 de la loi de 3 mars 1891 (Stat. L. vol. 26, p. 1095).

Modification de la loi sur les terrains incultes.

ARTICLE 2.

La loi relative à la vente de terrains incultes dans cer-

(1) Voir compte rendu de la session de Rome, p. 131.

---

of California, Oregon, and Nevada, and the Territories of Washington, Idaho, Montana, Utah, Wyoming, Arizona, New Mexico, and Dakota, and the determination of what may be considered desert land shall be subject to the decision and regulation of the Commissioner of the General Land Office.

Modification of desert-Land Law.

SECTION 2.

That an act to provide for the sale of desert lands in certain States

tains Etats et territoires, approuvée le trois mars mil
huit cent septante-sept, est amendée par l'addition des
articles suivants :

ARTICLE 4.

Au moment du dépôt de la déclaration dont il est question
ci-dessus, le déclarant déposera également un plan du dit
terrain ; ce plan indiquera le projet de l'irrigation poursuivie de façon à pouvoir irriguer et défricher complètement le dit terrain et à le préparer à la production de
récoltes agricoles ordinaires ; il indiquera aussi la source
de l'eau à employer pour l'irrigation et le défrichement.
Les personnes prenant possession ou se proposant d'occuper des sections séparées ou des parties de sections de
terrains incultes peuvent s'associer en vue de la construction de canaux et de fossés pour irriguer et défricher
tous les lots ; dans ce cas, elles peuvent déposer un plan
d'ensemble ou des plans indiquant leur projet d'améliorations.

ARTICLE 5.

Aucun terrain ne sera concédé définitivement à une
personne en vertu de la présente loi, à moins qu'elle ou
ses ayants cause n'aient dépensé, de la manière suivante,

---

and Territories, approved March third, eighteen hundred and
seventyseven, is hereby amended by adding thereto the following
sections :

SECTION 4.

That at the time of filing the declaration hereinbefore required
the party shall also file a map of said land, which shall exhibit a
plan showing the mode of contemplated irrigation, and which plan
shall be sufficient to thoroughly irrigate and reclaim said land, and
prepare it to raise ordinary agricultural crops, and shall also show

au moins trois dollars par acre de tout le lot défriché et
concédé, à l'irrigation, au défrichement ou à la culture
nécessaire au moyen de canaux principaux et d'embran-
chements, aux améliorations constantes du terrain et à
l'acquisition de droits à l'eau pour l'irrigation. Dans l'année suivant la prise de possession du lot de terrain inculte,
l'occupant dépensera au moins un dollar par acre aux fins
précitées ; il dépensera de la même manière un dollar par
acre pendant la seconde et pendant la troisième année
jusqu'à ce que la somme de trois dollars par acre soit
atteinte. Le dit occupant fournira au greffier, au cours de
chaque année, au moyen d'attestations de deux ou plusieurs témoins dignes de foi, la preuve qu'une somme d'un
dollar par acre a été dépensée pendant l'année aux améliorations nécessaires et il fera connaître la façon dont la
somme a été dépensée ; à l'expiration de la troisième

---

the source of the water to be used for irrigation and reclamation.
Persons entering or proposing to enter separate sections, or frac-
tional parts of sections, of desert lands may associate together in
the construction of canals and ditches for irrigating and reclaiming
all of said tracts, and may file a joint map or maps showing their
plan of internal improvements.

Section 5.

That no lands shall be patented to any person under this act
unless he or his assignors shall have expended in the necessary
irrigation, reclamation, and cultivation thereof, by means of main
canals and branch ditches, and in permanent improvements upon
the land, and in the purchase of water rights for the irrigation of
the same, at least three dollars per acre of whole tract reclaimed
and patented in the manner following : Within one year after
making entry for such tract of desert land as aforesaid, the party
so entering shall expend not less than one dollar per acre for the
purposes aforesaid ; and he shall in like manner expend the sum

année, il déposera un plan indiquant le caractère et l'étendue des améliorations.

Dans le cas où un demandeur ne produirait pas l'attestation prescrite pendant l'une des trois années, les terrains retourneront aux Etats-Unis, qui confisqueront les
vingt-cinq cents payés d'avance et la prise de possession
sera annulée. Aucune disposition de la présente loi
n'empêchera un demandeur d'entrer définitivement en
possession et de recevoir son titre à une date plus rappro-
chée que celle prescrite ci-dessus, à la condition de faire
la preuve requise du défrichement jusqu'à concurrence de
trois dollars par acre ; il est de plus exigé la preuve de la
mise en culture du huitième du terrain.

Article 6.

La présente loi ne portera pas atteinte aux droits vala-

---

of one dollar per acre during the second and also during the third
year thereafter, until the full sum of three dollars per acre is so
expended. Said party shall file during each year with the register,
proof, by the affidavits of two or more credible witnesses, that the
full sum of one dollar per acre has been expended in such necessary improvements during such year, and the manner in which
expended, and at the expiration of the third year a map or plan
showing the character and extent of such improvement. If any party
who has made such application shall fail during any year to file the
testimony aforesaid, the lands shall revert to the United States,
an the twenty-five cents advanced payment shall be forfeited to
the United States, and the entry shall be cancelled. Nothing herein
contained shall prevent a claimant from making his final entry and
receiving his patent at an earlier date than hereinbefore prescribed,
provided thaf he then makes the required proof of reclamation to
the aggregate extent of three dollars per acre: *Provided*, That
proof be further required of the cultivation of one-eighth of the
land.

bles acquis antérieurement en vertu de la loi du 3 mars
mil huit cent septante-sept, mais tous les droits qui antérieurement ont pris légalement naissance de bonne foi,
peuvent être complétés, à la condition de se conformer
entièrement aux dispositions de la loi précitée, de la même
manière, dans les mêmes conditions et termes et moyennant les mêmes limitations, confiscations et contestations
que si la présente loi n'avait pas été passée ; d'autre part,
ces droits peuvent, au choix du demandeur, être complétés et fixés en vertu des dispositions de la dite loi, telle
qu'elle est amendée par la présente, dans les limites où
elle est applicable ; toutes les lois ou parties de lois contraires à la présente sont abrogées par celle-ci.

ARTICLE 7.

En tout temps, après le dépôt de la déclaration et dans
un délai ultérieur de quatre ans, un titre sera délivré au
demandeur ou à ses ayants cause après avoir fourni au

SECTION 6.

That this act shall not affect any valid rights heretofore accrued
under said act of March third, eighteen hundred and seventyseven, but all bona fide claims heretofore lawfully initiated may
be perfected, upon due compliance with the provisions of said act,
in the same manner, upon the same terms and conditions, and
subject to the same limitations, forfeitures, and contests as if this
act had not been passed ; or said claims, at the option of the claimant,
may be perfected and patented under the provisions of said act,
as amended by this act, so far as applicable ; and all acts and parts
of acts in conflict with this act are hereby repealed.

SECTION 7.

That at any time after filing the declaration, and within the
period of four years thereafter, upon making satisfactory proof

greffier et au receveur la preuve suffisante du défrichement et de la mise en valeur du terrain jusqu'à concurrence de l'étendue et des dépenses indiquées ci-dessus et
dûment d'accord avec les plans prescrits, qu'il est citoyen
des Etats-Unis, et après avoir payé au receveur la somme
supplémentaire d'un dollar par acre pour le dit terrain ;
toutefois, aucune personne ou association de personnes
ne pourra détenir, par transfert ou autrement, avant la
délivrance du titre, plus de trois cent vingt acres de terrain inculte ; le présent article ne s'appliquera cependant
pas aux prises de possession réalisées ou commencées avant
l'approbation de la présente loi. Il est entendu, toutefois,
que des preuves supplémentaires peuvent être exigées en
tout temps pendant la période prescrite par la loi, et que
les demandes ou prises de possession faites en vertu de la
présente ou de toute autre loi antérieure seront soumises à
contestation conformément à la loi relative au *homestead*,
pour commencement illégale, abandon ou défaut de se conformer aux exigences de la loi ; elles seront annulées après

---

to the register and the receiver of the reclamation and cultivation
of said land to the extent and cost and in the manner aforesaid,
and substantially in accordance with the plans herein provided for,
and that he or she is a citizen of the United States, and upon
payment to the receiver of the additional sum of one dollar per
acre for said land, a patent shall issue therefore to the applicant or
his assigns; but no person or association of persons shall hold, by
assignment or otherwise prior to the issue of patent, more than
three hundred and twenty acres of such arid or desert lands ; but
this section shall not apply to entries made or initiated prior to
the approval of this act : *Provided, however,* That additional
proofs may be required at any time within the period prescribed
by law, and that the claims or entries made under this or any
preceding act shall be subject to contest, as provided by the law
relating to homestead cases, for illegal inception, abandonment,

la production de la preuve suffisante et les terrains et les sommes payées seront confisqués par les Etats-Unis.

ARTICLE 8.

Les dispositions de la loi amendée, ainsi que la présente seront appliquées et mises en vigueur dans l'Etat de Colorado, comme dans les Etats mentionnés dans la loi originale ; personne n'aura le droit de prendre possession de terrain inculte, à moins d'être citoyen résidant dans l'Etat ou le territoire où est situé le terrain dont on cherche à prendre possession.

Loi de 1894, dite loi Carey (Carey Act).

L'article 4 de la loi du 18 août 1894 (Stat. L. vol. 28, p. 372-422) sur les provisions pour différentes dépenses civiles du Gouvernement, est connu sous le nom de « loi de Carey ». (Carey Act). Dans cette loi le gouvernement national fait une dotation d'un million d'acres de terres nationales vacantes comme maximum à chacun des Etats dans la zone aride, pourvu que ces terres soient irriguées et défrichées.

---

or failure to comply with the requirements of law, and upon satisfactory proof thereof shall be cancelled, and the lands and moneys paid therefor shall be forfeited to the United States.

SECTION 8.

That the provisions of the act to which this is an amendment, and the amendments thereto, shall apply to and be in force in the State of Colorado, as well as the States named in the original act : aed no person shall be entitled to make entry of desert land except he be a resident citizen of the State or Territory in which the land sough to be entered is located.

L'article 4, ou la loi Carey dit :

ARTICLE 4.

Pour aider les Etats où il y a des terres vacantes au défrichement de leurs terrains incultes, à la colonisation, à la
mise en valeur et à la vente de parcelles aux colons, la
présente loi autorise le Secrétaire de l'Intérieur, moyennant l'approbation du Président et sur requête de l'Etat,
à passer de temps à autre des contrats avec chacun des
Etats où se trouvent des terrains incultes, tels qu'ils sont
définis dans la loi intitulée : « Loi relative à la vente de
terrains incultes dans certains Etats et territoires »,
approuvée le trois mars mil huit cent septante-sept et dans
la loi d'amendement approuvée le trois mars mil huit
cent nonante-un, obligeant les Etats-Unis de donner, oc-
troyer et concéder à l'Etat, gratuitement et sans frais
pour mesurage, des terrains incultes, jusqu'à concurrence
d'une superficie ne dépassant pas 1,000,000 d'acres dans
chaque Etat, et dont celui-ci ordonnerait l'irrigation, le
défrichement et l'occupation, et jusqu'à concurrence de
20 acres au moins de chaque parcelle de 160 acres culti-
vée par des colons, dans les dix années après la passation

SECTION 4.

That to aid the public-land States in the reclamation of the desert
lands therein, and the settlement, cultivation, and sale thereof in
small tracts to actual settlers, the Secretary of the Interior, with
the approval of the President, be, and hereby is, authorized and
empowered, upon proper application of the State to contract and
agree, from time of time, with each of the States in which there
may be situated desert lands as defined by the act entitled « An
act to provide for the sale of desert land in certain States and Territories », approved March third, eigtheen hundred and seventyseven, and the act amendatory thereof, approved March third,

de la présente loi, aussi complètement qu'on l'exige de citoyens qui en prendront possession en vertu de la dite loi sur les terrains incultes.

Avant de donner suite à la requête d'un Etat, avant l'exécution d'un contrat ou d'une convention ou avant qu'une distraction d'un terrain du domaine public ne soit ordonnée par le Secrétaire de l'Intérieur, l'Etat produira un plan du terrain dont l'irrigation est projetée ; ce plan indiquera le projet de l'irrigation poursuivie dressé de façon à permettre l'irrigation et le défrichement complets du terrain et sa préparation pour la production de récoltes agricoles ordinaires ; il indiquera aussi la source de l'eau à employer pour l'irrigation et le défrichement ; d'autre part, le Secrétaire de l'Intérieur peut arrêter les règlements nécessaires pour réserver les terrains demandés par l'Etat à partir de la date du dépôt du plan d'irrigation, mais cette réservation n'aura au un effet si le plan

---

eigtheen hundred and ninety-one, binding the United States to donate, grant, and patent to the State free of cost for survey or price such desert lands, not exceeding one million acres in each State, as the State may cause to be irrigated, reclaimed, occupied, and not less than twenty acres of each one hundred and sixty acres tract cultivated by actual settlers, within ten years next after the passage of this act, as toroughly as is required of citizens who may enter under the said desertland law.

Before the application of any State is allowed or any contract or agreement is executed or any segregation of any of the land from the public domain is ordered by the Secretary of the Interior, the State shall file a map of the said land proposed to be irrigated which shall exhibit a plan showing the mode of the con_templated irrigation and which plan shall be sufficient to toroughly irrigate and reclaim said land and to prepare it to raise ordinary agricultural crops, and shall also show the source of the water to be used for irrigation and reclamation, and the Secretary of the

et le projet d'irrigation ne sont pas approuvés. Tout Etat
contractant en vertu du présent article est autorisé à passer les conventions nécessaires pour ordonner le défrichement des dits terrains et pour en poursuivre l'occupation
et la mise en valeur conformément aux dispositions du
présent article ; toutefois, l'Etat ne pourra pas louer l'un
ou l'autre des dits terrains ou en user et disposer d'une
manière quelconque, si ce n'est pour en assurer le défrichement, l'irrigation, la mise en valeur et l'occupation.

Aussitôt que l'Etat peut fournir la preuve satisfaisante,
conformément aux règles et règlements prescrits par le
Secrétaire de l'Intérieur, que certains terrains sont irrigués, défrichés et occupés par des colons, des titres lui
seront délivrés ou à ses ayants cause pour les terrains
défrichés et occupés ; il est entendu que les Etats ne pourront vendre ou disposer de plus de 160 acres de ces
terrains pour une seule personne et que tout excédent de

Interior may make necessary regulations for the reservation of
the lands applied for by the State to date from the date of the
filing of the map and plan of irrigation, but sud reservation shall
be of no force whatever if such map and plan of irrigation shall
not be approved. That any State contracting under this section is
hereby authorized to make all necessary contracts to cause the
said lands to be reclamaid, and to induce their settlement and
cultivation in accordance with and subject to the provisions of this
section ; but the State shall not be authorized to lease any of said
lands or to use or dispose of the same in any way whatever
except to secure their reclamation, cultivation, and settlement.

As fast as any State may furnish satisfactory proof, according
to such rules and regulations as may be prescribed by the Secretary of the Interior, that any of said lands are irrigated, reclmai-
med and occupied by actual settlers, patents shall be issued to the
State or its assigns for said lands so reclaimed and settled : *Provided,* That said States shall not sell or dispose of more than one

la somme touchée par un Etat sur la vente de ces terrains
au delà des frais de leur défrichement constituera un fonds
de garantie pour être appliqué au défrichement d'autres
terrains incultes dans cet Etat.

Amendement de 1896 à la loi Carey de 1894.

La loi de Carey fut amendée par la loi du 11 juin 1896
(Stat. L. vol. 29, p. 434), qui autorise les Etats à créer
dans les termes suivants une hypothèque sur les terres
réservées dans le but de les défricher ;

En vertu de toute loi sur le défrichement de terrains
incultes décrétée antérieurement ou à passer ultérieurement par tout Etat, conformément aux termes de la concession faite dans l'article 4 de la loi intitulée : « Loi
relative aux appropriations pour les diverses dépenses
civiles du Gouvernement pendant l'année fiscale finissant
le trente et un juin mil-huit cent nonante-cinq »,approuvée
le dix-huit août mil-huit cent nonante-quatre, l'Etat auquel les terrains sont concédés est autorisé, à l'exclusion

---

hundred and sixty acres of said lands to any one person, and any
surplus of money derived by any State from the sale of said lands
in excess of the cost of their reclamation shall be held as a trust
fund for and be applied to the relamation of other desert lands in
such State.

That under any law heretofore or hereafter enacted by any
State, providing for the reclamation of arid lands, in persuance
and acceptance of the terms of the grant made in section four an
act entitled. « An act making appropriations for the sundry civil
expenses of the Government for the fiscal year ending June thirtieth, eighteen hundred and ninety-five, » approved August eighteenth, eighteen hundred and ninety-four, a lien or liens is hereby

de toute autre autorité, à prendre une ou plusieurs inscriptions hypothécaires ; ces inscriptions seront prises sur
les subdivisions légales séparées du terrain défriché et
garantiront les frais réels et les dépenses de défrichement nécessaires, ainsi qu'un intérêt raisonnable, à partir
de la date du défrichement jusqu'au moment où les colons
disposent des terrains ; lorsqu'un approvisionnement suffisant d'eau est réellement fourni par un fossé ou canal
convenable, ou par des puits artésiens ou réservoirs, pour
défricher une partie ou des parties déterminées de ces
terrains, des titres en seront délivrés à l'Etat intéressé
sans avoir égard à l'occupation ou à la mise en valeur. Il
est entendu que dans aucun cas ni dans aucune circons-
tance les Etats-Unis ne seront en aucune manière directement ou indirectement responsables pour un montant
quelconque de cette hypothèque ou de cette responsabilité
en tout ou en partie.

Amendement de 1901 à la loi Carey de 1894.

La loi du 3 mars 1901 (Stat. L. vol. 31, p. 1188) pro-

---

authorized to be created by the State to which such lands are granted and by no other authority whatever, and when created shall
be valid on and against the separate legal subdivisions of land
reclaimed, for the actual cost and necessary expenses of reclamation and reasonable interest thereon from the date of reclamation
until disposed of to actual settlers : and when an ample supply of
water is actually furnished in a substantial ditch or canal, or by
artesian wells or reservoirs, to reclaim a particular tract or tracts
of such lands, then patents shall issue for the same to such State
without regard to settlement or cultivation : *Provided*, That in no
event, in no contingency, and under no circumstances shall the
United State be in any manner directly or indirectly liable for
any amount of any such lien or liability, in whole or in part.

longe la période de 10 ans, fixée pour les défrichements, prévus dans la loi dite de Carey, dans les termes suivants:

ARTICLE 3.

L'art. 4 de la loi du dix-huit août mil huit cent nonante-quatre intitulée : « Loi relative aux appropriations pour les diverses dépenses civiles du Gouvernement pendant l'année fiscale finissant le 30 juin mil huit cent nonante-cinq et pour d'autres fins » est amendé par la présente de façon que la période décennale dans laquelle un État ordonnera l'irrigation et le défrichement des terrains demandés en vertu de la dite loi, comme le prévoit le dit article amendé par la loi du onze juin mil huit cent nonante-six, commencera à courir à partir de la date de l'approbation par le Secrétaire de l'Intérieur de la requête de l'Etat pour la séparation de ces terrains du domaine public ; si l'Etat néglige, pendant ces dix ans, d'ordonner

SECTION 3.

That section four of the act of August eighteenth, eighteen hundred and ninety-four, entitled « An act making appropriations for sundry civil expenses of the Government for the fiscal year ending June thirtieth, eighteen hundred and ninety-five, and for other purposes, » is hereby amended so that the ten years' periode within which any State shall cause the lands applied for under said act to be irrigated and reclaimed, as provided in said section as amended by the act of June eleventh, eighteen hundred and ninety-six, shall begin to run from the date of approval by the Secretary of the interior of the State's application fort the segregation of such lands ; and if the State fails within said ten years to cause the whole or any part of the lands so segregated to be so irrigated and reclaimed, the Secretary of the Interior may, in his discretion, continue said segregation for a period of not exceeding five years, or may, in his discretion, restore such lands to the public domain.

l'irrigation et le défrichement de la totalité ou d'une partie des terrains séparés de ce domaine, le Secrétaire de l'Intérieur peut, à son choix, prolonger cette séparation pour un délai ne dépassant pas cinq ans ou faire rentrer les terrains dans le domaine public.

La loi dite de Carey n'a pas donné aux défrichements l'essor vigoureux que le législateur de 1894 en avait espéré. En 1902, huit ans après la promulgation de la loi, 1 million 200,000 acres seulement de terres vacantes étaient occupés dans 7 Etats, quoique la loi accordât une superficie de 7,000,000 d'acres comme maximum. Dans quatre Etats, pas une parcelle de terres vacantes n'était occupée dans les conditions stipulées par la loi.

Loi nationale sur les défrichements. — 1902.

LOI

affectant les produits de la vente et de la disposition des terres domaniales, dans certains Etats et territoires, à la construction de travaux d'irrigation en vue du défrichement de terrains arides.

(Approuvé le 17 juin 1902.)

Il est décrété ce qui suit par le Sénat et la Chambre des Représentants des Etats-Unis d'Amérique, assemblés en Congrès :

ARTICLE PREMIER.

A partir de l'année fiscale finissant le 30 juin 1901, il

National Reclamation Law. 1902.

AN ACT

Appropriating the receipts from the sale and disposal of public lands in certain States and Territories to the construction of irrigation works for the reclamation of arid lands.

(Approved June 17th. 1902.)

Be it enacted by the Senate and House of Representatives of the United States of America in Congress assembled :

SECTION 1.

That all moneys received from the sale and disposal of

sera constitué un fonds spécial dans la Trésorerie, appelé
« fonds de défrichement », au moyen de toutes les sommes
provenant de la vente et de la disposition des terres domaniales en Arizona, Californie, Colorado, Idaho, Kansas,
Montana, Nebraska, Nevada, Nouveau-Mexique, Dakota
septentrional, Oklahoma, Oregon, Dakota méridional,
Utah, Washington et Wyoming.

Ce fonds comprendra l'excédent des honoraires et des
commissions alloués aux greffiers et aux receveurs, à l'exception des 5 p. c. prélevés en vertu de la loi sur les produits de ces ventes dans les Etats ci-dessus mentionnés;
en vue de l'enseignement et d'autres fins. Il sera affecté :
1° à l'étude, au levé, à l'exécution et à l'entretien de travaux d'irrigation pour l'accumulation, la dérivation et la
distribution des eaux, en vue du défrichement de terrains
arides et semi-arides dans les dits Etats et territoires ; et
2° au payement de toutes les autres dépenses dont il est
question dans la présente loi. Il est entendu que si les

---

public lands in Arizona, California, Colorado, Idaho, Kansas,
Montana, Nebraska, Nevada, New Mexico, North Dakota, Oklahoma, Oregon, South Dakota, Utah, Washington, and Wyoming,
beginning with the fiscal year ending June thirtieth, nineteen
hundred and one, including the surplus of fees and commissions in
excess of allowances to registers and receivers, and excepting the
five per centum of the proceeds of the sales of public lands in the
above States set aside by law for educational and other purposes,
shall be, and the same are hereby, reservet, set aside, and appropriated as a special fund in the Treasury to be known as the
« reclamation fund, » to be used in the examination and survey for
and the construction and maintenance of irrigation works for the
storage, diversion, and development of waters for the reclamation
of arid and semiarid lands in the said States and Territories, and
for the payment of all other expenditures provided for in this Act:
Provided, That in case the receipts from the sale and disposal of

sommes provenant de la vente et de la disposition de
terres domaniales, autres que celles produites par la vente
et la disposition de terres dont il est question dans le présent article, sont insuffisantes pour subvenir aux dépenses
prévues pour les collèges agricoles dans les divers Etats
et territoires, en vertu de la loi du 30 août 1890,
intitulée « Loi attribuant une partie des produits de la
vente de terres domaniales à la dotation plus complète et
à l'entretien des collèges fondés pour le développement
de l'agriculture et des arts mécaniques, en vertu d'une loi
du Congrès, approuvée le 2 juillet 1862 », le déficit éven-
tuel de la somme nécessaire pour l'entretien des dits collèges sera couvert par des fonds de la Trésorerie n'ayant
pas de destination spéciale.

Article 2.

Le secrétaire de l'Intérieur est chargé par la présente
loi : a) d'étudier, de lever, de fixer l'emplacement et de

---

public lands other than those realized from the sale and disposal of
lands referred to in this section are insufficient to meet the requirements for the support of agricultural colleges in the several States
and Territories, under the Act of August thirtieth, eighteen hundred and ninety, entitled « An Act to apply a portion of the proceeds of the public lands to the more complete endowment and
support of the colleges for the benefit of agriculture and the
mechanic arts, established under the provisions of an Act of
Congress approved July second, eighteen hundred and sixty-two, »
the deficiency, if any, in the sum necessary for the support of the
said colleges shall be provided for from any moneys in the Treasury
not otherwise appropriated.

Section 2.

That the Secretary of the Interior is hereby authorized and
directed to make examinations and surveys for, and to locate and

construire, conformément aux présentes prescriptions, des travaux d'irrigation, y compris des puits artésiens, pour l'accumulation, la dérivation et la distribution des eaux ; *b)* de faire rapport au Congrès, au commencement de chaque session ordinaire, sur les résultats de ces études et levés, en soumettant les devis estimatifs des dépenses de tous les travaux projetés, en indiquant la superficie et la situation des terrains qui peuvent être irrigués au moyen de ces travaux et tous les faits relatifs à la possibilité d'exécution de chaque projet d'irrigation ; il fera connaître en même temps les dépenses des travaux en cours d'exécution ainsi que celles des travaux achevés.

ARTICLE 3.

Avant de publier l'avis dont il est question dans l'article 4 de la présente loi, le secrétaire de l'Intérieur exclura de la prise de possession publique les terrains nécessaires pour des travaux d'irrigation projetés sous le régime des dispositions de la présente loi ; il rapportera

---

construct, as herein provided, irrigation works for the storage, diversion, and development of waters, including artesian wells, and to report to Congress at the beginning of each regular session as to the results of such examinations and surveys, giving estimates of cost of all contemplated works, the quantity and location of the lands which can be irrigated therefrom, and all facts relative to the practicability of each irrigation project; also the cost of works in process of construction as well as of those which have been completed.

SECTION 3.

That the Secretary of the Interior shall, before giving the public notice provided for in section four of this Act, withdraw from public entry the lands required for any irrigation works contemplated under the provisions of this Act, and shall restore to public

ensuite cette mesure pour ceux de ces terrains qu'il estime ne pas être nécessaires aux fins de la présente loi ; ce fonctionnaire est aussi autorisé à exclure de la prise de possession ; au moment du ou immédiatement avant le commencement des levés des travaux d'irrigation projetés, sauf pour ce qui concerne les concessions faites sous l'empire des lois du *homestead*, toutes les terres publiques jugées susceptibles d'irrigation par les dits travaux. Il est entendu : 1° que tous les terrains pris en possession pendant cette exclusion sous l'empire des lois du *homestead*, dans les zones réservées, seront soumis à toutes les dispositions, limitations, charges, termes et conditions de la présente loi ; 2° que les levés seront poursuivis avec diligence jusqu'à leur achèvement ; 3° qu'à ce moment et après la rédaction des plans et devis estimatifs nécessaires, le secrétaire de l'Intérieur décidera si le projet est réalisable et pratique ou non, et s'il estime que le projet n'est ni réalisable ni pratique, il autorisera derechef la prise en possession des dits terrains ; 4° que les terres

---

entry any of the lands so withdrawn when, in his judgment, such lands are not required for the purposes of this Act ; and the Secretary of the Interior is hereby authorized, at or immediately prior to the time of beginning the surveys for any contemplated irrigation works, to withdraw from entry, except under the homestead laws, any public lands believed to be susceptible of irrigation from said works : *Provided*, That all lands entered and entries made under the homestead laws within areas so withdrawn during such withdrawal shall be subject to all the provisions, limitations, charges, terms, and conditions of this Act ; that said surveys shall be prosecuted diligently to completion, and upon the completion thereof, and of the necessary maps, plans, and estimates of cost, the Secretary of the Interior shall determine whether or not said project is practicable and advisable, and if determined to be impracticable or unadvisable he shall thereupon restore said lands to

publiques dont on propose l'irrigation au moyen des travaux projetés ne seront prises en possession qu'en vertu
des dispositions des lois sur le *homestead* et jusqu'à concurrence de superficies de quarante acres au moins et de
cent soixante acres au plus, et qu'elles seront soumises
aux limitations, charges, termes et conditions prévus par
la présente. Il est entendu, en outre, que les dispositions
d'échange des lois sur le *homestead* ne s'appliqueront pas
aux prises de possession faites sous l'empire de la présente loi.

Article 4.

Lorsque le secrétaire de l'Intérieur a décidé qu'un projet d'irrigation est réalisable, il peut ordonner la conclu-
sion de contrats pour en assurer l'exécution par sections,
en y affectant les sommes disponibles du fonds de défrichement; ensuite, il publiera un avis indiquant les terrains irrigables au moyen de ce projet et la limite des

---

entry; that public lands which it is proposed to irrigate by means
of any contemplated works shall be subject to entry only under the
provisions of the homestead laws in tracts of not less than forty
nor more than one hundred and sixty acres, and shall be subject to
the limitations, charges, terms, and conditions herein provided :
Provided, That the commutation provisions of the homestead laws
shall not apply to entries made under this Act.

Section 4.

That upon the determination by the Secretary of the Interior
that any irrigation project is practicable, he may cause to be let
contracts for the construction of the same, in such portions or
sections as it may be practicable to construct and complete as parts
of the whole project, providing the necessary funds for such portions or sections are available in the reclamation fund, and
thereupon he shall give public notice of the lands irrigable under

zones prises en possession ; cette limite représentera la superficie qui, de l'avis du secrétaire, sera rationnellement nécessaire pour l'entretien d'une famille sur les terrains en question ; il fera aussi connaître les charges imposées par acre aux dites prises de possession et aux propriétés privées qui peuvent être irriguées par les eaux du dit projet d'irrigation, ainsi que le nombre et la date des payements annuels, ne dépassant pas dix, pour l'acquittement de ces charges. Celles-ci seront réparties équitablement et fixées de façon à rembourser au fonds de défrichement les frais d'exécution du projet ; il est entendu que, dans tout travail d'exécution, huit heures constitueront une journée de travail et que la main-d'œuvre mongole sera exclue.

Article 5.

Le preneur de possession de terrains à irriguer par ces travaux défrichera, au delà de ce qui est exigé par les

---

such project, and limit of area per entry, which limit shall represent the acreage which, in the opinion of the Secretary, may be reasonably required for the support of a family upon the lands in question ; also of the charges which shall be made per acre upon the said entries, and upon lands in private ownership which may be irrigated by the waters of the said irrigation project, and the number of annual installments, not exceeding ten, in which such charges shall be paid and the time when such payments shall commence. The said charges shall be determined with a view of returning to the reclamation fund the estimated cost of construction of the project, and shall be apportioned equitably : *Provided*, That in all construction work eight hour sshall constitue a day's work, and no Mongolian labor shall be employed thereon.

Section 5.

That the entryman upon lands to be irrigated by such works

lois sur le *homestead*, au moins la moitié de la surface
totale irrigable prise en possession à des fins agricoles, et
avant de recevoir la patente pour les terrains occupés, il
payera au Gouvernement les charges imposées conformément aux prescriptions de l'article 4. Aucun droit d'usage
de l'eau pour des propriétés privées ne sera vendu à un
propriétaire foncier pour une zone dépassant cent soixante
acres ; d'autre part, aucune vente de cette nature ne sera
faite à un propriétaire foncier à moins que celui-ci ne soit
un résident *bona fide* réel sur le terrain, ou l'occupant
résidant dans le voisinage du terrain ; pour le surplus,
aucun droit semblable ne sera définitivement établi, avant
que tous les payements soient effectués à cet effet. Les
payements annuels seront faits au receveur du bureau
foncier local du district où le terrain est situé et le
défaut de faire deux payements échus rendra la prise de
possession passible d'annulation et entraînera la confiscation de tous les droits en vertu de la présente loi, ainsi

---

shall, in addition to compliance with the homestead laws, reclaim
at least one-half of the total irrigable area of his entry for agricultural purposes, and before receiving patent for the lands
covered by his entry shall pay to the Government the charges
apportioned against such tract, as provided in section four. No
right to the use of water for land in private ownership shall be
shold for a tract exceeding one hundred and sixty acres to any one
landowner, and no such sale shall be made to any landowner unless
he be an actual bona fide resident on such land, or occupant thereof
residing in the neigborhood of said land, and no such right shall
permanently attach until all payments therefor are made. The
annual installments shall be paid to the receiver of the local land
office of the district in which the land is situated, and a failure to
make any two payments when due shall render the entry subject
to cancellation, with the forfeiture of all rights under this Act, as
well as of any moneys already paid thereon. All moneys received

que de toutes les sommes déjà payées. Toutes les sommes provenant des sources ci-dessus seront versées au fonds de défrichement. Il sera alloué aux greffiers et aux receveurs les commissions ordinaires sur toutes les sommes payées pour les terrains pris en possession sous le régime de la présente loi.

Article 6.

Le secrétaire de l'Intérieur est chargé d'employer le fonds de défrichement pour la manœuvre et l'entretien de tous les réservoirs et travaux d'irrigation construits en exécution de la présente loi : Lorsque les payements des dispositions exigés par la présente loi sont faits pour la majeure partie des terrains irrigués par les eaux des travaux dont il est question ici, la direction et la manœuvre en seront confiées aux propriétaires des terrains irrigués par ces travaux ; ceux-ci seront entretenus aux frais de ces propriétaires, conformément au mode d'organisation et aux règles

---

from the above sources shall be paid into the reclamation fund. Registers and receivers shall be allowed the usual commissions on all moneys paid for lands entered under this Act.

Section 6.

That the Secretary of the Interior is hereby authorized and directed to use the reclamation fund for the operation and maintenance of all reservoirs and irrigation works constructed under the provisions of this Act : *Provided*, That when the payments required by this Act are made for the major portion of the lands irrigated from the waters of any of the works herein provided for, then the management and operation of such irrigation works shall pass to the owners of the lands irrigated thereby, to be maintained at their expense under such form of organization and under such rules and regulations as may be acceptable to the Secretary of the Interior: *Provided*, That the title to and the management and

et règlements acceptés par le Secrétaire de l'Intérieur ; il est entendu que jusqu'à ce que le Congrès en décide autrement, le Gouvernement possèdera le droit aux réservoirs, ainsi qu'à la direction de leur manœuvre et aux travaux nécessaires pour leur protection et leur manœuvre.

ARTICLE 7.

Lorsqu'en exécutant les dispositions de la présente loi il est nécessaire d'acquérir des droits ou des propriétés, le Secrétaire de l'Intérieur est autorisé à en faire l'acquisition pour les Etats-Unis, par achat ou par expropriation judiciaire et à prélever sur le fonds de défrichement les sommes nécessaires à cette fin ; à la requête du Secrétaire de l'Intérieur, l'Attorney général des Etats-Unis ordonnera, en vertu de la présente loi, l'introduction des procédures d'expropriation dans les trente jours, à partir de la réception de la requête au département de la justice.

ARTICLE 8.

Rien dans la présente loi ne sera interprété de façon à

---

operation of the reservoirs and the works necessary for their protection and operation shall remain in the Government until otherwise provided by Congress.

SECTION 7.

That where in carrying out the provisions of this Act it becomes necessary to acquire any rights or property, the Secretary of the Interior is hereby authorized to acquire the same for the United States by purchase or by condemnation under judicial process, and to pay from the reclamation fund the sums which may be needed for that purpose, and it shall be the duty of the Attorney-General of the United States upon every application of the Secretary of the Interior, under this Act, to cause proceedings to be commenced for condemnation within thirty days from the receipt of the application at the Department of Justice.

affecter ou à entraver d'une manière quelconque les lois d'un Etat ou d'un Territoire relatives au contrôle, à l'appropriation, à l'usage ou à la distribution de l'eau employée dans l'irrigation, ou à un droit établi acquis en vertu de ces lois ; en exécutant les dispositions de la présente loi, le Secrétaire de l'Intérieur procédera conformément à ces lois et aucune disposition de la présente ne contrariera en rien un droit d'un Etat quelconque, du gouvernement fédéral, d'un propriétaire foncier ou d'un usager à l'eau d'un fleuve qui s'étend dans plus d'un Etat. Il est entendu que le droit à l'usage de l'eau acquis en vertu des dispositions de la présente loi restera attaché à la terre irriguée, et que l'usage utile sera la base, la mesure et la limite de ce droit.

ARTICLE 9.

En exécutant les dispositions de la présente loi pour autant qu'elles soient praticables et subordonnées à l'existence de projets d'irrigation réalisables, le Secrétaire de

---

SECTION 8.

That nothing in this Act shall be construed as affecting or intended to affect or to in any way interfere with the laws of any State or Territory relating to the control, appropriation, use, or distribution of water used in irrigation, or any vested right acquired thereunder, and the Secretary of the Interior, in carrying out the provisions of this Act, shall proceed in conformity with such laws, and nothing herein shall in any way affect any right of any State or of the Federal Government or of any landowner, appropriator, or user of water in, to, or from any interstate stream or the waters thereof : *Provided,* That the right to the use of water acquired under the provisions of this Act shall be appurtenant to the land irrigated, and beneficial use shall be the basis, the measure, and the limit of the right.

l'Intérieur dépensera la plus grande partie du fonds provenant de la vente de terres domaniales dans chaque Etat et Territoire mentionnés ci-dessus au profit de terrains arides ou semi-arides dans les limites de l'Etat ou du Territoire. Il est entendu que le Secrétaire peut employer temporairement telle partie du dit fonds qu'il juge convenir au profit de terrains arides ou semi-arides dans un Etat ou Territoire spécial mentionné ci-dessus ; toutefois, dans ce cas, l'excédent sera restitué au fonds aussitôt que faire se pourra, de telle manière qu'en dernier ressort et dans tous les cas dans chaque période décennale après la passation de la présente loi, les dépenses au profit des dits Etats et Territoires seront égalisées conformément aux proportions et aux conditions relatives à la possibilité d'exécution mentionnée ci-dessus.

Section 9.

That it is hereby declared to be the duty of the Secretary of the Interior in carrying out the provisions of this Act, so far as the same may be practicable and subject to the existence of feasible irigation projects, to expend the major portion of the funds arising from the sale of public lands within each State and Territory hereinbefore named for the benefit of arid and semiarid lands within the limits of such State or Territory : *Provided*, That the Secretary may temporarily use such portion of said funds for the benefit of arid or semiarid lands in any particular State or Territory hereinbefore named as he may deem advisable, but when so used the excess shall be restored to the fund as soon as practicable, to the end that ultimately, and in any event, within each ten-year period after the passage of this Act, the expenditures for the benefit of the said States and Territories shall be equalized according to the proportions and subject to the conditions as to practicability and feasibility aforesaid.

ARTICLE 10.

Le Secrétaire de l'Intérieur est autorisé par la présente à exécuter tous les actes et à faire les règlements qui peuvent être nécessaires et utiles pour la mise en vigueur des dispositions de la présente loi.

SECTION 10.

That the Secretary of the Interior is hereby authorized to perform any and all acts and to make such rules and regulations as may be necessary and proper for the purpose of carrying the provisions of this Act into full force and effect.

STATUTS

de l'Association des usagers d'eau dans la vallée du Salt River, territoire d'Arizona.

L'association des usagers d'eau dans la vallée du Salt River (Salt River Valley Waters Users' Association) dans le Territoire d'Arizona est la première société hydraulique créée et organisée d'après l'article 6 de la loi nationale de 1902 sur les défrichements, qui dit que la direction et la manœuvre des travaux d'irrigations seront confiées aux propriétaires des terrains irrigués par ces travaux et que ces travaux seront entretenus aux frais de ces propriétaires, conformément au mode d'organisation et aux règles et règlements acceptés par le Secrétaire de l'Intérieur.

S'il y a de grandes étendues de terres divisées en propriétés privées appartenant à un grand nombre de personnes, il est urgent que ces personnes s'associent d'abord afin de pouvoir appliquer utilement la loi nationale sur les défrichements et la nécessité s'impose alors de créer une corporation ayant un caractère représentatif et administratif.

C'est ainsi qu'il s'est constitué une société hydraulique pour construire un grand travail d'irrigation, le Salt River Dam, dans le Territoire d'Arizona.

Comme la loi sur les défrichements ne donne aucun détail sur l'organisation de ces sociétés hydrauliques prévues dans la loi, les bases statutaires de cette société ont

été l'objet d'une sérieuse discussion et d'une longue correspondance entre les intéressés et le gouvernement fédéral. Comme c'est la première société de cette espèce formée dans les Etats-Unis, il nous a paru nécessaire de tenir compte des différents sujets qu'elle a traités et des solutions admises ; les sociétés hydrauliques futures pourront probablement accepter ces précédents ou en tirer bénéfice. C'est pourquoi nous pensons qu'il est utile de donner les statuts incorporés de cette société.

STATUTS

Par les présents statuts, les soussignés font connaître au public qu'ils se sont constitués en corporation sous le régime des lois du territoire d'Arizona.

Article I.

La corporation portera le nom de « Association des usagers d'eau dans la vallée du Salt River ».

Article II.

Les noms des associés sont : (*suivent les noms*). Toutefois, d'autres personnes peuvent devenir membres de l'association, pendant le cours normal de l'administration

---

ARTICLES OF INCORPORATION.

Know all men by these articles of incorporation that we, the undersigned, have associated ourselves together under the laws of the Territory of Arizona as a body corporate.

Article I.

The name of the corporation shall be and is Salt River Valley Water Users' Association.

Article II.

The names of the incorporators are ; (*follow the names*), but others may become members of said association by subscribing to these articles of incorporation, or a copy thereof, or by the

des affaires de celle-ci, en adhérant aux présents statuts ou en acquérant des actions par voie de transfert.

Article III.

Le siège principal pour traiter les affaires de l'association sera la ville de Phœnix, conté de Maricopa, territoire d'Arizona.

Article IV.

Section 1. L'association est constituée pour :

Pourvoir à la fourniture et à la distribution d'une quantité d'eau suffisante pour l'irrigation des terres des actionnaires de l'association, auxquelles sont attachées les actions, ainsi que les droits et intérêts qui en découlent ;

Dériver dans le territoire d'Arizona de l'eau des sources publiques d'approvisionnement, accumuler l'eau et aug-

---

transfer of stock to them in the regular course of the administration of the affairs of the association.

Article III.

The principal place of transacting the business of the association shall be at the city of Phoenix, in the county of Maricopa, in the Territory of Arizona.

Article IV.

Section 1. The objects for which the association is organized and the general nature of the business to be transacted by it shall be and are :

To provide for and distribute and furnish to the lands of the holders of shares of said association to which said shares and the rights and interests represented thereby are appurtenant an adequate supply of water for the irrigation of said lands.

To divert water within the Territory of Arizona from the public

menter le débit des sources, pomper l'eau de sources souterraines et la transporter et distribuer pour l'irrigation
des terres susdites ; construire, acheter, louer, supprimer
ou acquérir de toute autre manière et posséder, conserver
employer, contrôler, maintenir, préserver, diriger, manœuvrer et exécuter les moyens à cette fin et tous les
droits, réservoirs, digues, canaux, fossés, cours d'eau,
écluses, conduits, machinerie, puits, pompes et matériel
de pompes, usines, câbles de transmission, ainsi que des
propriétés mobilières et immobilières, de quelque nature
que ce soit, nécessaires ou utiles pour la réalisation des
travaux projetés et des fins poursuivies ;

Dériver, accumuler, augmenter, pomper, distribuer,
fournir et employer utilement, par des moyens appropriés,
de l'eau de sources superficielles et souterraines ; créer,
transmettre et employer des forces pour exécuter les travaux et réaliser les projets de l'association ;

---

sources of water supply, to impound water and develop sources of
water, to pump water from underground sources, to carry and
distribute water for the irrigation of the lands aforesaid, and to
construct, purchase, lease, condemn, or otherwise in any way
whatsoever acquire and own, hold, have, use, control, maintain,
preserve, manage, operate, and conduct the means therefor and
any and all rights, reservoirs, dams, canals, ditches, flumes, head
gates, pipes, machinery, wells, pumps, pumping plants, power
houses, transmission lines and property, both real and personal,
of every nature and kind whatsoever necessary or appropriate for
the accomplishment of any of the objects or purposes aforesaid.

To divert, impound, develop, pump, distribute, deliver, and use
water for all beneficial uses and purposes from surface and subter-
ranean sources by any means adapted to any of the purposes aforesaid, and create, transmit, and use power for the accomplishment of any of the purposes or objects of the association as hereinbefore set forth.

Utiliser les forces et faire tout ce qui est nécessaire et utile pour l'exécution des projets énumérés dans les statuts ou se rapportant aux forces y indiquées ou qui, à un moment donné, seront nécessaires ou utiles pour la protection ou l'avantage de l'association ou de ses membres en leur qualité d'actionnaires.

Section 2. Pour exécuter les projets ou pour en favoriser ou provoquer la réalisation, l'association aura le pouvoir :

a) de conclure des contrats et d'autres arrangements ou de recourir à d'autres moyens utiles pour s'assurer l'intervention ou l'assistance du Gouvernement des Etats-Unis dans la construction, l'érection, ou l'acquisition de digues, réservoirs, canaux, puits et autres travaux ou propriétés et dépendances nécessaires pour l'accumulation, l'augmentation, la dérivation, la distribution ou la fourniture de l'eau aux terres des actionnaires

---

To have and exercise all the powers, and do all and everything necessary, suitable, convenient, or proper for the accomplishment of any of the purposes or the attainment of any one or more of the objects herein enumerated or incidental to the powers herein named or which shall at any time appear conducive or expedient for the protection or benefit of the association or its members as shareholders therein.

Section 2. For the accomplishment or to aid in and promote the accomplishment of the aforesaid purposes or objects, or any of them, this association shall have power to enter into any contract or other arrangement or undertake in whatsoever manner and by whatsoever means may be deemed proper or convenient therefor, to secure action by or the aid of the United States Government in the construction, erection, or acquisition of any dams, reservoirs, canals, wells, or other works or property or appurtenances necessary thereunto for the storage, development, diversion, distribution, or delivery of water to the lands of the shareholders of this

dé l'association ou pour y contribuer ; 2° de conclure avec ledit Gouvernement des arrangements à approuver par le Secrétaire de l'Intérieur ou par tout autre fonctionnaire ou représentant dûment autorisé du Département de l'Intérieur, concernant le recouvrement et le payement au Gouvernement de toutes les sommes dues à celui-ci du chef de droits qu'il aurait accordés à des membres de l'association pour usage de l'eau provenant d'un réservoir ou de travaux d'irrigation acquis ou construits par lui ou à l'acquisition et à la construction desquels il a contribué ; 3° de se soumettre aux stipulations, règles et règlements décrétés par le Congrès, par un Département exécutif ou par un fonctionnaire dudit Gouvernement légalement autorisé à cette fin, concernant l'accumulation, la dérivation, la fourniture, la demande ou l'usage de l'eau accumulée, dérivée ou fournie aux actionnaires de cette association par des moyens ou des travaux construits ou acquis par le Gou-

---

association, or to aid therein, and to enter into any agreement with said Government which may be approved by the Secretary of the Interior or a duly authorized official or representative of the Interior Department with reference to the collection and payment to the Government of any and all moneys which may be due to the Government under or by reason of rights issued by the Government to members of this association for the use of water from any reservoir or irrigation works acquired or constructed by said Government, or in the acquisition or construction of which it may have aided, and to comply with any conditions, rules or regulations prescribed by Congress or by any Executive Department or official of said Government lawfully authorized thereunto, concerning the storage, diversion, delivery, application, or use of any water so stored, developed, or delivered to the shareholders of this association from or by means of any works constructed or acquired by the Government or in the construction or acquisition of which

vernement ou à la construction ou à l'acquisition desquels celui-ci a contribué, qu'il construira ou acquerra ultérieurement ou à la construction et à l'acquisition desquels il contribuera.

Section 3. Le territoire où se trouvent les terres à irriguer sera connu sous le nom de district hydraulique du Salt River ; il comprendra les terres situées entre les limites suivantes : La ligne de démarcation commence à un point de la rive droite du Salt River, à l'embouchure du Verde River, et se dirige ensuite au sud vers les écluses principales du canal d'Arizona ; de là elle prend une direction générale vers l'ouest le long de la ligne septentrionale du droit de passage de ce canal jusqu'à l'extrémité, au ou près du coin de l'angle entre les sections 5 et 6, *township* 3 Nord, rangée 1 Est ; cette ligne se dirige alors vers l'ouest à la rive gauche du Agua Fria River et de là, dans une direction méridionale, le long de la rive gauche du Agua Fria River à un point dans la

---

the Government may have aided, or which it may hereafter construct or acquire, or in the construction or acquisition of which it may hereafter aid.

Section 3. The territory within which are the lands to be irrigated as aforesaid shall be known as the Salt River Reservoir District, and shall include lands within the boundaries described as follows, that is to say : Commencing at a point on the right bank of Salt River at the mouth of the Verde River; thence in a southerly direction to the head gates of the Arizona Canal; thence in a general westerly direction along the north line of the right of way of the Arizona Canal to the end thereof, at or near the quarter corner between sections 5 and 6, township 3 north, range 1 east ; thence west to the left bank of the Agua Fria River ; thence in a southerly direction along the left bank of the Agua Fria River to a point in section 14, township 1 north, range 1 west, where the line of the St. Johns Canal intersects the Agua Fria River ; thence

section 14, township 1 nord, rangée 1 ouest où la ligne
du canal St-John coupe l'Agua Fria River ; de là elle
suit une direction sud-est le long de la ligne septentrionale du droit de passage du canal St-John à la rive septentrionale du Salt River ; ensuite elle passe à travers
le Salt River à un point de la section 35, township
1 Nord, rangée 1 Est, où la ligne orientale du Gila River
(réserve indienne), coupe la rive méridionale du Salt-
River ; puis elle se dirige vers le sud le long de la ligne
orientale dudit Gila River à la ligne des townships entre
les townships 1 et 2 Sud ; de là elle suit la limite de la
même rivière à l'Est, le long de la ligne de townships à la
ligne de rangée entre les rangées 4 et 5 Est ; puis elle se
dirige vers l'Est, entre les townships 2 et 3 Sud, à la
ligne orientale du droit de passage de l'embranchement
Est du *consolidated canal* ; ensuite vers le Nord, suivant la ligne orientale du droit de passage de l'embranchement Est de ce canal à la ligne méridionale de la sec-

---

in a southeasterly direction along the north line of the right of way
of the St. Johns Canal to the north bank of the Salt River ; thence
across the Salt River to a point in section 35, township 1 north,
range 1 east, where the east line of the Gila River Indian Reservation intersects the south bank of the Salt River ; thence in a
southerly direction along the east line of the said Gila River Indian
Reservation to the township line between townships 1 and 2
south ; thence following the boundary of the said Gila River
Indian Reservation, east along the said township line to the range
line between ranges 4 and 5 east ; thence south between ranges 4
and 5 east ; thence east, between townships 2 and 3 south, to the
east line of the right of way of the east branch of the Consolidated
Canal ; thence north, following the east line of the right of way of
the east branch of the Consolidated Canal to the south line of
section 2, township 2 south, range 5 east ; thence east to the section
corner common to sections 5, 6, 7, and 8, township 2 south,

tion 2, township 2 Sud, rangée 5 Est ; de là elle tourne vers l'Est jusqu'à l'angle de la section commune aux sections 5, 6, 7 et 8, township 2 Sud, rangée 6 Est, puis vers le Nord entre les sections 5 et 6 Est, township 2 Sud, rangée 6 Est, à la rive orientale du Highland canal ; de là elle prend une direction générale vers le Nord, le long de la rive orientale dudit canal à la rive gauche du Salt River, puis une direction générale vers le Nord le long de la rive gauche du Salt River à un point opposé à l'embouchure du Verde River au point de départ ; feront également partie de ce district toutes les terres publiques et autres auxquelles auront été accordés, par le Secrétaire de l'Intérieur, des droits à l'usage de l'eau provenant d'un réservoir ou des travaux d'irrigation dont il est question dans la section 2 du présent article 4.

Article V.

Section 1. Le capital social de l'association sera de

---

range 6 east ; thence north between sections 5 and 6 east, township 2 south, range 6 east, to the east bank of the Highland Canal; thence in a general northerly direction along the east bank of said Highland Canal to the left bank of Salt River ; thence in a general northerly direction along the left bank of Salt River to a point opposite the mouth of the Verde River to the place of beginning ; together with any public or other lands on which rights to the use of water from reservoir or irrigation works referred to in section 2 of this article shall be issued by the Secretary of the Interior.

Article V.

Section 1. The capital stock of the association shall be $3,750,000, and be divided into 250,000 shares of the par value of $ 15 per share.

Section 2. Those and those only who are owners of lands, or occupants of public lands having initiated a right to acquire the

3,750,000 dollars divisé en 250,000 actions de 15 dollars chacune.

Section 2. Ne seront possesseurs ou propriétaires d'actions du capttal social que les propriétaires de terres ou les occupants de terres publiques avec droit d'acquisition, dans le territoire décrit dans l'article IV ci-dessus ou dans les extensions qui pourront en être faites de temps en temps en vertu des pouvoirs accordés à cette fin par les statuts. Les actionnaires auront droit au maximum à une action de capital de cette association pour chaque acre de terre.

Section 3. Aussitôt que le ou les droits mentionnés ci-après deviennent disponibles et susceptibles d'acquisition en vertu des règles et règlements arrêtés ou à décréter à cette fin par le Congrès ou par un Département exécutif du gouvernement, chaque souscripteur, ou chaque cessionnaire en cas de transfert, demandera, afin de pouvoir jouir de la propriété imprescriptible des actions de capital et

---

same, within the territory described in Article IV of these articles of incorporation, or within such extensions thereof as may be hereafter made from time to time under the powers herein conferred for that purpose, shall be the holders or owners of shares of the capital stock of this association. For each acre of such lands shareholders may become the owner of one share of stock of this association and no more.

Section 3. As a condition of continued ownership of said shares of stock, and participation in any of the benefits thereof each subscriber therefor, or transferee thereof in case of transfer, shall, as soon as the right or rights hereinafter referred to become subject to application and acquisition under the rules and regulations prescribed or to be prescribed for the purpose by Congress or any Executive Department of the Government, apply for, and in good faith comply promptly with all such rules and

des bénéfices qui en découlent,un droit à l'usage de l'eau
de toute source d'approvisionnement fournie par le gouvernement ou à l'établissement de laquelle celui-ci a contribué, pour l'irrigation des terres auxquelles les actions
et les droits représentés par celles-ci sont attachés. Le
souscripteur ou le cessionnaire se conformera aussi de
bonne foi et sans délai à ces régles et règlements.

Si le souscripteur ou porteur d'actions du capital social
de l'association ne sollicite pas ces droits, ou si, après les
avoir demandés, il ne se conforme pas immédiatement et
de bonne foi aux régles et règlements arrêtés par le Congrès ou par un Département exécutif du gouvernement,
il sera déchu vis-à-vis de l'association de ses actions de
capital et des droits y attachés antérieurement ou actuellement, ou qui pourraient en résulter ou exister en vertu
de cette souscription ou de cette propriété, ou qui pourraient autrement s'élever ou être réclamés; cette personne, ses héritiers et ayants-droit n'auront ultérieurement aucun droit comme membre de l'association.

---

regulations for the acquisition of, a right to the use of water from
any source of supply provided by the Government, or in the provision of which the Government has aided, for the irrigation of
the lands to which said shares and rights represented thereby are
appurtenant. Upon the failure of the subscriber, or holder otherwise, of any of the shares of the capital stock of this association to
apply for such rights, or, having applied therefor, upon failure to
promptly and in good faith comply with all rules and regulations
prescribed or that may be prescribed by Congress or by any Executive Department of the Government relative thereto, then he
shall forfeit to the association such shares of stock and all and
every right in anywise theretofore or then incident thereto, or
that might in anywise arise or accrue from or exist by virtue of
such subscription or ownership, or that could by any means arise
or be claimed therefrom, and such person, his heirs and assigns,

Section 4. Toute action de capital ainsi confisquée sera immédiatement annulée et ne pourra, dans aucun cas, être renouvelée ou émise de nouveau. Conformément aux stipulations des présents statuts et moyennant l'approbation du secrétaire de l'intérieur, d'autres actions peuvent être souscrites et émises en remplacement de celles qui ont été confisquées, jusqu'à concurrence du nombre total d'actions autorisé par les présents statuts.

Section 5. La possession d'une action impliquera le droit, pour le propriétaire, à l'eau à fournir par l'association pour l'irrigation des terres auxquelles cette action se rattache.

Section 6. La quantité d'eau à fournir à un propriétaire, pendant une saison d'irrigation, aux terres et aux moments qu'il indiquera, sera une part proportionnelle de toute l'eau accumulée et augmentée dont l'accumulation ou l'augmentation est ou peut être effectuée par cette association ou au moyen de travaux contrôlés, conduits ou dirigés par

---

shall thereafter have no right whatsoever as a member of this association by virtue thereof.

Section 4. Any shares of stock so forfeited shall at once be canceled and shall not again, under any circumstances, be renewed, revived, or reissued. Other stock in lieu thereof up to the limit of the total number of shares authorized by these articles may be subscribed for and issued, subject to all the conditions of these articles and to the approval of the Secretary of the Interior.

Section 5. The ownership of each share of stock of this association shall carry, as incident thereto, a right to have delivered to the owner thereof water, by the association, for the irrigation of the lands to which such share is appurtenant.

Section 6. The amount of water so to be delivered to such owner shall be that proportionate part of all stored and developed water, the storage or development of which is or may be effected by this

elle, ou qui pourra être distribuée par cette association au moyen des travaux d'irrigation construits par le gouvernement national ; cette part proportionnelle correspondra au nombre d'actions que possède un propriétaire dans le nombre total d'actions valables et existantes de l'association émises et en circulation.

Section 7. Sera en outre attaché à la propriété de ces actions le droit pour le propriétaire de recevoir, pour l'irrigation de ses terres et au fur et à mesure que l'association aura les moyens pour le faire, l'eau d'irrigation appropriée par l'actionnaire ou ses prédécesseurs en intérêts avant que l'actionnaire ou son cessionnaire ne fut membre de l'association : il est entendu toutefois que le volume total de l'eau effectivement fournie par toutes les sources ne dépassera pas la quantité nécessaire pour cultiver convenablement les dites terres.

Section 8. Les registres de l'association, les certificats et autres preuves de propriété d'actions émises par l'asso-

---

association, or by means of works under its control, management, or direction, or which may become available for distribution by this association from irrigation works built by the National Government, during any irrigating season, as the number of shares owned by him shall bear to the whole number of valid and subsisting shares of the association issued and then outstanding, to be delivered to and upon said lands at such times during such season as he may direct.

Section 7. And there shall also be incident to such ownership of such shares the right to have delivered to the owner thereof, for the irrigation of said lands, as the association shall from time to time acquire means for that purpose, the water heretofore, and before the shareholder or his transferee became a member of this association, appropriated by him or by his predecessors in interest, for the irrigation of said lands : Provided, however, that the whole

ciation contiendront la description des terres à irriguer auxquelles seront perpétuellement attachés les droits et actions susmentionnés ; ensuite, tous les droits, quels que soient leur source ou le mode de leur acquisition, à l'usage de l'eau pour l'irrigation des terres seront inséparablement et perpétuellement attachés à celles-ci avec les dites actions de capital et tous les droits et intérêts qu'elles représentent ou qui en résultent, à moins que ces droits ne soient confisqués en vertu des dispositions des présents statuts ou de règlements arrêtés en exécution de ceux-ci, ou par l'effet de la loi, ou par leur abandon volontaire par acte, cession ou autrement, ou par non-usage pendant le terme prescrit par la loi ; toutefois, l'abandon ne profitera à aucune personne indiquée par l'actionnaire, directement ou indirectement, ou ne servira à son usage ; il ne conférera pas non plus un titre quelconque au possesseur d'une cession, remise, renonciation ou déclaration d'abandon de

---

amount of water actually delivered from all sources shall not exceed the amount necessary for the proper cultivation of said lands.

Section 8. The records of the association and each and every certificate or other evidence of ownership of shares of stock in the association, when issued, shall contain a description of the lands to be irrigated, and to which the aforesaid rights and shares shall be perpetually appurtenant, and thereafter all rights, whatever their source or whatever their manner of acquisition, to the use of water for the irrigation of said lands, shall forever be inseparably appurtenant to said lands, together with the said shares of stock, and all rights and interests represented thereby or existing or accruing by reason thereof, unless such rights shall become forfeited under the provisions of these articles of incorporation, or of by-laws adopted in pursuance thereof, or by operation of law, or by the voluntary abandonment thereof by deed, grant, or other instrument, or by nonuser for the term prescribed

ce droit de quelque nature que ce soit ; toutefois, si pour
une raison quelconque il serait, à un moment donné,
impossible d'employer utilement de l'eau pour l'irrigation
de la terre à laquelle ap; artient le droit à l'usage de cette
eau, ce droit peut être enlevé à cette terre et en même
temps être transféré et attaché à d'autres terres auxquelles des actions de capital de cette association appartiennent ou peuvent être attachées, si une requête tendant à pouvoir opérer ce transfert et en montrant la nécessité a au préalable été approuvée par les deux tiers des
voix du Collége des directeurs dans une assemblée régulière et par le secrétaire de l'intérieur ; quant aux dispositions et arrangements contenus dans cette section, ils
seront indiqués dans le dit certificat ou autre preuve de
de propriété d'action de capital de l'association : ce certificat ou tout autre document sera signé, exécuté et certifié
par le président et le secrétaire de l'association, ainsi que

by law ; but no such abandonment shall be for the benefit of any
person designated by such shareholder, directly or indirectly, or
to his use, nor confer any right whatsoever upon the holder of any
grant, release, waiver, or declaration of abandonment of whatever kind of such right : Provided, however, that if for any
reason it should at any time become impracticable to beneficially
use water for the irrigation of the land to which the right to the
use of the same is appurtenant on the said land, the said right may
be severed from said land and simultaneously transferred and
attached to other lands to which shares of stock in this association
are or are thereby made appurtenant, if a petition for leave to
make such transfer and showing the necessity therefor shall have
first been approved by a two-thirds vote of the board of governors
at a regular meeting and by the Secretary of the Interior ; and all
the provisions and agreements hereinbefore in this section contained shall be set forth in the aforesaid certificate or other
evidence of the ownership of shares of stock in the association,

par la personne à laquelle il est délivré, de la manière requise par la loi pour l'exécution et la reconnaissance d'actes de cession de propriété immobilières ; d'autre part, le Conseil arrêtera des règlements, non contraires aux présents statuts, prescrivant la forme de ce certificat ou de tout autre acte.

Section 9. Tout transfert du titre à des terres auxquelles appartiennent les dits droits et actions, soit par cession ou par l'effet de la loi (sauf lorsque la terre est sujette par cession, ou involontairement en vertu d'une loi, à une servitude dont l'exercice n'entrave pas la culture du sol par le propriétaire), sera valable et effectif dans tous les cas comme un transfert au cessionnaire ou successeur en titre des terres de tous les droits à l'usage d'eau pour l'irrigation des dites terres et de tous les droits qui dérivent de la propriété de ces actions ou qui y sont attachés, aussi bien que des actions elles-mêmes ; sur présentation à l'association de la preuve d'un tel trans-

---

and such certificate or other instrument shall be signed, executed, and acknowledged by the president and secretary of the association, and by the person to whom it is issued in the manner required by law for the execution and acknowledgment of deeds for the conveyance of real estate, and the council shall pass by-laws prescribing the form of such certificate or other instrument not inconsistent with these articles.

Section 9. Every transfer of the title to any lands to which the said rights and stock are so appurtenant, whether by grant or by operation of law (except where the land may be subjected by grant or involuntarily under any law to an easement, the exercise of which does not interfere with the cultivation of the soil by the servient owner) shall operate, whether it be so expressed in the grant or other means of transfer or not, as a transfer of all rights to the use of water for the irrigation of said lands, and all rights

fert de terres auxquelles sont attachés ces droits, le fonctionnaire compétent transcrira ces actions dans les livres
au nom du successeur en titre des dites terres.

Section 10. Aucun transfert, effectué ou projeté d'actions de capital de cette association fait ou subi par le
propriétaire n'aura force ni effet, et ne conférera aucun
droit quelconque à la personne ou aux personnes qui en
ont bénéficié, sans qu'en même temps soit effectué ou subi
un transfert de la terre à laquelle ces actions sont attachées.

.Section 11. Les payements pour le capital social de
cette association ne seront exigés que de la manière suivante :

Lorsque le Gouvernement ou un de ses agents aura fait
connaître, d'une manière quelconque, aux souscripteurs
d'actions dudit capital social, qu'il peut être acquis des
droits à l'usage de l'eau au moyen de travaux acquis ou
construits par lui pour l'accumulation ou l'augmentation

---

arising from, or incident to, the ownership of such stock, and as
well as the stock itself, to the grantee or successor in title of said
lands : and upon presentation to this association of proof of any
such transfer of land, to which such rights are appurtenant, the
proper officer shall transfer such stock upon its books to the successor in title to said lands.

Section 10. Any transfer, or attempted transfer, of any of the
shares of stock of this association, made or suffered by the owner
thereof, unless simultaneously a transfer of the land to which it is
appurtenant is made or suffered, shall be of no force or effect
whatsoever for any purpose, and shall confer no rights of any
kind whatsoever on the person or persons to whom such transfer
may have been attempted to be made.

Section 11. No payments for the capital stock of this association
shall be required except in the manner following.

de l'eau propre à être employée sur les terres des souscripteurs des dites actions de capital, ou à l'acquisition ou
à la construction desquels le Gouvernement a contribué,
les dits souscripteurs adresseront, en vertu des règles et
règlements décrétés par le Gouvernement, dans un délai
raisonnable, une demande à l'agent compétent pour
obtenir des droits à raison d'un acre pour chaque action
de capital souscrite ; sur preuve suffisante fournie à l'association que ces droits ont été accordés au souscripteur
et que celui-ci s'est conformé aux règles et règlements du
Gouvernement en vigueur, de manière à lui donner le
droit de compléter son acquisition définitive, le souscripteur sera censé avoir payé sur sa souscription au dit
capital le montant qu'il aurait payé pour ce droit au Gouvernement ou pour l'usage de celui-ci ; lorsque tous les
payements subséquents requis par le Gouvernement pour
ces droits auront été payés par le souscripteur ou par

Whenever it shall be announced or otherwise made known by
the Government, or any of its proper agencies, to the subscribers
to the shares of said capital stock that rights may be initiated to
the use of water from any works acquired or constructed by it
for the storage or de velopment of water capable of being used on
the lands of the subscribers for said shares of stock, or in the
acquisition or construction of which works the Government shall
have aided, then the said subscribers shall, under the rules and
regulations prescribed by the Government therefor, within a
reasonable time, apply to the proper agency for such rights at the
rate of one acre for each share of stock so subscribed for, and upon
proper proof to this association that such rights have been allotted
to the subscriber and that he has complied with the Government
rules and regulations up to that time, so as to entitle him to complete his ultimate acquisition thereof, then such subscriber shall be
deemed to have paid on his subscription of said stock the amount
that he shall have then paid to or for the use of the Government

toute autre personne à sa place, le capital sera censé être complètement payé ou considéré comme tel.

Section 12. Si le Gouvernement prouve que la quantité d'eau qui peut être accumulée ou accrue par des travaux acquis, construits ou projetés par lui ou par cette association, ajoutée à celle déjà appropriée du Salt River et du Verde River pour l'irrigation des terres dans le district hydraulique sera insuffisante pour irriguer convenablement 250,000 acres de terre, le nombre d'actions de cette association sera réduit de manière à ne pas dépasser le nombre d'acres que le Gouvernement estime pouvoir être irrigués par l'action combinée des sources d'approvisionnement.

Section 13. Si au moment de la fixation par le Gouvernement du nombre d'acres pouvant être irrigués, il a été souscrit un nombre d'actions égal au nombre d'acres pou-

---

for such right, and when all subsequent payments required by the Government for such rights shall have been paid by him, or by anyone for him. then such stock shall be deemed and held to have been fully paid up.

Section 12. If it should be determined by the Government that the amount of water that may safely be estimated to be capable of being stored, or developed by works acquired or constructed or to be acquired or constructed by it, or by this association, in addition to the amount of water now appropriated out of Salt River and Verde River, for the irrigation of lands in said reservoir district, shall together be insufficient to properly irrigate 250,000 acres of land, then the number of shares of the capital stock of this association shall be reduced so that the number of such shares shall not exceed the number of acres estimated by the Government to be capable of irrigation from such combined sources of supply.

Section 13. If at the time of the determination by the Govern-

vant être irrigués, il ne sera fait aucune souscription supplémentaire.

Si cependant le nombre d'actions souscrites dépasse le nombre d'acres pouvant être irrigués, il ne sera délivré aux souscripteurs que le nombre d'actions égal au nombre d'acres sujets à irrigation. Dans cette répartition, les terres cultivées auront la préférence ; toutes les actions souscrites au delà du nombre réparti seront annulées et ne pourront plus être émises.

Section 14. Dans la répartition d'actions conformément à la section précédente, les règlements peuvent prescrire des délais raisonnables dans lesquels ce droit de préférence pourra être déclaré ; ils indiqueront également la manière dont ce droit doit être exercé.

ARTICLE VI.

Section 1. L'exercice des pouvoirs statutaires de cette

---

ment of the number of acres capable of such irrigation there shall have been subscribed for a number of the shares equal to the number of acres so estimated to be capable of irrigation, then no subscription for more shares shall be taken. If the number so subscribed for, however, shall then exceed the estimated number of acres so capable of irrigation, then there shall be allotted to said subscribers that number of shares equal to the estimated number of acres capable of irrigation. In such allotment cultivated lands shall have the preference ; and any excess in the number of shares subscribed for over the number so allotted shall be canceled, and thereafter shall not be issued.

Section 14. In exercising the right of preference to allotment of shares, provided for in the foregoing section, the by-laws may prescribe reasonable times within which such preference shall be declared and the manner thereof.

association et la direction de ses affaires seront confiés
à :

1° Un conseil ;

2° Un collège de directeurs ;

3° Un ou plusieurs comités locaux de commissaires
d'irrigation, etc.

4° Un président, un vice-président, un trésorier, un
secrétaire et tels autres employés et agents que le conseil nommera de temps en temps.

Section 2. Le Conseil sera composé de 30 membres
nommés pour un terme de trois ans. En cas de vacance
résultant de décès, démission, cessation d'être actionnaire de l'association, déplacement du district hydraulique ou autre cause, il y sera pourvu, pour le terme
restant à courir, à la prochaine élection annuelle. Seuls
les actionnaires de l'association seront éligibles aux
fonctions de membres du Conseil.

Article VI.

Section 1. The exercice of the corporate powers of this association and the management of its affairs shall be vested in —

(1) A council ;

(2) A board of governors ;

(3. One or more local boards of water commissioners, and

(4) A president, vice-president, treasurer, secretary, and such
other officers and agents as shall or may be, from time to time,
created and established by the council.

Section 2. The council shall consist of 30 members, who shall
hold their offices for three years. In the event of a vacancy
occurring from death, resignation, ceasing to be a shareholder of
this association, removal from the reservoir district, or other
cause, the unexpired term shall be filled at the annual election
next after the vacancy shall have occurred. Shareholders of this

Section 3. L'élection annuelle des membres du Conseil et des autres employés à l'élection desquels il est pourvu par les présents statuts aura lieu le premier mardi d'avril de chaque année.

Section 4. Pour l'élection des membres du Conseil, le territoire décrit dans l'art. IV des statuts sera divisé par le Conseil en dix districts consistant en territoires contigus ; ces districts seront autant que possible de la même forme et contiendront le même nombre d'acres auxquels sont attachées des actions de capital de cette association.

Section 5. A chaque élection annuelle, après 1904, il sera élu un membre du Conseil pour chacun des districts par les électeurs de ceux-ci. Ce membre sera, au moment de son élection, propriétaire de terres situées dans le district pour lequel il est élu et auxquelles sont attachées des actions de capital de cette association ; il résidera

---

association only shall be eligible to the office of member of the council.

Section 3. The annual election of the members of the council and of the other officers for whose election these articles provide shall be held on the first Tuesday of April in each year.

Section 4. For the purpose of electing members of the council the territory described in Article IV of these articles shall be divided by the council into ten districts, which districts shall severally consist of contiguous territory, and be as nearly uniform in shape, and contain as nearly an equal number of acres to which shares of stock in this association are appurtenant, as may be practicable.

Section 5. At each annual election, after 1904, there shall be elected one member of the council from each of said several districts by the electors thereof. Such member shall at the time of his election be the owner of lands situated within the district for

dans le district hydraulique et si, pendant la durée de son mandat, il cesse d'être propriétaire ou d'habiter dans le district, son emploi deviendra vacant pour cette raison.

Section 6. A l'élection annuelle du premier mardi d'avril 1904, il sera nommé trois membres du Conseil pour chacun des dits districts dont les mandats seront respectivement d'un an, de deux ans et de trois ans.

Section 7. Le mandat des membres du Conseil commencera le premier lundi de mai qui suit leur élection.

Section 8. Jusqu'à l'élection des membres du Conseil à l'élection annuelle de 1904 et jusqu'à leur installation, le Conseil sera composé des personnes suivantes : (*suivent les noms*).

Section 9. Le Conseil se réunira au moins une fois par an dans la ville de Phœnix, comté de Maricopa, Arizona.

---

which he is elected to which shares of stock of this association are appurtenant, and shall also be a resident of the reservoir district, and if he should, during his term of office, cease to be such owner, or a resident of such reservoir district, his office shall thereupon, and by reason thereof, become vacant.

Section 6. At the annual election to be held on the first Tuesday of April 1904, there shall be elected three members of the council from each of said districts, one of whom shall be elected to serve for one, one for two, and the third for three years.

Section 7. The term of office of members of the council shall begin on the first Monday in May following their election.

Section 8. Until the election of members of the council at the annuel election in 1904, and until their qualification, the council shall consist of the following-named persons, that is to say : (*follow the names*).

Cette réunion ordinaire annuelle du Conseil aura lieu le premier lundi de mai de chaque année et continuera en session, s'il y a lieu.

Section 10. Des réunions spéciales peuvent être ordonnées et tenues au moment, de la manière et dans les formes prescrits par les règlements. L'objet général et la nature des affaires à traiter dans chaque réunion spéciale seront dûment publiés de la manière tracée par les règlements.

Section 11. Les membres du Conseil rempliront leurs fonctions gratuitement; il peut cependant leur être accordé des frais de voyage jusqu'à concurrence de 10 cents par mille, dans une seule direction, pour chaque jour de présence effective.

Section 12. Aucun membre du Conseil ne sera éligible à un emploi de cette association auquel sont attachés des émoluments et n'y sera éligible avant l'expiration d'un délai de deux ans après le terme de son mandat de con-

---

Section 9. The council shall meet at least once in each year at the city of Phœnix, in Maricopa County, Ariz. This regular annual meeting of the council shall begin on the first Monday in May in each year and continue in session at its pleasure.

Section 10. Special meetings may be called and held in such manner and at such times and under such provisions as may be prescribed by the by-laws. The general object and nature of business to be transacted at any special meeting shall be made known by reasonable public notice, such notice to be that prescribed by the by-laws therefor.

Section 11. The members of the council shall serve as such without compensation, but may receive mileage one way at the rate of 10 cents per mile for each day of actual attendance.

Section 12. No member of the council shall be eligible to any

seiller ; cette interdiction ne s'applique à aucune personne à raison de sa qualité de membre de premier Conseil.

Section 13. Le Conseil aura le pouvoir de décréter et d'adopter des règlements, de les abroger et de les amender de temps en temps, et de pourvoir à leur exécution, pour la gouverne des membres de cette association, le règlement et la direction des affaires. Toutefois, il n'aura aucune compétence pour adopter ou exécuter des réglements contraires d'une manière quelconque à une résolution arrêtée par le Secrétaire de l'Intérieur ou par un autre agent du Gouvernement pour l'administration de l'eau d'un réservoir ou d'autres travaux acquis ou construits par le Gouvernement national ou à l'acquisition ou à la construction desquels celui-ci a contribué et qui peuvent être employés pour fournir de l'eau aux terres des actionnaires de cette association.

Section 14. Il ne sera arrêté ou exécuté aucun règle-

---

office of this association to which there is attached any emolument or compensation, nor shall he be so eligible until at least two years shall have elapsed after his term of office as councilman shall have expired; provided, that this inhibition shall not apply to any person by reason of his membership of the first council.

Section 13. The council shall have power to enact and adopt and provide for the enforcement thereof by-laws for the government of the members of this association and the management of its business, and the conduct of its affairs, and to repeal, modify, and amend the same from time to time.   But the council shall not have power to adopt or to enforce any by-laws that in anywise conflict with any rule or regulation established by the Secretary of the Interior or other agency of the Government for the administration of water from any reservoir or other works acquired or constructed by the National Government, or in the acquisition or construc-

ment de nature à entraver ou à affecter un droit existant d'un membre de cette association à l'usage de l'eau pour l'irrigation.

Section 15. Tous les règlements seront d'application générale dans les limites où des lois générales peuvent être rendues applicables.

Article VII.

Section 1. Dans toutes les élections, les électeurs devront posséder les qualités suivantes :

1° Au moment de l'élection, l'électeur devra être propriétaire d'au moins une action de capital de cette association et devra en avoir été propriétaire, d'après les livres de celle-ci, pendant vingt jours au moins avant l'élection.

2° L'électeur devra avoir 21 ans accomplis et être sain d'esprit.

---

tion of which it shall have aided, and which may be used for supplying water to the lands of the shareholders of this association.

Section 14. No by-laws shall be passed or enforced which shall interfere with or affect any present existing vested right of any member of this association to the use of water for irrigation.

Section 15. All by-laws shall be of general application so far as general laws can be made to apply.

Article VII.

Section I. At all elections the electors shall possess the following qualifications :

(1) Shall be at the time of the election the owner of at least one share of the capital stock of this association, and shall have been the owner thereof. as shown by the books of the association, for at least twenty days before such election.

(2) Shall be of the age of 21 years or more and of sound mind.

Section 2. A toute élection, chaque actionnaire aura droit à une voix pour chaque action de capital qu'il possède, sans toutefois que le nombre total de ses voix puisse dépasser 160.

Section 3. Les votes auront lieu par bulletin écrit ou imprimé et seront émis aux scrutins par les électeurs en personne.

Section 4. Le Conseil peut faire des règlements *ad hoc* pour l'enregistrement des votes et la méthode suivant laquelle auront lieu les élections.

Section 5. A toute élection sera élue, pour l'emploi désigné, la personne obtenant le plus grand nombre de voix.

Article VIII.

Section 1. Le Collège des directeurs sera composé du président, en vertu de ses fonctions, et de dix autres

---

Section 2. At all elections each shareholder shall be entitled to one vote for each share of stock owned by him, not, however, to exceed in the aggregate 160 votes, and no more.

Section 3. The votes shall be by written or printed ballot, and be voted only by the electors at the polls in person.

Section 4. The council may make reasonable by-laws for the registration of voters and the method of holding elections.

Section 5. At all elections the person receiving the highest number of votes for any office shall be deemed elected to such office.

Article VIII.

Section 1. The board of governors shall consist of the president, by virtue of his office, and ten other members. Each of said ten members shall be the owner of lands situated within the district for which he is elected, to which shares of stock of this association are appurtenant, and shall also be a resident of the reservoir dis-

membres. Chacun de ces dix membres sera propriétaire de terres situées dans le district pour lequel il est élu et auxquelles sont attachées des actions de capital de cette association ; il résidera aussi dans le district hydraulique ; si, pendant la durée de ses fonctions, il cesse d'être propriétaire ou de résider dans le district, son emploi deviendra de ce chef vacant.

Section 2. Un membre du dit Collège sera élu à l'élection annuelle qui aura lieu le premier mardi d'avril 1904 et à chaque élection annuelle ultérieure parmi et par les électeurs de chacun des districts dans lesquels est divisé, pour l'élection des membres du Conseil, le territoire décrit à l'article IV des présents statuts.

Section 3. Jusqu'au moment de l'élection des membres du Collège, de directeurs à l'élection annuelle en 1904 et jusqu'à leur installation, ce Collège sera composé des personnes suivantes : (*suivent les noms*).

Section 4. Si un membre du Collège des directeurs

---

trict : and if he should, during his term of office, cease to be such owner or a resident of such reservoir district, his office shall thereupon, and by reason thereof become vacant.

Section 2. One member of said board shall be elected at the annual election to be held on the first Tuesday of April, 1904, and at each annual election thereafter from and by the electors of each of the districts into which the territory described in Article IV of these articles is or may be divided for the purpose of the election of members of the council.

Section 3. Until the election of members of the board of governors at the annual election in 1904, and until their qualification, the board of governors shall consist of the following-named persons, that is to say : (*follow the names*).

Section 4. If a member of the board of governors at any time

cesse, en tout temps pendant la durée de son mandat, de posséder une des qualités prescrites, son mandat deviendra vacant ; en cas de vacance de ce chef ou pour décès, déplacement du district hydraulique ou démission d'un membre du Collège des directeurs, il sera pourvu à la vacance par le Conseil si elle se produit plus de soixante jours avant l'élection ordinaire.

Section 5. Le Collège des directeurs se réunira en session ordinaire, au siége de l'association, le premier lundi de chaque mois, à moins que ce ne soit un jour de fête légale ; dans ce cas, la réunion aura lieu le jour suivant.

Section 6. Des réunions spéciales du Collège des directeurs peuvent être ordonnées par le président ou par six membres de ce Collège.

La convocation aura lieu par écrit et sera signée par le président ou par chacun des six membres ; elle indiquera la date de la réunion projetée et la nature des affaires à y

---

during his term of office should cease to have any of the qualifications prescribed for that office, such office shall thereupon become vacant, and in the event of a vacancy from that cause or by reason of the death, removal from the reservoir district, or resignation of any member of said board of governors, the vacancy shall be filled by the council if it occurs more than sixty days prior to a regular election.

Section 5. The board of governors shall meet in regular session at the office of the association on the first monday of each month, unless it be a legal holiday, in which case the board shall meet on the following day.

Section 6. Special meetings of the board of governors may be called by the president, or by any six of the members of the board. Such call shall be in writing and signed by either the president or any six of the members, and shall state the time of such proposed

traiter. Cette convocation écrite sera adressée au secrétaire qui en transmettra, immédiatement et au moins cinq jours avant la date fixée pour cette réunion, une copie, sous pli affranchi par la poste, au président et à chaqae membre du collège ; il fera en outre publier cette convocation dans un journal publié et circulant dans le territoire décrit à l'article IV des présents statuts, pendant trois jours consécutifs avant la date fixée pour la réunion.

Si le secrétaire néglige ou refuse de publier cette convocation ou d'en envoyer des copies comme il est dit ci-dessus, le président, s'il a fait la convocation, ou l'un des membres qui l'on faite, peut faire la publication et envoyer des copies avec le même effet que si le secrétaire l'avait fait. Des réunions spéciales du collège des directeurs seront tenues au siège de l'association.

Section 7. Les membres du collège des directeurs recevront la rémunération prescrite par le Conseil dans les règlements.

---

meeting and the nature of the business to be transacted thereat. Such written call shall be filed with the secretary, who shall thereupon immediately, and at least five days before the time fixed for such meeting, mail, postpaid, to the president and each member of the board a copy of such call, and shall publish the same in some newspaper published and of general circulation in the territory described in Article IV of these articles on three consecutive days before and exclusive of the day fixed for such special meeting. If the secretary fail or refuse to publish such call or to mail copies thereof, as above provided, then either the president, if he issued the call, or any one of the members who issued the same, may make publication and mail copies of the call, with like effect as if done by the secretary. Special meetings of the board of governors shall be held at the office of the association.

Section 7. The members of the board of governors shall receive

Section 8. Le collège des directeurs aura dans ses attributions l'administration des affaires de l'association; il les traitera en se conformant aux dispositions des présents statuts et des règlements.

Section 9. Il aura le pouvoir de nommer, moyennant révocation en tout temps, un inspecteur général et de prescrire les devoirs et pouvoirs de celui-ci, en se conformant aux stipulations des règlements; il pourra aussi employer un ou des ingénieurs et tels autres employés qui peuvent être nécessaires et utiles pour exécuter les projets de l'association, en se conformant aux stipulations prescrites par les règlements.

Section 10. Il aura le pouvoir de poursuivre, défendre et arranger tous procès, de faire, au nom de l'association, les contrats nécessaires et utiles pour traiter et mener à bonne fin les affaires de l'association, en se conformant aux stipulations prescrites par ces statuts et les règlements.

---

such compensation as shall be prescribed by the council by by-laws.

Section 8. The board of governors shall have the administration of the corporate affairs and business of the association, and shall manage and conduct the same subject to all the provisions of these articles and of the by-laws.

Section 9. It shall have the power to appoint, subject to removal by it at any time, a general superintendent, and prescribe his duties and powers, subject to all rules and regulations prescribed by the by-laws, and to employ an engineer or engineers and such other employees as may be proper and necessary to effect the purposes of this association, subject to such rules and regulations as may be prescribed by the by-laws.

Section 10. It shall have the power to prosecute, defend, and compromise all lawsuits; to make all contracts, in the name of the

Section 11. Il aura le pouvoir d'évaluer, d'établir et de lever des impositions à charge des actionnaires de l'association jusqu'à concurrence du montant et de la manière autorisés par les présents statuts et réglés et prescrits par les règlements.

Section 12. Il aura le pouvoir de faire, publier et exécuter des règlements concernant la distribution, l'usage et la demande d'eau pour l'irrigation, à la condition que ces règlements soient conformes et non contraires aux présents statuts ou aux résolutions arrêtées par le secrétaire de l'Intérieur ou un autre agent du Gouvernement national.

Section 13. Il tiendra, ou fera tenir, un registre de ses transactions ; ce registre sera toujours déposé au siége de l'association et, pendant les heures de bureau, ouvert à l'inspection des actionnaires ou de leurs agents dûment autorisés.

---

association, necessary and proper for the conduct of the affairs and the carrying on of the business of the association, subject to all limitations and regulations prescribed by these articles or the by-laws.

Section 11. It shall have the power to estimate, make, and levy all assessments against the shareholders of this association to the extent and in the manner authorized by these articles and regulated and prescribed by the by-laws.

Section 12. It shall have the power to make, publish, and enforce rules and regulations concerning the distribution, use, and application of water for irrigation, subject at all times to and not inconsistent with these articles or with the by-laws or with any rules or regulations established by the Secretary of the Interior or other agency of the National Goverment.

Section 13. It shall keep, or cause to be kept, a record of its transactions, which shall at all times remain in the office of the

Section 14. Il examinera et donnera la suite voulues aux réclamations des actionnaires relatives à la négligence ou à l'incurie de tout employé de l'association en ce qui concerne la distribution de l'eau.

ARTICLE IX.

Section 1. Les terres comprises dans chaque système d'irrigation spécial dans le territoire décrit à l'article IV seront constituées en division hydraulique dont les limites seront fixées par le Conseil, à la demande des propriétaires des deux tiers des actions du capital social de l'association attachées aux terres situées dans cette division projetée. Le Conseil peut changer ou modifier les limites de toute division hydraulique à la demande d'une majorité des actionnaires de l'association propriétaires des terres affectées ; il peut le faire aussi de sa propre initiative, s'il estime qu'un changement ou une modification présente de l'utilité.

---

association, and shall, during office hours, be open to the inspection of the shareholders or their properly authorized agents.

Section 14. It shall hear and determine complaints of shareholders of nonservice or of improper service or distribution of water or of improper performance of duty by any employee of the association relative to the distribution of water.

ARTICLE IX.

Section 1. The lands under each separate distributing canal system within the territory described in Article IV of these articles shall on the petition of the owners of two-thirds of the shares of the capital stock of this association appurtenant to the lands in such proposed canal division be formed into a canal division, and the boundaries of such division be fixed by the council. On the petition of the holders of a majority of the shares in this association owning the lands affected thereby, or without such peti-

Section 2. Le collège des directeurs nommera, au mois de mai de chaque année, pour la division hydraulique, un Comité de commissaires d'irrigation composée de trois membres.

Pour être éligible à ces fonctions, il faut résider dans la division d'irrigation pour laquelle la nomination est faite et être électeur comme il est stipulé dansces statuts. La durée du mandat des membres du Comité des commissaires d'irrigation prendra cours avec leur nomination jusqu'au 1er mai de l'année suivante et jusqu'à ce que leurs successeurs aient été nommés et installés ; ils peuvent être révoqnés par le Collège des directeurs, qui peut pourvoir à toute vacance dans un Comité de commissaires d'irrigation avant l'expiration du mandat.

Section 3. Si des actionnaires de cette association, formant une majorité des électeurs qualifiés et résidant dans une division hydraulique, présentent au Collège des directeurs, à leur première réunion du mois de mai, une

---

tion, whenever in the judgment of the council it will be beneficial, the council may change or modify the boundaries of any canal division.

Section 2. A board of water commissioners, to consist of three members, shall be appointed annually by the board of governors for each canal division. Such appointment shall be made in the month of May in each year, and no one shall be eligible for such office unless he be a resident within the canal division for which he may be appointed, and a qualified elector as provided in these articles. The term of office of the members of the boards of water commissioners shall be from the time of their appointment until the first day of May in the following year, and until their successors shall have been appointed and have qualified, and they may be removed for cause by the board of governors, who may fill any vacancy in any board of water commissioners fort the unexpired term.

requête signée demandant la nomination, comme commissaires d'irrigation de cette division, des trois personnes éligibles y indiquées, celles-ci seront nommées en cette qualité.

Section 4. Dans chaque division hydraulique, le Comité des commissaires d'irrigation aura le contrôle et la direction des affaires locales du système d'irrigation, ainsi que la distribution d'eau, à la condition de se conformer aux dispositions des présents statuts et aux règlements établis par le Conseil, par le Secrétaire de l'Intérieur ou par un agent du Gouvernement national.

Section 5. Dans chaque division hydraulique, le Comité des commissaires d'irrigation peut nommer, employer et révoquer un secrétaire et un inspecteur divisionnaire.

Section 6. Le Comité des commissaires d'irrigation peut, en tout temps, ordonner une réunion de tous les propriétaires de sa division qui sont actionnaires de cette associa-

---

Section 3. If a petition signed by shareholders in this association, constituting a majority of qualified electors, residing in any canal division, shall be presented to the board of governors at their first meeting, in May, naming three persons eligible for appointment as water commissioners, in said canal division, and asking for their appointment to such office, such persons shall be appointed as such water commissioners.

Section 4. In each canal division the board of water commissioners thereof shall have the control and management of the local affairs of the canal system therein, and of the distribution of water therefrom, subject to the provisions of these articles, and to the by-laws, and to the rules and regulations established by the council, or by the Secretary of the Interior, or any agency of the National Government.

Section 5. The board of water commissioners in each canal divi-

tion, afin d'examiner s'il y a lieu d'établir des impositions à charge de ces actionnaires et à leur profit. Avis de cette réunion sera donné par le secrétaire du Comité au moins dix jours d'avance, en plaçant une affiche en trois lieux publics dans la division hydraulique et en en adressant, franco par la poste, une copie à chaque actionnaire résidant dans la division d'irrigation.

Section 7. Si, à la dite réunion, une majorité des actionnaires, porteurs d'une majorité des actions de cette association attachées aux terres dans la division hydraulique, approuve l'établissement d'une imposition spéciale et signe une pétition au collège des directeurs pour demander que cette imposition soit levée sur les actionnaires de cette association possédant des terres dans la division, et indiquant le montant de l'imposition projetée et l'objet pour lequel elle sera levée, et si le comité des commissaires

----

sion may appoint a secretary of the board and employ a division superintendent, removable at their pleasure.

Section 6. The board of water commissioners may call a meeting at any time of all the landowners in their canal division who are shareholders in this association, to consider and determine whether an assessment or assessments for their special benefit should be levied on the shareholders in said division. At least ten days' notice of such meeting shall be given by the secretary of said board, by posting a notice thereof in three public places in said canal division, and mailing a copy of such notice, with postage prepaid, to each shareholder residing in said canal division.

Section 7. If a majority of such shareholders who are the holders of a majority of the shares of this association appurtenant to lands in said canal division shall at said meeting approve the levy of such special assessment or assessments and sign a petition to the board of governors that the same be levied on the shareholders in this association, owning lands in said division, and specifying the

d'irrigation en font la recommandation par écrit sur la pétition, le Collège des directeurs aura pour devoir de percevoir cette imposition sur tous les actionnaires de cette association possédant des terres dans cette division hydraulique.

Section 8. Lorsque la dite imposition est établie et recouvrée, elle peut être employée par le Comité des commissaires d'irrigation de la division hydraulique aux fins indiquées; ell> sera payée par le trésorier sur mandat émis par le dit Comité des commissaires d'irrigation ; toutefois, rien dans cet article ne pourra limiter ni restreindre le droit de l'association d'établir, percevoir et recouvrer d'autres impositions prévues dans ces statuts.

Article X.

Section 1. A la première élection annuelle du premier

---

amount of said proposed assessment and the purpose for which it should be levied, and said board of water commissioners should recommend it in writing, indorsed on said petition, it shall be the duty of the board of governors to levy said special assessment on all the shareholders in this association owning lands in said canal division.

Section 8. When so levied the said assessment may, when collected, be disbursed by the board of water commissioners of said canal division for the purpose specified in its levy, and shall be paid out by the treasurer on warrants drawn on him by the said board of water commissioners ; provided, however, that nothing in this article shall limit or abridge the right of the association to make, levy, and collect assessments, as elsewhere in these articles provided.

Article X.

Section 1. A president and a vice-president of the association shall be elected at the annual election to be held on the first Tues-

mardi d'avril 1904, et tous les deux ans ultérieurement, il sera nommé un président et un vice-président de l'association ; la durée de leur mandat sera de deux ans à partir du premier lundi de mai qui suit leur élection et jusqu'à ce que leurs successeurs soient élus et installés. Jusqu'à ce qu'il soit pourvu aux fonctions de président et de vice-président comme il est dit ci-dessus, B.A. Fowler et E.W. Wilbur seront respectivement président et vice-président de cette association.

Section 2. Un trésorier et un secrétaire de l'association seront nommés par le collège des directeurs à sa première réunion ordinaire annuelle ; la durée de leur mandat sera d'un an et jusqu'à ce que leurs successeurs aient été nommés et installés.

Section 3. Le trésorier et le secrétaire fourniront la caution prescrite par les règlements ; il est entendu qu'aucun membre du Collège des directeurs ni le secrétaire ne seront admis comme caution du trésorier.

---

day of April, 1904, and every two years thereafter, and shall serve two years from and after the first Monday of May following their election and until their successors are elected and qualified. Until the election of a president and vice-president, as above provided, B. A. Fowler shall be the president and E. W. Wilbur shall be the vice-president of this association.

Section 2. A treasurer and a secretary of the association shall be appointed by the board of governors at its first regular meeting in each year, and shall serve for one year thereafter and until their successors have been appointed and have qualified.

Section 3. The treasurer and secretary shall give such bond as may be prescribed by the by-laws; provided that no member of the board of governors nor the secretary shall be accepted as a surety on the bond of the treasurer.

Section 4. The president, vice-president, treasurer, and secre-

Section 4. Le président, le vice-président, le trésorier et le secrétaire s'acquitteront des devoirs prescrits par les présents statuts et par les règlements, pour autant que ces derniers ne soient pas contraires à la loi ou à ces statuts ; ils recevront les émoluments fixés par les règlements, mais ces émoluments ne pourront jamais être augmentés ou diminués pendant la durée de leurs fonctions respectives.

Section 5. En cas d'absence, de maladie ou d'incapacité du président de remplir ses fonctions, ou en cas de vacance de cet emploi, le vice-président agira au lieu et place du président. En cas de vacances dans les emplois de président et de vice-président, le Conseil ordonnera une élection spéciale pour y pourvoir pour terminer les mandats ; toutefois, si ces vacances se produisent dans les soixante jours qui précèdent la prochaine élection annuelle, il y sera pourvu par le Conseil.

Section 6. Le président sera le premier fonctionnaire exécutif de l'association et aura la surveillance générale

---

tary shall perform such duties as are prescribed by these articles and by the by-laws, wherein such by-laws shall not be inconsistent with law or with these articles, and shall receive such compensation as may be fixed by the by-laws, which compensation shall be neither increased nor diminished during their respective terms of office.

Section 5. In case of the absence, illness, or inability of the president to act from any cause, or in case of a vacancy in that office, the vice-president shall act in the place and stead of the president. In the event of a vacancy in the offices of both the president and vice-president, the council shall call a special election to fill the unexpired terms for both offices ; provided, however, that such vacancies, if occurring within sixty days before the next annual election, shall be filled by appointment by the council.

Section 6. The president shall be the chief executive officer of

sur tous les autres employés dans l'accomplissement de leurs fonctions, ainsi que sur la direction des affaires de l'association. Il présidera toutes les réunions du Collège des directeurs, dont il sera membre *ex officio* ; il remplira en outre toutes les autres fonctions qui peuvent lui être déférées par les règlements.

Section 7. Tous les certificats ou autres preuves de propriété d'actions de capital délivrés par l'association seront signés par le président et le secrétaire de celle-ci et revêtus du sceau de l'association.

Section 8. Tous les contrats et actes par écrit faits pour ou au nom de l'association seront exécutés au nom de celle-ci par le président et le secrétaire et seront revêtus du sceau de l'association.

Section 9. Le trésorier percevra toutes les sommes et tous autres fonds de l'association et en sera le dépositaire. Aucune somme ne sera payée par le trésorier que sur man-

---

the association, and shall have general supervision over all other officers of the association in the performance of their duties as such, and of the conduct of the business and affairs of the association. He shall preside at all meetings of the board of governors and shall be ex officio a member of that board, and perform such other duties as may be devolved upon him by the by-laws.

Section 7. All certificates or other evidences of the ownership of shares of stock in the association issued by the association shall be signed by the president and secretary of the association and shall have the seal of the association affixed thereto.

Section 8. All contracts and instruments in writing executed for or in behalf of the association shall be so executed in the name of the association by the president and secretary, and shall have the seal of the association affixed thereto.

Section 9. The treasurer shall receive and be the custodian of all

dats émis par le président et le secrétaire, sauf pour ce qui est prévu dans l'article IX, section 8, des présents statuts. Aucun mandat ne sera émis et transmis au trésorier par le président et le secrétaire, si ce n'est sur l'ordre du Collège des directeurs, enregistré dans les minutes de celui-ci et dans un registre des mandats à tenir par le secrétaire.

Section 10. Le trésorier tiendra, dans des livres appartenant à l'association, un compte exact, complet et détaillé de toutes les sommes de l'association reçues ou déboursées par lui ; il en présentera un rapport et un décompte pour le dernier mois précédent au Collège des directeurs, à chaque réunion mensuelle ordinaire de ce Collège ; à l'expiration de chaque trimestre il préparera et publiera, de la manière prescrite par les règlements, un rapport trimestriel indiquant toutes les recettes et toutes les dépenses faites pendant le dernier trimestre ; le

---

moneys and other funds of the association. No moneys shall be paid out by the treasurer unless upon warrants drawn on him by the president and secretary, except as provided in Article IX, section 8, of these articles. No warrants shall be drawn on the treasurer by the president and secretary except upon the order of the board of governors, recorded in the minutes of the board, and in a warrant record to be kept by the secretary.

Section 10. The treasurer shall keep a full, complete, and accurate account of all moneys of the association received and disbursed by him, in books belonging to the association, and shall present a report and account thereof for the last preceding month to the board of governors at every regular monthly meeting of said board, and shall, at the expiration of each quarter, prepare and publish, in such manner as the by-laws may prescribe, a quarterly statement to shareholders showing all such receipts and disbursements during the last preceding quarter; and the treasurer shall

trésorier s'acquittera en outre de tous les autres devoirs qui lui sont imposés par les règlements.

Section 11. Le secrétaire agira comme commis du Collège des directeurs et tiendra un registre de toutes leurs procédures. Il sera le dépositaire du sceau, des livres, papiers et registres de l'association.

Après l'adoption par le Conseil des règlements et immédiatement après les avoir reçus, il les transcrira dans un registre *ad hoc* qu'il conservera dans son bureau ; ce registre sera ouvert à l'inspection de tout membre de l'association pendant les heures de bureau. Le secrétaire s'acquittera en outre de tous les devoirs qui pourraient lui être imposés par les règlements.

Article XI.

Le Conseil peut créer d'autres emplois nécessaires pour mener à bonne fin les affaires de l'association et prescrire, par des règlements non contraires aux présents statuts,

---

perform such other duties as may be devolved upon him by the by-laws.

Section 11. The secretary shall act as the clerk of the board of governors, and keep a record of all their proceedings. He shall be the custodian of the seal of the association, and of all its books, papers, and records. He shall immediately upon their adoption and certification to him by the council, record in a book of by-laws to be kept by him in his office, all by-lawes adopted by the council, and shall keep such book open to the inspection of any member of the association at all times during business hours. And the secretary shall perform such other duties as may be devolved upon him by the by-laws.

Article XI.

The council may create such other offices as may be necessary for the carrying on of the business and affairs of this association,

le mode de nomination, les pouvoirs, les devoirs, les durées
de service, l'éligibilité et la rémunération.

ARTICLE XII.

A la suite d'une plainte dûment motivée faite par le Collège des directeurs, le Conseil peut révoquer le président,
le vice-président, le trésorier, le secrétaire ou le titulaire
de tout emploi créé par le Conseil, pour incompétence,
négligence de service, détournements ou abus de fonds de
l'association ou pour violation d'une des dispositions des
présents statuts ou d'un règlement. Le Conseil tracera,
par des règlements, la procédure à suivre pour ces révo-
cations.

ARTICLE XIII.

Section 1. Les fonds nécessaires pour l'exécution des
projets de cette association seront prélevés de temps en
temps par une imposition des actionnaires.

---

and prescribe the manner of appointment, powers, duties, terms
of office, eligibility, and compensation thereof by by-laws not
inconsistent with these articles.

ARTICLE XII.

Upon proper complaint thereof by the board of governors, duly
sustained, the council may remove from office the president, vice-
president, treasurer, secretary, or the incumbent of any office
created by the council, for incompetence, neglect of duty, misap-
propriation of funds of the association, or for violation of any of
the provisions of these articles or of any by-law. The council shall
prescribe by by-laws the procedure for such removal.

ARTICLE XIII.

Section 1. Revenues necessary for the accomplishment of the
purposes of this association shall be raised by an assessment

Section **2**. Le Conseil aura le pouvoir de faire et d'exécuter les règlements nécessaires pour l'assiette et le recouvrement de ces impositions.

Section 3. Les actionnaires pourront également être imposés proportionnellement au nombre d'actions qu'ils possèdent respectivement, aux fins de pourvoir aux dépenses ordinaires de manœuvre, réparation et maintien des travaux de l'association ou de ceux dont le maintien et le contrôle lui seront ultérieurement confiés.

Section **4**. Les actionnaires peuvent aussi être imposés proportionnellement au nombre d'actions qu'ils possèdent respectivement aux fins de pourvoir à la construction, l'acquisition, l'amélioration, le renouvellement, le remplacement ou la conservation des travaux, propriétés ou droits de l'association ou pour conserver, augmenter ou distribuer plus efficacement et plus économiquement les réserves d'eau disponibles pour la distribution par l'asso-

---

thereof, from time to time as required, upon and against the shareholders.

Section 2. The council shall have power to make and enforce necessary by-laws for the making, levying, collecting, and enforcing of such assessments.

Section 3. Assessments for the ordinary cost of operation, maintenance and repair of the works of the association, or of those the maintenance and control of which are, or may be hereafter, lodged in the association, shall be equally assessed against all the shareholders in proportion to the number of shares held by them, respectively.

Section 4. Assessments for the purpose of constructing or acquiring, or for the betterment, improvement, renewal, replacement, or preservation of any works, property, or rights of the association, or for the purpose of preserving, or increasing, or more efficiently or economically distributing the water supplies

ciation, ou pour exécuter toute obligation encourue par celle-ci dans un contrat, un accord ou un autre arrangement avec le Gouvernement des Etat-Unis ou nécessaires pour l'accomplissement ou l'exécution des projets de l'association.

Section 5. Des impositions aux fins de pourvoir à des dépenses qui ne profitent qu'à certains actionnaires peuvent être établies à leur charge proportionnellement aux bénéfices qu'ils en retirent ; toutefois, aucune dépense prévue ou couverte par ces impositions spéciales ne sera faite, ni aucune obligation encourue de ce chef, si ce n'est sur requête des porteurs des deux tiers des actions spécialement avantagés.

Section 6. Au fur et à mesure que les impositions sont établies et prélevées et jusqu'à ce qu'elles soient payées ou libérées autrement, elles grèveront les terres de l'actionnaire imposé et les actions de capital attachées aux dites

---

available for distribution by the association, or for the fulfillment of any obligation undertaken by the association in any contract, agreement, or other arrangement with the United States Government, or necessary for the accomplishment or carrying out of any of the purposes of the association, may be equally assessed against all the shareholders in proportion to the number of shares owned by them, respectively.

Section 5. Assessments for expenditures for purposes that are of benefit to a part only of the shareholders, may be specially assessed in proportion to such benefits against such shareholders, but no expenditure to be provided for or covered by such special assessment shall be made, or obligation to expend the same incurred, except upon the petition of the holders of two-thirds of the shares to be so specially benefited thereby.

Section 6. Assessments shall become, from time to time as they are made and levied, and until they are paid or otherwise dischar-

terres, ainsi que les droits et intérêts représentés par ces actions. La manière de déterminer la charge et de la rendre opérante sera tracée par les règlements.

Section 7. Sauf pour ce qui concerne la manœuvre, le maintien et la réparation ordinaires, il ne sera entrepris aucun ouvrage, réalisé aucun achat, contracté ou autorisé aucune dette pendant une année, dont la dépense ou le montant dépasserait 50,000 dollars, avant sa ratification par au moins les deux tiers des votes émis dans une élection convoquée à cet effet. Des élections spéciales peuvent être ordonnées et tenues à ces fins en vertu de règlements, non contraires aux présents statuts, que le Conseil pourrait arrêter.

Article XIV.

Aucune disposition des statuts ni le fait de devenir membre de l'association ne sera interprété comme affec-

---

ged, shall be and remain a lien on the lands of the shareholder against which they are levied and upon the shares of stock appurtenant to said lands and all rights and interests represented by such shares. The manner of fixing the lien and enforcing the same shall be prescribed in the by-laws.

Section 7. Except for the ordinary operation, maintenance, and repair, no work shall be undertaken, purchase made, or indebtedness incurred or be authorized during any one year whereof the cost or amount thereof shall exceed $ 50,000 until it shall have first been ratified by at least two-thirds of the votes cast at an election to be called for that purpose. Special elections may be called and held for such purpose under such by-laws as the council may prescribe not inconsistent with these articles.

Article XIV.

Noting in these articles of incorporation, or the fact of becoming a member of this association, shall be construed as affecting, or

tant, pouvant affecter ou entraver d'une manière quelconque les droits existants d'une personne à l'usage ou à la fourniture antérieure de l'écoulement naturel approprié des eaux des Salt et Verde Rivers.

ARTICLE XV.

La propriété personnelle des actionnaires sera exempte de responsabilité en ce qui concerne les dettes de l'association.

ARTICLE XVI.

La dette de l'association ne dépassera pas les deux tiers du montant du capital social.

ARTICLE XVII.

La présente association est constituée pour une durée de vingt-cinq ans.

---

intended to affect, or in anyway interfere with the present vested rights of any person to the prior use or delivery of the natural appropriated flow of the waters of the Salt and Verde rivers.

ARTICLE XV.

The individual property of the shareholders shall be exempt from liability for incorporate indebtedness of this association.

ARTCLE XVI.

The incorporate indebtedness shall not exceed two-thirds of the amount of the capital stock.

ARTICLE XVII.

This corporation shall endure for the term of twenty-five years.

ARTICLE XVIII.

These articles of incorporation can only be amended by the shareholders at a regular annual election or at a special election

Article XVIII.

Les présents statuts ne peuvent être amendés que par les actionnaires dans une élection régulière annuelle ou dans une élection spéciale ordonnée à cette fin. Aucun amendement proposé ne sera soumis aux actionnaires avant d'avoir d'abord reçu l'approbation des deux tiers des membres du Conseil dans une session régulière ou dûment convoquée ; d'autre part, aucun amendement ne sera ainsi soumis avant d'avoir été publié en entier au moins une fois par semaine, pendant quatre semaines consécutives, dans au moins trois journaux publiés et circulant généralement dans le territoire décrit dans l'article IV des présents statuts ; la dernière de ces publications aura lieu au plus tard dix jours et au plus tôt vingt jours avant l'élection.

Article XIX.

La présente association peut adopter, et en tirer parti ou s'y conformer, les dispositions des lois décrétées ou à décréter par le Congrès ou par l'assemblée législative du

---

called for that purpose. No proposed amendment shall be submitted to the shareholders until it shall have first received the approval of two-thirds of the members of the council at a regular or duly called session thereof, nor shall any such proposed amendment be so submitted until it shall have been published in full at least once in each week for four consecutive weeks in at least three newpapers published and of general circulation within the territory described in Article IV of these articles, the last of which such publications shall be not less than ten nor more than twenty days before any such election.

Article XIX.

. This association may accept and avail itself of, or subject itself to, the provisions of any law or laws enacted or that may be enacted by Congress or the legislative assembly of the Territory

Territoire ou de l'Etat, quand il deviendra l'Etat d'Arizona, relatives aux corporations et qui peuvent être applicables à des corporations organisées aux mêmes fins que la présente association.

Cette adoption ou cette soumission est valable lorsqu'elle est ratifiée par au moins les deux tiers des votes émis dans une élection annuelle ou dans toute autre élection spéciale convoquée pour cette ratification.

ARTICLE XX.

Le sceau de la présente association consistera en une figure de deux cercles concentriques, ayant respectivement 2 pouces et 1 1/2 pouces de diamètre. Dans l'espace compris entre les deux cercles se trouveront les mots : « Salt River Valley Water Users' Association » et au centre sera placé un rouleau non déroulé avec ces mots : « Incorporated, 1903, Arizona. »

En foi de quoi nous avons signé ci-dessous, le 4 février 1903.

---

or State, when it becomes a State of Arizona, relative to corporations which may be applicable to corporations organized for like purposes as this association. Such acceptance or subjection shall be valid when ratified by at least two-thirds of the votes cast at any annual election, or at any special election called for the ratification thereof.

ARTICLE XX.

The seal of this association shall be a figure of two concentric circles, the outer being 2 inches and the inner $1\frac{1}{2}$ inches in diameter. In the space between the two shall be the words « Salt River Valley Water Users' Association, » and bearing within the center space an unrolled scroll with the words and figures thereon : « Incorporated, 1903, Arizona. »

Witness our hands hereto this 4th day of February, A. D. 1903.

II.

LÉGISLATION DE L'ÉTAT.

Législation sur les Irrigations dans l'Etat de Wyoming.

Dispositions constitutionnelles.

CHAPITRE Ier.

Contrôle de l'eau dans l'Etat.

ARTICLE 31.

L'eau étant indispensable à la prospérité industrielle, limitée en quantité et facile à être dérivée de son cours naturel, l'Etat doit se charger du contrôle de cette eau et, en arrêtant les dispositions pour son usage, doit protéger également tous les différents intérêts en cause.

Water Laws of Wyoming.

Constitutional Provisions.

ARTICLE I.

Water Control in State.

SECTION 31.

Water being essential to industrial prosperity, of limited amount and easy of diversion from its natural channels, its control must be in the State, which, in providing for its use, shall equally guard all the various interests involved.

CHAPITRE VIII.

L'eau est propriété de l'Etat.

ARTICLE PREMIER.

Sont déclarées propriété de l'Etat toutes les eaux des fleuves, sources, lacs naturels ou autres eaux dormantes dans les limites de l'Etat.

Comité de contrôle.

ARTICLE 2.

Il sera institué un comité de contrôle composé de l'ingénieur de l'Etat et des inspecteurs en chef des divisions hydrographiques. Ce comité sera chargé, conformément aux règlements à prescrire éventuellement par la loi, de la surveillance des eaux de l'Etat, de leur appropriation, distribution et dérivation, ainsi que des divers employés qui s'en occupent ; ses décisions sont susceptibles de revision par les tribunaux de l'Etat.

ARTICLE VIII.

Water is Property of State.

SECTION 1.

The water of all natural streams, springs, lakes, or other collections of still water, within the boundaries of the State, are hereby declared to be the property of the State.

Board of Control.

SECTION 2.

There shall be constituted a Board of Control to be composed of the State Engineer and Superintendents of the Water Divisions, which shall, under such regulations as may be prescribed by law, have the supervision of the waters of the State, and of their appropriation, distribution and diversion, and of the various officers connected therewith, its decisions to be subject to review by the courts of the State.

Appropriation.

ARTICLE 3.

La priorité d'appropriation pour des usages utiles entraînera un privilége. Aucune appropriation ne sera refusée, à moins que ce refus ne soit justifié par l'intérêt général.

Divisions hydrographiques.

ARTICLE 4.

La Législature divisora, par une loi, l'Etat en quatre divisions hydrographiques et pourvoira à la nomination des inspecteurs en chef de ces divisions.

Ingénieur de l'Etat.

ARTICLE 5.

Un ingénieur de l'Etat sera nommé par le Gouverneur

Appropriation.

SECTION 3.

Priority of appropriation for beneficial uses shall give the better right.   No appropriation shall be denied except when such denial is demanded by the public interests.

Water Divisions.

SECTION 4.

The Legislature shall by law divide the State into four water divisions and provide for the appointment of Superintendents thereof.

State Engineer.

SECTION 5.

There shall be a State Engineer, who shall be appointed by the

de l'Etat, moyennant ratification par le Sénat ; il restera
en fonctions pendant six ans ou jusqu'à la nomination et
l'installation de son successeur ; il présidera le comité de
contrôle et exercera la surveillance générale sur les eaux
de l'Etat et sur les employés chargés de leur distribution.
Nul ne sera nommé à ces fonctions sans avoir les connaissances théoriques, l'expérience pratique et l'habileté nécessaires.

CHAPITRE XIII.

Acquisition d'eau par appropriation et expropriation.

ARTICLE 5.

Les autorités municipales auront les mêmes titres que
les particuliers pour acquérir des droits, par appropriation antérieure ou autrement, à l'usage de l'eau pour des
besoins domestiques et municipaux ; la Législature pourvoira, par une loi, à l'exercice par les cités, villes et vil-

---

Governor of the State and confirmed by the Senate; he shall hold
his office for the term of six years, or until his successor shall have
been appointed and shall have qualified; he shall be President of
the Board of Control, and shall have general supervision of the
waters of the State and of the officers connected with its distribution. No person shall be appointed to this position who has not
such theoretical knowledge and such practical experience and skill
as shall fit him for the position.

ARTICLE XIII.

May Acquire Water by Appropriation and Condemnation.

SECTION 5.

Municipal corporations shall have the same right as individuals
to acquire rights, by prior appropriation and otherwise, to the use
of water for domestic and municipal purposes, and the Legislature
shall provide by law for the exercise upon the part of incorporated

lages du droit de domaine éminent pour acquérir d'usagers privilégiés, moyennant payement d'une indemnité équitable, la quantité d'eau nécessaire pour leurs besoins généraux et domestiques.

Statuts revisés de 1899. — Ingénieur de l'Etat.

Serment et cautionnement. — Aptitude.

ARTICLE 101.

Avant d'entrer en fonctions, l'ingénieur de l'Etat prêtera le serment prescrit par la Constitution. Il souscrira un engagement vis-à-vis de l'Etat du Wyoming jusqu'à concurrence de la somme de 5,000 dollars, avec deux cautions au moins, comme garantie de l'accomplissement fidèle de ses fonctions et de la remise à son successeur, ou à un autre fonctionnaire nommé par le Gouverneur

---

cities, towns and villages of the right of eminent domain for the purpose of acquiring from prior appropriators, upon the payment of just compensation, such water as may be necessary for the well-being thereof and for domestic uses.

Revised statutes of 1899. — State Engineer.

Oath and Bond.—Qualification.

SECTION 101.

Before entering upon the duties of his office, the State Engineer shall take the oath prescribed by the constitution. He shall enter into a bond to the State of Wyoming in the penal sum of five thousand dollars, with no less than two sureties, and conditioned for the faithful discharge of the duties of his office, and for the delivery to his successor, or other officer appointed by the Governor to receive

pour les recevoir, de toutes les sommes, de tous les livres
et autres objets appartenant à l'Etat, qui se trouvent entre
ses mains et sous son contrôle, ou dont il est chargé légalement comme tel. Nul ne sera nommé ingénieur de l'Etat
sans avoir les connaissances théoriques, la capacité et
l'expérience pratiques nécessaires pour cet emploi.

Traitement.

ARTICLE 102.

L'ingénieur de l'Etat touchera un traitement de deux
mille cinq cents dollars par an.

Le bureau est installé dans la capitale de l'Etat.

ARTICLE 103.

L'ingénieur de l'Etat aura son bureau dans la capitale
de l'Etat, au Capitole.

---

the same, all moneys, books and other property belonging to the
State, then in his hands or under his control, or with which he may
be legally chargeable as such officer. No person shall be appointed
as such State Engineer who is not known to have such theoretical
knowledge and practical skill and experience as shall fit him for
the position.

Salary.

SECTION 102.

The State Engineer shall receive a salary of two thousand five
hundred dollars per annum.

Office at State Capitol.

SECTION 103.

The State Engineer shall keep his office at the State Capital, in
the Capitol building.

Fonctions.

ARTICLE 104.

L'ingénieur de l'Etat procédera ou fera procéder aux mesurages et aux calculs du débit des fleuves auxquels l'eau sera prise pour être employée utilement ; ce travail commencera par les fleuves les plus employés pour l'irrigation ou d'autres fins utiles. Il rassemblera des renseignements et fera des levés afin de déterminer le meilleur emplacement pour la construction des ouvrages nécessaires pour utiliser l'eau de l'Etat et pour indiquer la situation des terres les plus aptes pour l'irrigation. Il examinera les emplacements de réservoirs et mentionnera dans ses rapports tous les faits établis par ces arpentages et examens, en y joignant, chaque fois qu'il est possible de le faire, les devis estimatifs des travaux d'irrigation proposés et de l'amélioration des emplacements de

---

Duties.

SECTION 104.

The State Engineer shall make, or cause to be made, measurements and calculations of the discharge of streams, from which water shall be taken for beneficial purposes, commencing such work upon those streams as are most used for irrigation, or other beneficial purposes. He shall collect facts and make surveys to determine the most suitable location for constructing works for utilizing the water of the State, and to ascertain the location of the lands best suited for irrigation. He shall examine reservoir sites and shall, in his reports, embody all the facts ascertained by such surveys and examinations, including, wherever practicable, estimates of the cost of proposed irrigation works, and of the improvements of reservoir sites. He shall become conversant with the water ways of the State, and the needs of the State as to irrigation

réservoirs. Il se familiarisera avec les cours d'eau de l'Etat et les besoins de celui-ci en matière d'irrigation et, dans ses rapports au Gouverneur, il fera les propositions quant à l'amendement des lois existantes ou à l'adoption de nouvelles lois dans le sens des observations faites et de son expérience ; il tiendra dans son bureau des registres de son travail, de ses observations et calculs, qui seront la propriété de l'Etat.

Ingénieur auxiliaire.

ARTICLE 105.

L'ingénieur de l'Etat aura le droit d'employer un ingénieur auxiliaire jusqu'à concurrence d'une dépense ne dépassant pas douze cents dollars par an ; il pourra aussi employer d'autres auxiliaires jusqu'à concurrence d'une dépense supplémentaire annuelle de cinq cents dollars au maximum ; l'ingénieur auxiliaire et les autres suppléants seront payés au moyen des sommes destinées à cette fin,

---

matters, and in his reports to the Governor he shall make such suggestions as to the amendment of existing laws or the enactment of new laws as his information and experience shall suggest, and he shall keep in his office full and proper records of his work, observations and calculations, all of which shall be the property of the State.

Assistant Engineer.

SECTION 105.

The State Engineer shall have the power to employ an Assistant Engineer, at an expense not to exceed twelve hundred dollars per year, and to employ other assistants at a total additional expense not to exceed five hundred dollars per year ; such Assistant Engineer and such additional assistants to be paid out of any money appropriated for that purpose, on certificates of the State Engineer, showing the amount of such employment, and the compensation

sur des certificats de l'ingénieur de l'Etat, indiquant la durée des fonctions et l'indemnité due ; à la présentation de ce certificat à l'auditeur de l'Etat, celui-ci délivrera un mandat sur le Trésor public jusqu'à concurrence de la somme due.

Frais de route.

ARTICLE 106.

Lorsque l'ingénieur de l'Etat ou son auxiliaire se déplace, il a droit à ses frais de voyage réels ; ceux-ci seront payés sur les fonds y destinés, sur présentation d'un certificat de l'ingénieur de l'Etat à l'auditeur de l'Etat. Celui-ci délivrera un mandat de payement de la somme due sur le Trésor public.

Rapports.

ARTICLE 107.

L'ingénieur de l'Etat fera rapport sur ses travaux au

---

therefor, and on the presentation of such certificate to the State Auditor he shall issue a warrant on the State Treasurer for the amount thereof.

Entitled to Actual Traveling Expenses, When.

SECTION 106.

When the State Engineer, or his Assistant Engineer, is called away from his office, he shall be entitled to his actual traveling expenses, which shall be paid out of any money appropriated for that purpose, on the certificate of said State Engineer. Such certificate shall be presented to the State Auditor, who shall thereupon draw upon the State Treasurer for the amount thereof.

Reports.

SECTION 107.

The State Engineer shall prepare and render to the Governor,

Gouverneur, deux fois par an et plus souvent en cas de nécessité. Ce rapport, portant sur toutes les matières et tous les devoirs qui sont du ressort de l'ingénieur de l'Etat, seront remis au Gouverneur, au plus tard le 30 novembre de l'année précédant la session ordinaire de la législature.

Honoraires.

ARTICLE 108.

L'ingénieur de l'Etat touchera les honoraires suivants, à recouvrer d'avance et à verser par lui au fonds général du Trésor public, comme le prévoit la loi :

Deux dollars, pour l'enregistrement et l'examen de demandes de permis d'appropriation d'eau et de plans y relatifs ;

Pour l'enregistrement de tout acte concernant un droit sur l'eau non spécifié ci-dessus : un dollar pour les

---

biennially, and oftener if required, full and true reports of his work, touching all matters and duties devolving upon him by virtue of his office, which report shall be delivered tot he Governor on or before the 30th day of November of the year preceding the regular session of tho Legislature.

Fees.

SECTION 108.

The State Engineer shall receive the following fees, which shall be collected in advance, and be paid by him into the general fund of the State Treasury as by law provided :

For filing and examining applications for permits to appropriate water, and maps of same, two dollars.

For recording any water-right instrument not specified above, one dollar for the first one hundred words, and for each additional folio, fifteen cents.

cent premiers mots et quinze cents pour chaque feuillet supplémentaire ;

Pour la délivrance de certificats d'appropriation d'eau, un dollar ; il est entendu que la somme d'un dollar sera payée par chaque usager ou requérant à l'inspecteur en chef divisionnaire, au moment du dépôt.des titres d'appropriation de l'eau par cet usager ou requérant chez ledit fonctionnaire, comme le prévoit la loi ; ces honoraires seront immédiatement versés par l'inspecteur en chef entre les mains de l'ingénieur de l'Etat et la quittance délivrée par celui-ci sera inscrite dans les registres du comité de contrôle ;

Pour délivrer des copies certifiées de tout document enregistré ou déposé au bureau de l'ingénieur de l'Etat, un dollar pour le premier feuillet et quinze cents pour chaque feuillet suivant, et un dollar pour tout certificat y attaché. (Chap. **LXXXII**, L. de l'Etat de 1905).

For issuing certificates of appropriation of water, one dollar ; provided that said fee of one dollar shall be by each appropriator or claimant paid to the Water Division Superintendent at the time of the submission of testimony and proof of appropriation of water by such appropriator or claimant, before the said Division Superintendent, as by law provided, which said fee shall be by said Superintendent immediately turned over to the said State Engineer, and his receipt taken therefor and filed in the records of the Board of Control.

For making certified copies of any document recorded or filed in the State Engineer's office, one dollar for the first folio and fifteen cents for each subsequent folio, and for each certificate attached thereto, one dollar.   (Chap. 82, S. L. 1905.)

Fees Paid to General Fund.

SECTION 109.

All moneys received by the State Engineer in accordance with

Honoraires versés au fonds général.

ARTICLE 109.

Toutes les sommes perçues par l'ingénieur de l'Etat conformément à l'article 108 seront versées par lui au
Trésor public, les premiers lundis de janvier, avril. juillet
et octobre. Le trésorier de l'Etat les portera au crédit du
fonds général.

Divisions hydrographiques et divisions d'inspection.

Délimitation des divisions hydrographiques.

ARTICLE 848.

L'Etat du Wyoming est partagé en quatre divisions
hydrographiques comme suit :

La division hydrographique n° 1 comprendra tous les

---

the provisions of Section 108 shall be paid by him into the State
Treasury on the first Monday of January, April, July and October,
respectively. The State Treasurer shall credit the same to the
general fund.

Water Divisions and Division Superintendents.

Water Divisions Defined.

SECTION 848.

The State of Wyoming is hereby divided into four water divisions, as follows :

Water Division No. 1 shall consist of all lands within this State
drained by the North Platte River and the tributaries of the North

terrains dans cet Etat drainés par la North Platte River, les tributaires de ce fleuve et de la South Platte River, par la Snake River (un cours d'eau tributaire de la Green River) et par ses tributaires, et par la Running Water Creek et ses tributaires.

La division hydrographique n° 2 comprendra tous les terrains dans cet Etat drainés par les tributaires des fleuves Yellowstone et Missouri, au nord du versant de la North Platte River et de la Running Water Creek et à l'est du sommet des Big Horn Mountains.

La division hydrographique n° 3 comprendra tous les terrains dans cet Etat drainés par la Big Horn River et ses tributaires et par le Clark's Fork et ses tributaires.

La division hydrographique n° 4 comprendra tous les terrains dans cet Etat drainés par les Green, Bear et Snake Rivers et leurs tributaires, à l'exception de la Snake River (un tributaire de la Green River) et de ses tributaires.

Platte River and the South Platte River, Snake River (a tributary of Green River) and its tributaries, and Running Water Creek and its tributaries.

Water Division No. 2 shall consist of all lands within this State drained by the tributaries of the Yellowstone and Missouri Rivers north of the watershed of the North Platte River and Running Water Creek and east of the summit of the Big Horn Mountains.

Water Division No. 3 shall consist of all lands within this State drained by the Big Horn River and its tributaries and by Clark's Fork and its tributaries.

Water Division No. 4 shall consist of all lands within this State drained by the Green, Bear and Snake Rivers and the tributaries thereof, except Snake River (a tributary of Green River) and its tributaries.

*Nomination et durée des fonctions des inspecteurs
en chef divisionnaires.*

ARTICLE 849.

Il y aura, pour chaque division hydrographique, un inspecteur en chef nommé par le Gouverneur avec le consentement du Sénat ; ce fonctionnaire restera en fonctions pendant quatre ans, ou jusqu'à ce que son successeur soit nommé et installé ; il résidera dans le district hydrographique pour lequel il est nommé.

L'inspecteur en chef de chaque division hydrographique exercera la direction et le contrôle directs sur les actes des commissaires des eaux, ainsi que sur la distribution de l'eau dans sa division ; il remplira, en outre, les devoirs qui lui incombent comme membre du comité de contrôle.

Fonctions.

ARTICLE 850.

L'inspecteur en chef exercera le contrôle général sur

Division Superintendents, Appointment and Term of.

SECTION 849.

There shall be one Superintendent for each of the water divisions, who shall be appointed by the Governor, with the consent of the Senate, who shall hold his office for four years, or until his successor is appointed and shall have qualified, and who shall reside in the water district for which he is appointed. The Superintendent of each water division shall have immediate direction and control of the acts of the Water Commissioners and of the distribution of water in his water division, and shall perform such duties as shall devolve upon him as a member of the Board of Control.

Duties.

SECTION 850.

Said Division Superintendent shall have general control over

les commissaires des eaux des différents districts dans sa division.

Il exécutera, sous la surveillance générale de l'ingénieur de l'Etat, les lois relatives à la distribution de l'eau, conformément aux droits de priorité d'appropriation et remplira toutes autres fonctions qui pourraient lui être imposées par l'ingénieur de l'Etat.

L'inspecteur en chef peut arrêter des règlements.

ARTICLE 851.

L'inspecteur en chef divisionnaire se conformera, dans la distribution de l'eau, aux dispositions de ce titre ; toutefois, pour remplir plus complètement ses fonctions, il pourra arrêter les règlements qu'il juge nécessaires pour assurer, dans son ressort, la bonne et équitable distribution de l'eau, conformément aux droits de priorité d'appropriation.

Il est entendu que ces règlements ne seront pas con-

---

the Water Commissioners of the several districts within his division. He shall, under the general supervision of the State Engineer, execute the laws relative to the distribution of water in accordance with the rights of priority of appropriation, and perform such other functions as may be assigned to him by the State Engineer.

May Make Regulations.

SECTION 851.

Said Division Superintendent shall, in the distribution of water, be governed by the provisions of this title, but for the better discharge of his duties he shall have authority to make such other regulations to secure the equal and fair distribution of water in accordance with the rights of priority of appropriation as may, in his judgment, be needed in his division : Provided, Such regulations

traires aux lois de l'Etat ; ils n'en seront qu'un supplément nécessaire pour renforcer les lois générales et les amendements y relatifs.

Appel.

ARTICLE 852.

Tout particulier, toute société d'irrigation ou tout propriétaire d'aqueduc qui se croirait lésé par les ordonnances ou règlements de l'inspecteur en chef divisionnaire aura le droit de se pourvoir en appel auprès de l'ingénieur de l'Etat, en adressant à celui-ci une copie de l'ordonnance ou du règlement incriminé et un exposé de la manière dont celui-ci porte préjudice aux intérêts du requérant.

Après notification, l'ingénieur de l'Etat entendra toutes les déclarations produites par le requérant, soit oralement, soit par attestation et, par l'intermédiaire de l'ins-

---

shall not be in violation of the laws of the State, but shall be merely supplementary to and necessary to enforce the provisions of the general laws and amendments thereto.

Appeal From.

SECTION 852.

Any person, ditch company, or ditch owner who may deem himself injured or discriminated against by any such order or regulations of such Division Superintendent shall have the right to appeal from the same to the State Engineer by filing with the State Engineer a copy of the order or regulation complained of and a statement of the manner in which the same injuriously affects the petitioner's interest. The State Engineer shall, after due notice, hear whatever testimony may be brought forward by the petitioner, either orally or by affidavit, and, through the Division Super-

pecteur en chef divisionnaire, il pourra suspendre, amender ou approuver le règlement incriminé.

*Les commissaires des eaux doivent faire rapport
à l'inspecteur en chef.*

ARTICLE 853.

Tous les commissaires des eaux feront rapport à l'inspecteur en chef de leur division aussi souvent que celui-ci le jugera nécessaire. Ces rapports contiendront les renseignements suivants : la quantité d'eau nécessaire pour alimenter tous les aqueducs, canaux et réservoirs du district ; la quantité d'eau arrivant actuellement dans le district pour alimenter ces aqueducs, canaux et réservoirs ; si cette alimentation est en croissance ou en décroissance ; les aqueducs, canaux et réservoirs qui sont pour le moment privés de leur propre alimentation et quelle sera l'alimentation probable pendant la période

---

intendent, shall have the power to suspend, amend or confirm the order complained of.

Water Commissioners to Report to Superintendent.

SECTION 853.

All Water Commissioners shall make reports to the Division Superintendent of their division as often as may be deemed necessary by said Superintendent. Said reports shall contain the following information : The amount of water necessary to supply all the ditches, canals and reservoirs of that district ; the amount of water actually coming into the district to supply such ditches, canals and reservoirs ; whether such supply is on the increase or decrease ; what ditches, canals and reservoirs are at that time without their proper supply, and the probability as to what the supply will be during the period before the next report will be required, and such

précédant le prochain rapport. Ces rapports contiendront en outre tous autres renseignements que l'inspecteur en chef de cette division demandera.

Les rapports doivent être enregistrés.
Ordonnance des inspecteurs en chef.

ARTICLE 854.

L'inspecteur en chef divisionnaire enregistrera et conservera soigneusement ces rapports qui lui permettront de s'assurer de temps en temps quels sont les aqueducs, les canaux et les réservoirs alimentés par leur propre source et ceux qui ne le sont pas ; s'il résulte de son registre que dans une division d'un district, un aqueduc, canal ou réservoir reçoit de l'eau dont le droit de priorité est plus récent que celui d'un aqueduc, canal ou réservoir dans un autre district, il fera immédiatement fermer les premiers et donner l'eau aux derniers ; ses ordonnances auront toujours en vue de renforcer la priorité d'appro-

---

other and further information as the Division Superintendent of that division may suggest.

Reports Filed, Order of Superintendents.

SECTION 854.

Said Division Superintendent shall carefully file and preserve such reports, and shall from them ascertain what ditches, canals and reservoirs are, and what are not, receiving their proper supply of water ; and if it shall appear that in any division of that district any ditch, canal or reservoir is receiving water whose priority postdates that of the ditch, canal or reservoir in another district, as ascertained from his register, he shall at once order such postdated ditch, canal or reservoir shut down, and the water given to the elder ditch, canal or reservoir, his orders being directed at all times to the enforcement of priority of appropriation, according to

priation, conformément aux indications de ses archives, dans toute la division, sans avoir égard au district où sont situés les aqueducs, canaux ou réservoirs.

Les rapports des commissaires des eaux aux inspecteurs en chef divisionnaires d'irrigation seront enregistrés et conservés au bureau de l'ingénieur de l'Etat.

Emoluments des inspecteurs en chef des divisions hydrographiques.

ARTICLE 855.

Chaque inspecteur en chef divisionnaire d'une division hydrographique recevra un traitement annuel de 1,200 dollars, payable mensuellement, à titre d'émoluments pour les services ressortissant à ses fonctions; il lui sera payé en outre des frais de voyage en cas de déplacement dans l'exercice de ses fonctions. (Chapitre LXI, L. de l'Et. de 1903).

---

his tabulated statement of priority, to the whole division, and without regard to the district within which the ditches, canals or reservoirs may be located. The reports of Water Commissioners to the Division Superintendents of irrigation shall be filed and kept in the office of the State Engineer.

Water Division Superintendents — Compensation of.

SECTION 855.

Each Division Superintendent of a water division shall receive an annual salary of twelve hundred dollars, payable in monthly installments, in full compensation for all his services as Water Superintendent, and shall, in addition thereto, be paid his actual traveling expenses when called away from home to the performance of his duties. (Chap. 41, S. L. 1903.)

Serment et cautionnement.

ARTICLE 856.

Avant d'entrer en fonctions, l'inspecteur en chef divisionnaire prêtera, devant un fonctionnaire autorisé à cette fin par les lois de l'Etat, le serment de remplir fidèlement ses fonctions; il déposera ensuite au bureau du secrétaire d'Etat le procès-verbal du dit serment et un cautionnement de 2,500 dollars, avec au moins deux cautions, à approuver par le Gouverneur d'Etat, comme garantie de l'accomplissement fidèle de ses fonctions.

Comité de contrôle. — Fonctions et pouvoirs.

Comité de Contrôle. — Fonctionnaires.

ARTICLE 857.

Il est institué un comité de contrôle composé de l'ingé-

Oath and Bond.

SECTION 856.

Before entering upon the duties of his office, such Division Superintendent shall take and subscribe an oath before some officer authorized by the laws of the State to administer oaths to faithfully perform the duties of his office, and file with the Secretary of State said oath and his official bond in the penal sum of two thousand five hundred dollars, with not less than two sureties, to be approved by the Governor of the State, and conditioned for the faithful discharge of the duties of his office.

Board of Control. — Duties and powers.

Board of Control, Officers.

SECTION 857.

There is hereby constituted a Board of Control composed of the

nieur de l'Etat et des inspecteurs en chef des quatre divisions hydrographiques. Le dit comité aura un bureau chez l'ingénieur de l'Etat au Capitole, à Cheyenne, et tiendra deux sessions par an pour traiter les affaires qui lui sont soumises. La première de ces sessions commencera le second mercredi de mars, et la seconde le troisième mercredi d'octobre. L'ingénieur de l'Etat sera d'office président du dit comité et aura le droit de voter sur toutes les questions soumises ; la majorité des membres du comité constituera un quorum pour prendre des décisions.

Secrétaire. — Traitement.

ARTICLE 858.

Le comité de contrôle de l'Etat pourra nommer un secrétaire et le révoquer. Celui-ci devra être électeur de l'Etat et recevra un traitement de 1,200 dollars par an,

---

State Engineer and the Superintendents of the four water divisions. Said board shall have an office with the State Engineer at the Capitol, at Cheyenne, and shall hold two meetings each year for the transaction of such business as may come before it, the first of said meetings to begin on the second Wednesday in March and the second on the third Wednesday in October. The State Engineer shall be ex-officio President of said board, and shall have the right to vote on all questions coming before it, and a majority of all the members of said board shall constitute a quorum to transact business.

Secretary. — Salary.

SECTION 858.

The State Board of Control shall have authority, with power of removal, to appoint a Secretary, who shall be a qualified elector of the State, and who shall receive a salary, from the State, of twelve hundred dollars per annum, payable in monthly install-

payable mensuellement par le trésorier de l'Etat, sur mandats délivrés par l'auditeur de l'Etat et approuvés par le président du comité de contrôle.

Le secrétaire peut être obligé par le comité de fournir tel cautionnement que celui-ci juge nécessaire, pour l'accomplissement fidèle de ses fonctions. Le secrétaire, sous la direction du président du comité, aura à tenir un procès-verbal exact et complet des décisions du comité de contrôle et il revêtira du cachet tous les certificats d'appropriation faites conformément à la loi. Il accomplira aussi toutes autres fonctions que le bureau lui imposera.

Le Président du comité de contrôle devra examiner et vérifier tous les comptes à charge des fonds appropriés ou de ceux qui pourront être appropriés ultérieurement en ce qui concerne les dépenses journalières et autres du comité de contrôle et de la commission foncière spéciale. (Chapitre XLI, L. de l'Et. de 1903.)

---

ments by the State Treasurer, upon warrants drawn by the State Auditor, and approved by the President of the Board of Control; and he may be required by the board to furnish such bond as it may deem necessary, for the faithful performance of his duties. The duties of the Secretary shall, under the direction of the President of the board, consist in keeping a full, true and complete record of the transactions of the State Board of Control, and he shall certify, under seal, all certificates of appropriation made according to law. He shall perform such other duties as may be required of him by the board.

It shall be the duty of the President of the Board of Control to examine and audit all bills against the funds appropriated, or which may be hereafter appropriated, for the per diem and contingent expenses of the Board of Control and Special Land Commission. (Chap. 41, S. L. 1903.)

Travaux de la première session.

ARTICLE 859.

A sa première réunion, le comité prendra des mesures pour commencer la fixation des droits de priorité à l'usage des eaux publiques de l'Etat ; cette opération commencera par les fleuves les plus employés pour l'irrigation et sera continuée, aussi rapidement que possible, jusqu'à ce que toutes les demandes d'appropriation déposées aient été examinées.

Fleuves à adjuger en premier lieu.

ARTICLE 860.

Le comité de contrôle indiquera, dans sa première réunion, les fleuves à adjuger en premier lieu ; il fixera en même temps une date à laquelle il commencera l'audition des témoins et l'examen des titres pour lui permettre de fixer les droits des différents requérants.

Duty at First Meeting.

SECTION 850.

It shall be the duty of said board at its first meeting to make proper arrangements for beginning the determination of the priorities of right to the use of the public waters of the State, which determination shall begin on the streams most used for irrigation, and be continued as rapidly as practicable until all the claims for appropriation now on record shall have been adjudicated.

Streams to Be First Adjudicated.

SECTION 860.

The Board of Control shall decide at their first meeting the streams to be first adjudicated, and shall fix a time for beginning of taking of testimony and the making of such examination as will enable them to determine the rights of the various claimants.

Avis des procédures.

ARTICLE 861.

Le comité de contrôle préparera un avis indiquant :
1° la date à laquelle l'ingénieur commencera le mesurage
du fleuve et des canaux qui en dérivent l'eau ; 2° l'endroit et le jour où l'inspecteur en chef de la division hydrographique, dans laquelle est situé le fleuve à adjuger,
commencera à entendre les dépositions et à recevoir les
titres quant aux droits des parties réclamant de l'eau.
Cet avis sera publié dans deux numéros différents d'un
journal circulant dans le comté où se trouve le fleuve ; la
publication aura lieu au moins trente jours avant le commencement de l'audition des témoins et de la réception
des titres par l'inspecteur divisionnaire, ou du mesurage
du fleuve par l'ingénieur de l'Etat ou par son assistant;
l'inspecteur en chef recueillant ces dépositions, pourra
ajourner de temps en temps la date de l'audition et chan-

Notice of Proceedings.

SECTION 861.

The said board shall prepare a notice, setting forth the date
when the Engineer will begin a measurement of the stream and
the ditches diverting the water therefrom, and a place and a day
certain when the Superintendent of the water division in which the
stream to be adjudicated is situated shall begin the taking of testimony as to the rights of the parties claiming water therefrom.
Said notice shall be published in two issues of a newspaper having
general circulation in the county in which such stream is situated,
the publication of said notice to be at least thirty days prior to the
beginning of taking testimony by said Division Superintendent, or
for the measurement of the stream by the State Engineer, or his
assistant, and the Superintendent taking such testimony shall have
the power to adjourn the taking of evidence from time to time and

ger l'endroit où il y sera procédé : Il est entendu que
tous les endroits indiqués par l'inspecteur en chef seront
situés, pour ce qui concerne les fleuves, de manière à
donner le plus de facilité aux personnes intéressées dans
la fixation des priorités et des appropriations.

Avis à adresser aux requérants.

ARTICLE 862.

L'inspecteur en chef divisionnaire aura aussi à envoyer
par la poste, sous pli recommandé, à chaque partie ayant
un titre enregistré concernant les eaux du fleuve en question, un avis semblable indiquant la date à laquelle l'ingénieur de l'Etat ou son auxiliaire commencera l'examen du
fleuve et des aqueducs qui en dérivent de l'eau, ainsi que
la date à laquelle l'inspecteur en chef commencera et
celle à laquelle il cessera de recevoir les dépositions.

---

from place to place : Provided, All places appointed and adjourned
to by the Superintendent shall be so situated, as related to the
streams, as shall best suit the proper convenience of the persons
interested in the determination of such priorities and appropriations.

Notice to Claimants.

SECTION 862.

It shall also be the duty of said Division Superintendent to mail
to each party having a recorded claim to waters of said stream,
by registered mail, a similar notice setting forth the date when the
State Engineer or his assistant will begin the examination of the
stream and ditches diverting water therefrom, and also the date
when the Superintendent will begin the taking of testimony, and
the date when the taking of such testimony by said Division Superintendent shall close.

Exposé du requérant.

ARTICLE 863.

L'inspecteur en chef annexera à l'avis une formule en blanc sur laquelle le requérant indiquera par écrit tous les détails concernant l'étendue et les dates des droits qu'il prétend avoir à l'usage de l'eau du dit fleuve.

Cet exposé comprendra ce qui suit :

Le nom et l'adresse postale du requérant ;

La nature de l'usage sur lequel est basée la revendication d'appropriation ;

Le commencement de cet usage et si des ouvrages de distribution sont requis ;

La date du commencement du mesurage ;

La date du commencement de la construction ;

La date de l'achèvement ;

La date du commencement et de l'achèvement des agrandissements ;

Statement of Claimant.

SECTION 863.

He shall, in addition, inclose with said notice a blank form on which said claimant shall present in writing all the particulars showing the amounts and dates of appropriations to the use of water of said stream to which he lays claim, the said statement to include the following :

The name and postoffice address of the claimant.

The nature of the use on which the claim for apportionment is based.

The time of the commencement of such use, and if distributing works are required.

The date of beginning of survey.

The date of beginning of construction.

The date when completed.

Les dimensions du canal, comme il est construit primitivement et celles dans son état actuel.

La date à laquelle l'eau a été employée la première fois pour l'irrigation ou d'autres fins utiles, et en cas d'usage pour l'irrigation, la superficie des terrains défrichés pendant la première année; celle des terrains défrichés pendant les années suivantes, avec les dates des défrichements et la superficie des terrains que le canal est capable d'irriguer ;

La nature du sol, l'espèce des récoltes cultivées et tous autres détails montrant qu'on s'est conformé à la loi en acquérant l'appropriation et le rang de priorité revendiqués.

Les exposés doivent être faits sous serment.

ARTICLE 864.

Chacun des requérants devra certifier ses exposés sous

The date of beginning and completion of enlargements.

The dimensions of the ditch as originally constructed and as enlarged.

The date when water was first used for irrigation or other beneficial purposes, and if used for irrigation, the amount of land reclaimed the first year ; the amount in subsequent years, with the dates of reclamation, and the amount of land such ditch is capable of irrigating.

The character of the soil and the kind of crops cultivated, and such other facts as will show a compliance with the law in acquiring the appropriation and the rank of priority claimed.

Statements to Be Under Oath.

SECTION 864.

Each of said claimants shall be required to certify to his statements under oath, and the Superintendent of the water division in

serment, et l'inspecteur en chef de la division hydrographique dans laquelle les dépositions sont faites est autorisé à recevoir ces serments sans frais pour le requérant.

Quant à la fourniture des formules en blanc pour le dit exposé, elle se fera également sans frais.

L'inspecteur en chef divisionnaire recevra
les dépositions.

ARTICLE 865.

A la date indiquée dans l'avis dont il est question dans les articles qui précédent, l'inspecteur en chef divisionnaire commencera à entendre les témoignages et à recevoir les dépositions et continuera jusqu'à ce que toutes les dépositions aient été produites ; dans le cas où l'inspecteur en chef d'une division hydrographique est directement ou indirectement intéressé dans l'eau du fleuve de sa division, ou est empêché par maladie ou autre incapacité à recevoir ces dépositions, celles-ci seront reçues, pour autant qu'elles

which the testimony is taken is hereby authorized to administer such oaths, which shall be done without charge to the claimant, as also shall be the furnishing of blank forms for said statement.

Testimony Taken by Division Superintendent.

SECTION 865.

Upon the date named in the notice provided for in the preceding sections, the Division Superintendent shall begin the taking of testimony and shall continue until said testimony shall be completed ; Provided, That in case the Divsion Superintendent of any water division is directly or indirectly interested in the water of any stream of his division, or is prevented by illness or other disability from the taking of such proofs, the taking of evidence so far as relates to said stream shall be under the direction of the Division Superintendent of the next nearest water division or under

se rapportent au dit fleuve, sous la direction de l'inspecteur
divisionnaire de la division hydrographique la plus proche
ou sous la surveillance personnelle et directe de l'ingénieur de l'Etat, comme celui-ci le juge utile. Lorsqu'il
s'agit de la réception de titres d'appropriation d'eau faite
en vertu d'un permis délivré par l'ingénieur de l'Etat,
après l'adjudication des eaux du fleuve dont l'appropriation
est faite, l'inspecteur en chef peut, à sa discrétion, autoriser le commissaire des eaux du district dans lequel
l'appropriation est faite à recevoir ces titres.

Après la réception des titres ainsi ordonnée, le commissaire des eaux les transmettra immédiatement à l'inspecteur en chef divisionnaire. Le commissaire des eaux ne
recevra pas d'autres titres que ceux spécialement ordonnés par l'inspecteur en chef divisionnaire. Il est entendu,
en outre, qu'après avoir procédé à cette opération, l'indemnité revenant de ce chef au commissaire des eaux sera
imputée sur la somme allouée à l'inspecteur en chef divi-

---

the direct personal supervision of the State Engineer, as may be
deemed by the Engineer the most expedient. Provided, That in
the taking of proofs of appropriation of water made under a permit
issued by the State Engineer, such permits having been issued
subsequent to the adjudication of the waters of the stream from
which the appropriation is made, the Superintendent may, in his
discretion, authorize the Water Commissioner of the district in
which the appropriation is made to take such proofs. Upon the
taking of the proofs so ordered the Water Commissioner shall at
once forward them to the Division Superintendent. The Water
Commissioner shall take no proofs except those specifically ordered
by the Division Superintendent. Provided, further, That upon
taking such proof the Water Commissioner shall be paid for such
work out of the contingent allowed the Division Superintendent in
whose district such work is done. (Chap. 87, S. L. 1901.)

sionnaire dans de district duquel la besogne est faite (Chap.
LXXXVII, L. de l'E. de 1901).

*Avis à publier après déposition de tous
les témoins.*

ARTICLE 866.

Immédiatement après avoir reçu toutes les dépositions,
l'inspecteur en chef divisionnaire fera connaître, dans un
numéro d'un journal circulant dans le comté intéressé et
aux divers requérants par lettre recommandée à la poste,
qu'à la date et à l'endroit indiqués dans l'avis, toutes les
dépositions serontouvertes à leur inspection ; cette inspection sera ouvertependant un jour au minimum et cinq jours
au maximum.

Contestations.

ARTICLE 867.

Si des particuliers, une corporation ou association de

Notice Upon Completion of Testimony.
SECTION 866.

Upon the completion of the taking of evidence by the Division
Superintendent, it shall be his duty to at once give notice, in one
issue of some newspaper of general circulation in the county where
such determination is, and by registered mail to the various claimants, that upon a certain day and a place named in the notice,
all of said evidence shall be open to inspection of the various
claimants, and said Superintendent shall keep said evidence open
to inspection at said places not less than one day and not more
than five days.

Contests.
SECTION 867.

Should any person, corporation or association of persons owning

personnes, propriétaires de travaux d'irrigation ou revendiquant des droits sur un ou plusieurs fleuves compris dans
l'adjudication, désirent contester les droits des particuliers,
corporations ou associations qui ont soumis leurs titres à
l'inspecteur en chef, ils pourront, dans les quinze jours
après l'inspection, en avertir par écrit l'inspecteur en chef
de la division hydrographique où se trouvent les travaux
d'irrigation ou les fleuves, en exposant les motifs de leur
contestation ; cet exposé sera certifié par l'attestation de
l'opposant, de son agent ou avoué, et l'inspecteur en chef
l'invitera, ainsi que les particuliers, la corporation ou
l'association dont les droits sont contestés, à se présenter
devant lui à l'endroit qu'il indiquera.

Enquête.

Article 868.

L'inspecteur fixera aussi la date et l'heure pour l'examen de la dite contestation ; cette date ne pourra être

---

any irrigation works, or claiming any interest in the stream or
streams involved in the adjudication desire to contest any of the
rights of the persons, corporations or associations who have submitted their evidence to the Superintendent as aforesaid, such
persons, corporations or associations shall, within fifteen days
after the testimony so taken shall have been opened to public
inspection, in writing, notify the Superintendent of the water
division in which is located said irrigation works or stream or
streams, stating with reasonable certainty the grounds of their
proposed contest, which statement shall be verified by the affidavit
of the contestant, his agent or attorney, and the said Division
Superintendent shall notify the said contestant and the person,
corporation or association whose rights are contested to appear
before him at such convenient place as the Superintendent shall
designate in said notice.

fixée plus tôt que 30 jours ni plus tard que 60 jours après
celle à laquelle l'avis est notifié à la partie, association ou
corporation ; cette notification et son renvoi seront faits de
la manière suivie pour les citations en matière d'actions
civiles devant les tribunaux de district de cet Etat. Les
inspecteurs en chef de divisions hydrographiques pourront
ajourner de temps en temps les enquêtes, après en avoir
informé toutes les parties intéressées, lancer des assignations sous peine d'amende et exiger la comparution de
témoins pour déposer au cours de ces enquêtes. Ces décisions seront notifiées de la manière suivie pour les assignations lancées par les tribunaux de district de l'Etat ;
les inspecteurs en chef auront en outre le pouvoir d'obliger les témoins ainsi cités de déposer dans la dite matière;
ces témoins recevront des taxes comme en matière civile,
à payer par la ou les parties succombantes. L'instruction
de ces procédures sera limitée aux objets indiqués dans
l'avis de contestation.

Hearing.

Section 868.

Said Superintendent shall also fix the time, both as to the day
and hour, for the hearing of said contest, which date shall not be
less than thirty nor more than sixty days from the date the notice
is served on the party, association or corporation, which notice and
the return thereof shall be made in the same manner as summons
are served in civil actions in the District Courts of this State.
Superintendents of water divisions shall have power to adjourn
hearings from time to time upon reasonable notice to all the parties interested, and to issue subpoenas and compel the attendance
of witnesses to testify upon such hearings, which shall be served in
the same manner as subpoenas issued out of the District Courts of
the State, and shall have the power to compel such witnesses so
subpoenaed to testify and give evidence in said matter, and said

Dépôt d'une somme exigée.

ARTICLE 869.

L'inspecteur en chef exigera de chaque partie le dépôt d'une somme de huit dollars pour chaque jour où il sera occupé à recevoir des dépositions concernant la dite contestation. Après la décision définitive en la matière par le comité de contrôle, une ordonnance sera prise : *a*) pour la restitution de la somme déposée aux particuliers, associations ou corporations en faveur desquels la contestation sera tranchée ; et *b*) pour le versement par l'inspecteur en chef, dans le Trésor public au-crédit institué pour le maintien du comité de contrôle, de toutes les sommes déposées par les autres parties.

Transmission des témoignages.

ARTICLE 870.

La déposition des témoignages en première instance

---

witnesses shall receive fees as in civil cases, to be paid by the party or parties against whom the contest shall be finally determined. The evidence on such proceedings shall be confined to the subjects enumerated in the notice of contest.

Deposit Required.

SECTION 860.

The Superintendant shall require a deposit of eight dollars from each party for each day he shall be so engaged in taking evidence on said contest. Upon the final determination of the adjudication of the matters by the Board of Control, an order shall be entered directing that the money so deposited shall be refunded to the persons, associations or corporations in whose favor such contest shall be determined, and that all moneys deposited by other parties therein shall be turned over by the Superintendent to the State Treasury to the credit of the fund provided for the maintenance of the Board of Control.

devant l'inspecteur en chef étant terminée pour ce qui
concerne toutes les contestations, ce fonctionnaire transmettra, en personne ou par pli recommandé à la poste,
toutes les dépositions et déclarations dans la dite adjudication à l'office du comité de contrôle.

Mesurage des fleuves et des canaux.

ARTICLE 871.

Il incombera à l'ingénieur de l'Etat ou à un auxiliaire
dûment qualifié de procéder, au moment indiqué dans
l'avis notifié aux parties ayant un intérêt dans le fleuve à
adjuger, à l'examen de ce fleuve et des travaux de dérivation ; cet examen comprendra le jaugeage du débit de
ce fleuve et de la capacité d'écoulement des divers fossés
et canaux de dérivation, l'inspection des terrains irrigués
et le mesurage approximatif des terrains à irriguer ou

Evidence Transmitted.

SECTION 870.

Upon the completion of the evidence in the original hearing
before the Superintendent, and the evidence taken in all contests,
it shall be his duty to transmit all the evidence and testimony in
said adjudication to the office of the Board of Control in person, or
by registered mail.

Measurement of Streams and Ditches.

SECTION 871.

It shall be the duty of the State Engineer, or some qualified assistant, to proceed at the time specified in the notice to the parties on
said stream to be adjudicated, to make an examination of said
stream and the works diverting water therefrom, said examination to include the measurement of the discharge of said stream
and of the carrying capacity of the various ditches and canals
diverting water therefrom, an examination of the irrigated lands,

susceptibles de l'être par les divers fossés et canaux ;
l'ingénieur de l'Etat fera un rapport écrit de ces observations et mesurages qui sera déposé dans son bureau ;
il devra aussi dresser ou faire dresser un plan à l'échelle
d'un pouce par mille au moins, indiquant avec exactitude
le cours du fleuve, la situation de chaque fossé ou canal
de dérivation et les subdivisions légales de terrains qui
ont été irrigués ou qui sont susceptibles de l'être par les
fossés et canaux déjà construits.

Ordonnances fixant les priorités.

ARTICLE 872.

A la premiere réunion ordinaire du comité de contrôle,
après l'achèvement du mesurage par l'ingénieur de l'Etat
et le renvoi des dépositions par l'inspecteur en chef divi-

---

and an approximate measurement of the lands irrigated or susceptible of irrigation from the various ditches and canals ; which said
observation and measurements shall be reduced to writing and
made a matter of record in his office, and it shall be the duty of the
State Engineer to make or cause to be made a map or plat on a
scale of not less than one inch to the mile, showing with substantial
accuracy the course of said stream, the location of each ditch or
canal diverting water therefrom, and the legal subdivisions of
lands which have been irrigated or which are susceptible of irrigation from the ditches and canals already constructed.

Order Determining Priorities.

SECTION 872.

At the first regular meeting of the Board of Control after the
completion of such measurement by the State Engineer, and the
return of said evidence by said Division Superintendent, it shall be
the duty of the Board of Control to make, and cause to be entered

sionnaire, il aura à prendre une ordonnance, à enregistrer dans son bureau, fixant et établissant : 1° les droits de priorité à l'usage des eaux du fleuve ; 2° les quantités des appropriations aux différentes personnes demandant de l'eau du fleuve ; et 3° la nature et l'espèce de l'usage pour lequel çette appropriation aura été faite. Chaque appropriation sera établie, quant à sa priorité et à sa quantité, par la date où elle aura été faite et d'après le volume d'eau qui aura été employé à des fins utiles.

Il est entendu que le bénéficiaire n'aura jamais le droit de faire usage de plus d'eau qu'il n'en peut employer utilement sur les terres au profit desquelles l'appropriation peut avoir été assurée ; la quantité de toute appropriation faite du chef d'un agrandissement des travaux de distribution sera établie de la même manière. Il est entendu aussi qu'il ne sera alloué plus d'un pied cube par seconde pour soixante-dix acres de terrain pour lesquels l'appropriation sera faite.

---

of record in its office, an order determining and establishing the several priorities of right to the use of waters of said stream, and the amounts of appropriations of the several persons claiming water from such stream, and the character and kind of use for which said appropriation shall be found to have been made. Each appropriation shall be determined in its priority and amount by the time by which it shall have been made and the amount of water which shall have been applied for beneficial purposes : Provided, That such appropriator shall at no time be entitled to the use of more water than he can make a beneficial application of on the lands for the benefit of which the appropriation may have been secured, and the amount of any appropriation made by reason of an enlargement of distributing works shall be determined in like manner : Provided, That no allotment shall exceed one cubic foot per second for each seventy acres of land for which said appropriation shall be made.

Certificat d'appropriation.

ARTICLE 873.

Aussitôt que possible, après la fixation des priorités d'appropriation de l'usage des eaux d'un fleuve, le secrétaire délivrera à chaque particulier, association ou corporation intéressés, un certificat signé par l'ingénieur de l'Etat, comme président du comité de contrôle et attesté sous le sceau par le secrétaire du dit comité. Ce certificat mentionnera : 1° le nom et l'adresse postale du bénéficiaire; 2° le numéro du rang de priorité de ces appropriations; 3° le volume d'eau approprié; et 4° si l'appropriation est faite pour l'irrigation, une description des subdivisions légales des terrains auxquels l'eau sera employée. Ce certificat sera transmis par l'ingénieur de l'Etat, ou par un membre du comité de contrôle, en personne, ou par lettre recommandée à la poste, au greffier du comité où cette appropriation aura été faite; à la récep-

---

Certificate of Appropriation.

SECTION 873.

As soon as practicable after the determination of the priorities of appropriation of the use of waters of any stream, it shall be the duty of the Secretary to issue to each person, association or corporation represented in such determination a certificate to be signed by the State Engineer, as President of the Board of Control, and attested under seal by the Secretary of said board, setting forth the name and postoffice address of the appropriator; the priority number of such appropriations; the amount of water appropriated; and if such appropriation be for irrigation, a discription of the legal subdivisions of land to which said water is to to be applied. Such certificate shall be transmitted by said State Engineer, or by a member of the Board of Control, in person or by registered mail, to the County Clerk of the county in which such

tion des honoraires de 75 cents, le greffier inscrira ces certificats dans un registre *ad hoc* et les transmettra immédiatement aux bénéficiaires respectifs. Les honoraires de 75 cents seront payés à l'inspecteur en chef divisionnaire, au moment de la déposition des témoignages et des titres d'appropriation de l'eau, par chaque bénéficiaire ou demandeur devant ledit inspecteur divisionnaire, conformément à la loi, et seront transmis par lui ou par l'ingénieur de l'Etat, avec chaque certificat d'appropriation, au greffier du comité dans lequel le dit certificat doit être enregistré ; le greffier en donnera reçu qui sera déposé au bureau de l'ingénieur de l'Etat.

Appels contre les décisions du comité de contrôle.

ARTICLE 874.

Toute partie ou plusieurs parties agissant solidaire-

---

appropriation shall have been made, and it shall be the duty of the County Clerk upon the receipt of the recording fee, which fee shall be seventy-five cents, to record the same in a book especially prepared and kept for that purpose, and thereupon immediately transmit the same to the respective appropriators. Said recording fee of seventy-five cents shall be paid to the Division Superintendent at the time of the submission of testimony and proof of appropriation of water by each such appropriator or claimant before the said Division Superintendent as provided by law, and shall be by him or the State Engineer transmitted with each certificate of appropriation to the County Clerk of the county in which said certificate is to be recorded and his receipt taken therefor, which said receipt shall be filed in the State Engineer's office.

Appeals From Board of Control.

SECTION 874.

Any party or number of parties acting jointly, who may feel

ment qui se trouvent lésées par la décision du comité de contrôle, peuvent se pourvoir en appel devant le tribunal de district du comité dans lequel sont situés les fleuves auxquels se rapporte cette décision ; toutefois, dans le cas où ces fleuves parcourent plusieurs districts judiciaires ou comtés, le comité de contrôle, en prenant sa décision, désignera le tribunal de district qui aura à connaître de l'appel.

Toutes les personnes interjetant appel seront solidaires comme appelants et toutes les personnes ayant des intérêts contraires à ceux des parties appelantes seront solidaires comme intimes (Chap. LXXXXVII, L. de l'Et. de 1903).

Procédure en cas d'appel.

Article 875.

Dans les soixante jours de la décision attaquée du

---

themselves aggrieved by the determination of the Board of Control, may have an appeal from the Board of Control to the District Court of the county in which the stream or streams involved in such determination may be situated; Provided, That in case the said stream or streams shall be situate in, and run through more than one judicial district, or more than one county, then, and in such case, it shall be the duty of the Board of Control, in making its determination, to designate the District Court of the county, to which such appeal may be taken. All persons joining in the appeal shall be joined as appellants and all persons having interests adverse to the parties appealing, or either of them, shall be joined as appellees. (Chap. 97, S. L. 1903.)

Proceedings on Appeal.

Section 875.

The party or parties appealing shall, within sixty days of the determination of the Board of Control, which is appealed from and

comité de contrôle et de son inscription dans les registres du bureau, la ou les parties font appel; elles adresseront au tribunal de district qui aura à connaître de l'appel, un rapport écrit portant que cette ou ces parties se pourvoient en appel devant ce tribunal de district contre la décision et l'ordonnance du comité de contrôle ; à la suite du dépôt de ce rapport, l'appel sera censé être interjeté, pourvu toutefois que la ou les parties appelantes souscrivent, dans les soixante jours mentionnés, un engagement à approuver par le tribunal de district ou par son juge et à communiquer à toutes les parties en cause dans le procès ou la procédure autres que les parties appelantes, jusqu'à concurrence du montant à fixer par le tribunal ou le juge ; cet engagement portera que les parties contractantes poursuivront leur appel jusqu'à décision finale et sans retard inutile, et payeront tous les frais et dommages que la partie à laquelle l'engagement est donné pourrait encourir du chef de cet appel.

---

the entry thereof in the records of the board, file in the District Court to which the appeal is taken a notice in writing stating that such party or parties appeals to such District Court from the determination and order of the Board of Control; and upon the filing of such notice, the appeal shall be deemed to have been taken : Provided, however, That the party or parties appealing shall, within the sixty days mentioned, enter into an undertaking, to be approved by the District Court or Judge thereof, and to be given to all the parties in the said suit or proceeding other than the parties appealing, and to be in such an amount as the court or Judge thereof shall fix, conditioned that the parties giving their said undertaking shall prosecute their appeal to effect, and without unnecessary delay, and will pay all costs and damages which the party to whom the undertaking is given, or either, or any of them, may sustain in consequence of such appeal.

Fonctions du Greffier du tribunal quand l'appel est interjeté.

ARTICLE 876.

Immédiatement après le dépôt du dit avis d'appel et l'approbation de l'engagement mentionné dans l'article précédent, le greffier du tribunal de district transmettra au secrétaire du comité de contrôle une note revêtue du sceau du tribunal, portant que le dit appel a été interjeté ; cette note sera transcrite par le secrétaire dans les registres du comité de contrôle et une copie en sera délivrée par le ou les appelants à chacun des intimés , cette copie sera notifiée de la manière prévue pour la notification des assignations dans le tribunal de district.

Copie à déposer.

ARTICLE 877.

Dans les six mois après l'appel, le ou les appelants

Duty of Clerk of Court When Appeal Is Perfected.

SECTION 876.

The Clerk of the District Court shall, immediately upon filing of said notice of appeal and the approval of the bond mentioned in the preceding section, transmit to the Secretary of the Board of Control a notice over the seal of the court to the effect that said appeal has been perfected, which notice shall be entered of record by the Secretary in the records of the Board of Control, and the appellant or appellants cause a certified copy thereof to be served on each of the appellees, serving the same in the manner provided for the serving of a summons in the District Court.

Transcript to Be Filed.

SECTION 877.

The appellant or appellants shall, within six months after the

déposeront au bureau du greffier du tribunal de district :
1° une copie certifiée de l'ordonnance attaquée du comité
de contrôle ; 2° une copie certifiée de toutes les inscriptions du comité de contrôle relatives à cette ordonnance ;
et 3° une copie certifiée de tous les témoignages produits
devant ce comité, y compris les mesurages des fleuves
tributaires et canaux dont il est question à l'article 871,
en même temps que la pétition indiquant l'objet de la
plainte de la ou des parties appelantes ; cette pétition
sera notifiée à toutes les parties solidaires comme intimes
par la délivrance de citations émanant du bureau du
greffier du tribunal de district, dans le délai et de la
manière prévus par la loi pour la délivrance et la notification de citations en matière d'actions légales.

Procédure en cas d'appel.

ARTICLE 878.

Toutes les procédures d'appel seront conduites confor-

---

appeal, as provided for, is perfected, file in the office of the Clerk
of the District Court a certified transcript of the order of determination made by the Board of Control, and which is appealed
from, a certified copy of all the records of the Board of Control
relating to such determination, and a certified copy of all the
evidence offered before the Board of Control, including the measurements of streams, tributaries and ditches provided for by
Section 871, together with the petition setting out the cause of
complaint of the party or parties appealing, to which petition all
parties joined as appellees shall be served with notice by the
issuance of summons out of the office of the Clerk of the District
Court, within the time and in the manner provided by law for
the issuance and service of summons in actions of law.

Practice on Appeal.

SECTION 878.

All proceedings of appeal shall be conducted according to the

mément aux dispositions du code de procédure civile et d'après la pratique suivie pour les appels contre les décisions des tribunaux de district de l'Etat auprès de la Cour suprême : Il est entendu que la procédure de l'appel auprès du tribunal de district, quand aux arguments à déposer et à l'admission de preuves sur jugement, sera la même que celle actuellement ou postérieurement prévue pour régler par la loi des appels contre les décisions de la Cour de justice.

Le greffier du tribunal de district transmettra une copie au greffier du comité.

ARTICLE 879.

Immédiatement après le prononcé d'un jugement, d'une ordonnance ou d'un décret par le tribunal de district ou par le juge, en matière d'appel contre la décision du comité de contrôle, le greffier du tribunal de district

---

provisions of the civil code of procedure and the practice of appeals from the District Courts of the State to the Supreme Court : Provided, That the practice on appeal in the District Court, as to pleadings necessary to be filed and the admission of evidence upon trial, shall be the same as is now or may hereafter be provided for by law regulating appeals from the Justice Court.

Clerk Shall Transmit Transcript to Clerk of Board.

SECTION 879.

It shall be the duty of the Clerk of the District Court immediately upon the entry of any judgment, order or decree by the District Court or by the Judge thereof, in an appeal from the decision of the Board of Control, to transmit a certified copy of said judgment, order or decree to the Secretary of the State Board of Control. It shall be the duty of the Secretary to immediately enter the same upon the records of such office, and the State

transmettra une copie certifiée du dit jugement, de l'ordonnance ou du décret au secrétaire du comité de contrôle. Le secrétaire devra immédiatement l'inscrire dans les registres de ce bureau, et l'ingénieur de l'Etat donnera sur-le-champ aux inspecteurs en chef des divisions hydrographiques des instructions en conformité et en exécution du jugement, de l'ordonnance ou du décret.

Frais.

ARTICLE 880.

Tous les frais encourus ou résultant de l'appel seront mis à charge de la ou des parties succombantes. Aussi longtemps qu'un appel contre l'ordonnance du comité de contrôle est pendant devant le tribunal de district, et jusqu'à ce qu'une copie certifiée du jugement, de l'ordonnance ou du décret de ce tribunal soit transmise à l'ingénieur de l'Etat, la distribution de l'eau du fleuve faisant l'objet de cet appel sera faite conformément à l'ordonnance du comité de contrôle.

Engineer shall forthwith issue to the Superintendent or Superintendents of water divisions instructions in compliance with the said judgment, order or decree, and in execution thereof.

Costs.

SECTION 880.

All costs made and accruing by reason of such appeal shall be adjudged to be paid by the party or parties against whom such appeal shall be finally determined. During the time an appeal from the order of the Board of Control is pending in the District Court, and until a certified copy of the judgment, order or decree of the District Court is transmitted to the State Engineer, the division of water from the stream involved in such appeal shall be made in accordance with the order of the Board of Control.

Cautionnement de suspension.

ARTICLE 881.

En tout temps après l'interjection de l'appel, le ou les appelants peuvent suspendre l'effet du décret attaqué en déposant, au tribunal de district où cet appel est engagé, un cautionnement à fixer par le juge, comme garantie qu'ils payeront, si les procédures et l'appel leur étaient défavorables, tous les dommages à résulter pour le ou les intimés de la non exécution de cette ordonnance ou de ce décret.

Immédiatement après le dépôt et l'approbation de ce cautionnement, le greffier du tribunal de district transmettra au comité de contrôle une note, revêtue du sceau du tribunal, portant que le cautionnement a été déposé et que les effets du décret sont suspendus pendant les procédures d'appel. Cette note sera inscrite dans les registres du comité de contrôle et l'ingénieur de l'Etat en donnera immédiatement connaissance à l'inspecteur en

---

Stay Bond.

SECTION 881.

Any time after the appeal has been perfected the appellant or appellants may stay the operation of said decree appealed from by filing a bond in the District Court wherein such appeal is pending in such amount as the Judge thereof may designate, conditioned that he will pay all damages that may accrue to the appellee or appellees by reason of such order or decree not being enforced, should the proceedings and appeal be decided against the appellant. And immediately upon the filing and approving of such bond to stay the operations of the decree, the Clerk of the District Court shall transmit to the Board of Control a notice, over the seal of the court, to the effect that such bond has been filed and that the

chef de la division hydrographique dans laquelle l'appel a
été interjeté.

Appels à porter par privilège au rôle.

ARTICLE 882.

Un appel étant introduit auprès du tribunal de district
de l'Etat, comme il est prévu par ce chapitre, contre une
décision du Comité de contrôle, le tribunal l'inscrira en
tête de son rôle d'audience et lui donnera le pas sur toutes
les affaires civiles en cours ; si un appel est interjeté
contre le jugement ou le décret du tribunal de district
auprès de la Cour suprême de l'Etat, celle-ci devra également l'inscrire en tête de son rôle des affaires civiles et
lui donner le pas quant au jugement.

*Jugements en cas de droits à l'eau. Fonctions
des greffiers des tribunaux.*

Immédiatement après le prononcé, par les tribunaux

---

operations of such decree are stayed during the pendency of such
appeal proceedings. This notice shall be recorded in the records
of the Board of Control, and the State Engineer shall immediately
give proper notice to the Superintendent of the water division
wherein such appeal may have been taken.

Appeals to Be Advanced on Docket.

SECTION 882.

Upon any appeal being taken, as is by this chapter provided,
from the Board of Control to the District Court of this State, it
shall be the duty of said court to advance said appeal to the head
of its trial docket, and to give such appeal precedence over all
civil causes in hearing and determination thereof, and if an appeal
be taken from the judgment or the decree of the District Court in
any appeal in this chapter provided for to the Supreme Court of the

respectifs, d'un jugement concernant une question affectant le titre à un droit à l'eau, à un système d'irrigation
ou à un système hydrographique quelconque, les greffiers
des divers tribunaux de district dans l'Etat de Wyoming
transmettront au Comité de contrôle de l'Etat une copie
certifiée du dit jugement ; ils auront ensuite à transmettre
au même Comité, le premier mai 1903 ou avant cette date,
des copies certifiées de tous les jugements rendus avant la
passation de la présente loi (Chapitre CIV, L. de l'Et. de
1903).

Seconde enquête.

ARTICLE 883.

Après une ordonnance définitive du Comité de contrôle
adjugeant les droits de priorité sur un fleuve, toute partie
intéressée peut, pendant une année, solliciter une
seconde enquête pour les raisons indiquées dans sa
requête ; à la suite du dépôt d'une telle requête, le secré-

State, it shall in like manner be the duty of the Supreme Court to
advance such appeal to the head of its docket for the trial of civil
causes, and give it like precedence as to trial.

Judgments in Water Right Cases.—Duty of Court Clerks.

It shall be the duty of the Clerks of the several District Courts
in the State of Wyoming, upon the rendering of judgment by the
respective courts in each and every case wherein is involved in
any way any question affecting the title to any water right,
irrigating or water system of any kind whatever, to forthwith
forward to the State Board of Control a certified copy of such
judgment, and it is hereby made the duty of such Clerks, on or
before the first day of May, A. D. 1903, to forward to the State
Board of Control certified copies of all such judgments rendered
prior to the passage of this act. (Chap. 104, S. L. 1903.)

28

taire du Comité en informera par écrit et par la poste toutes les parties intéressées, en fixant la date à laquelle la requête sera examinée.

Pouvoir de modifier l'Ordonnance et de rectifier les dépositions.

ARTICLE 884.

A la suite de cette enquête, le Comité pourra modifier ou amender l'ordonnance originale dans la mesure qui lui paraît juste et raisonnable ; mais il ne sera pas nécessaire qu'une demande tendant à obtenir une seconde enquête soit déposée, pour donner le droit à une partie de se pourvoir en appel. A la suite de l'enquête, le Comité pourra aussi autoriser, pour des motifs valables, la correction des dépositions de toute partie ou de tout témoin, s'il apparaît qu'une erreur y a été commise ; mais aucune autre preuve nouvelle ne sera admise à cette enquête, à

Rehearing.

SECTION 883.

After any final order of the Board of Control adjudicating the priorities upon any stream, any party interested therein may within one year thereafter apply for a rehearing for reasons to be stated in the application ; and upon the filing of such application the Secretary of the board shall mail written notice thereof to every other party interested, and therein fixing and stating a time when said application will be heard.

Authority to Modify Order and Correct Testimony.

SECTION 884.

Upon such hearing the board shall have authority to modify or alter the original order in such respect as shall appear just and proper ; but it shall not be necessary for an application for a rehearing to be filed to entitle any party to an appeal. Upon such hearing the board shall also have the authority to permit,

moins qu'il ne soit établi, à la satisfaction du Comité, qu'elle est matérielle, qu'elle a été découverte depuis la déposition du témoignage original et qu'elle n'a pu être découverte plus tôt, malgré toute diligence raisonnable.

Autorisation pour recevoir des serments.

ARTICLE 885.

Les membres du Comité de contrôle seront autorisés à recevoir des serments dans tous les cas où ce sera nécessaire pour l'accomplissement de leurs devoirs officiels.

A qui les notifications doivent être adressées.

ARTICLE 886.

En adressant des notifications aux demandeurs d'adjudications de droits de priorité sur l'eau d'un fleuve ou de ses tributaires, comme il est prévu au présent chapitre, toutes les parties prétendant avoir droit aux eaux du

---

upon good cause shown, the correction of the testimony of any party or witness if it shall appear that a mistake has occurred therein, but no other new evidence shall be received at such hearing unless it shall be shown to the satisfaction of the board that the same is material and has been discovered since the taking of the original testimony and could not with reasonable diligence have been discovered before that time.

Authorized to Administer Oaths.

SECTION 885.

The members of the Board of Control shall be authorized to administer oaths in all cases where it shall be necessary in the performance of their official duties.

Who to Be Notified.

SECTION 886.

In issuing notices to claimants in priority adjudications of the

fleuve ou de ses tributaires et dénommées dans la dite transcription, recevront une notification par la poste.

Secrétaire du Comité de contrôle. — Honoraires.

ARTICLE 887.

Le secrétaire du Comité de contrôle percevra les honoraires suivants, à payer d'avance et à verser entre les mains du trésorier de l'Etat : pour faire des extraits certifiés des registres du Comité de contrôle ou de papiers, ou de documents déposés audit Comité : un dollar pour le premier feuillet et quinze cents pour chaque feuillet suivant. Un dollar sera payé par certificat annexé à chaque copie revêtue du sceau du Comité.

(Chapitre XXVI, Loi de l'Etat de 1905).

Les ordonnances et décrets seront définitifs.

ARTICLE PREMIER.

Les ordonnances ou décrets du Comité de contrôle de

---

waters of any stream and its tributaries, as provided in this chapter, all parties named in claiming the waters of said stream or tributaries in said transcript shall be notified by mail.

Secretary of the Board of Control—Fees.

SECTION 887.

The Secretary of the Board of Control shall collect the following fees, which shall be paid in advance, and turned over to the State Treasurer, for making certified transcripts of the records of the Board of Control or of papers or documents filed with said board, one dollar for the first folio and fifteen cents for each additional folio. For attaching certificate and seal of the board to each transcript, one dollar. (Chap. 26, S. L. 1905.)

l'Etat, dans les procédures prévues par la loi pour l'adjudication et la fixation des droits à l'usage des eaux publiques de l'Etat, seront définitifs quant à toutes les appropriations antérieures et aux droits de tous les requérants existants sur le fleuve ou sur une autre réserve d'eau comprise légalement dans l'adjudication ; ces ordonnances ou décrets seront subordonnés néanmoins aux dispositions de la loi relatives à de nouvelles enquêtes dans ces procédures, à la revision d'ordonnances et décrets et aux appels contre ceux-ci.

(Chap. LXVII, Loi de l'Etat de 1901).

Devoirs des demandeurs prétendant avoir des droits à l'eau.

Article 2.

Lorsque le Comité de contrôle de l'Etat procédera, conformément à la loi, à l'adjudication et à la fixation des droits des divers demandeurs prétendant avoir droit à

Conclusive When.

Section 1.

The final orders or decrees of the State Board of Control, in the proceedings provided by law for the adjudication and determination of rights to the use of the public waters of the State, shall be conclusiv) as to all prior appropriations, and the rights of all existing claimants upon the stream or other body of water lawfully embraced in the adjudication, subject, however, to the provisions of law for rehearings in such proceedings and for the reopening of the orders or decrees therein and for appeals from such orders or decrees.   (Chap. 67, S. L. 1901.)

Duty of Water Right Claimants.

Section 2.

Whenever the State Board of Control shall, as provided by law,

l'usage de l'eau d'un fleuve ou d'une autre réserve d'eau, tous les demandeurs intéressés devront comparaître et fournir la preuve de leurs appropriations respectives au moment et de la manière requis par la loi; tout demandeur en défaut de comparaître dans ces procédures et de fournir la preuve de ses appropriations sera déchu de la faculté de prouver postérieurement tous droits acquis antérieurement sur le fleuve ou autre réserve d'eau compris dans les procédures; il sera en outre considéré comme étant exproprié de tous les droits à l'usage du dit fleuve revendiqués antérieurement par lui. Il est entendu:

1° Que toute personne qui, revendiquant le droit à l'usage de l'eau d'un fleuve adjugé antérieurement par le Comité de contrôle dont il a été ou prétend avoir été dans le temps le bénificiaire, n'aura pas comparu ou aura négligé de soumettre la preuve de sa revendication, sera autorisée, dans une année seulement après la promulgation de la présente loi, à solliciter une enquête et une adjudication de ses droits de la manière prévue ci-après; et 2° que tout

---

proceed to adjudicate and determine the rights of the various claimants to the use of water upon any stream or other body of water, it shall be the duty of all claimants interested in such stream or other body of water to appear and submit proof of their respective appropriations, at the time and in the manner required by law; and any such claimant who shall fail to appear in such proceedings and submit proof of his appropriations shall be barred and estopped from subsequently asserting any rights theretofore acquired upon the stream or other body of water embraced in such proceedings, and shall be held to have forfeited all rights to the use of said stream theretofore claimed by him. Provided, That any person claiming the right to the use of water of any stream heretofore adjudicated by the Board of Control who, having been or claiming to have been at the time an appropriator therefrom, shall have failed to appear and submit proof of his claim shall be permitted

demandeur qui n'aura pas été informé autrement que par la publication faite dans un journal de l'avis de ces procédures et des dépositions des témoignages sera admis, pendant une année après le dépôt de l'ordonnance ou du décret du bureau fixant. les droits des divers demandeurs sur un fleuve particulier ou autre réserve d'eau, à produire les preuves de son appropriation ; toutefois, avant que le décret du comité puisse être dans ce cas soumis à revision, le demandeur en informera toutes les autres personnes intéressées à l'eau du fleuve ou autre réserve d'eau en question, et déposera, avec sa requête, la même espèce de preuve que celle exigée des demandeurs aux enquêtes originales ; il démontrera en outre, à la satisfaction du Comité, que pendant le cours des procédures il n'a pas reçu avis en temps utile pour comparaître et déposer les preuves de sa revendication ; toutes les parties intéressées peuvent présenter des attestations quant à la matière de l'avertissement réel du demandeur. (Chap. 67, Loi de l'Et. de 1901.)

---

within one year after the passage of this act, but not thereafter, to apply for a hearing and an adjudication of his rights in the manner hereinafter provided ; and Provided, further, That any claimánt upon whom no other service shall be made than by publication in the newspaper, of the notice of such proceedings and taking of testimony, may, within one year after the entry of the order or decree of the board, determining the rights of the various claimants upon any particular stream or other body of water, have the same opened and be let in to give proof of his appropriation ; but before the decree of the board can be opened in such case, the applicant shall give notice to all other persons interested in the water of the stream or other body of water in question, and shall with his petition file the same kind of proof as required of claimants in original hearings and make it appear to the satisfaction of the board that during the pendency of the proceedings he had no actual

Limite des revendications de droits à l'eau.

ARTICLE 3.

Toute personne qui, revendiquant le droit à l'usage de l'eau d'un fleuve antérieurement adjugé par le Comité de contrôle, étant ou prétendant en être le bénéficiaire, aura négligé de comparaître ou de soumettre la preuve de ses revendications au moment de l'adjudication du droit des différents demandeurs à l'eau du fleuve, sera autorisée, pendant une année après la promulgation de la présente loi, à adresser une requête au Comité de contrôle de l'Etat pour une enquête relativement à ses revendications concernant l'usage de l'eau de ce fleuve et pour la revision du décret antérieurement passé à cette fin. Cette requête mentionnera tous les détails requis par la loi pour les preuves des demandeurs dans les procédures originales devant le Comité et sera certifiée sous serment par les de-mandeurs. Si, après le dépôt de ladite requête, il apparaît au Comité que le requérant n'a pas comparu dans les pro-

---

notice thereof in time to appear and make proof of his claim; and all parties interested may present affidavits as to the matter of actual notice of the applicant. (Chap. 67, S. L. 1901.)

Time Limit on Claims for Water Rights.

SECTION 3.

Any person claiming the right to the use of water of any stream, heretofore adjudicated by the Board of Control, being or claiming to be an appropriator therefrom, who shall have failed to appear and submit proof of his claims at the time of the adjudication of the right of the various claimants to the water of such stream, shall be permitted at any time within one year after the passage of this act, but not thereafter, to file a petition with the State Board of Control for a hearing in respect to his claims to the use of water from such stream, and for the reopening of the decree here-

cédures et n'a pas soumis la preuve de ses revendications,
le Comité de l'Etat prendra et enregistrera une ordonnance pour la revision du décret antérieurement enregistré déterminant les droits à l'usage de l'eau sur ce
fleuve aux fins de recevoir le témoignage pour le compte
du requérant et de déterminer ses droits à l'usage de
l'eau.

L'inspecteur divisionnaire de la division intéressée
fixera ensuite une date et un endroit pour entendre les
dépositions et en donnera avis conformément aux dispositions des articles 861 et 862 des statuts revisés de 1899,
en cas d'enquêtes originales. Le requérant déposera, au
moment de soumettre ses preuves et témoignages à cette
enquête, un plan exact de son aqueduc et des terres à
irriguer au moyen de celui-ci.

Il est entendu que les enquêtes permises par cet article
seront soumises aux mêmes dispositions légales quant à
l'inspection de témoignages, contestations et appels,

---

tofore entered for that purpose. Said petition shall embrace all
the particulars required by law in the proofs of claimants in original proceedings before the board, and shall be verified by the oath
of the claimant. Upon the filing of said petition, if it shall appear
to the board that the petitioner had not appeared in the proceedings
and submitted proof of his claims, the State Board shall make and
enter an order reopening the decree heretofore entered, determining the rights to the use of water upon such stream for the purpose of receiving the testimony on behalf of the petitioner and
determining his rights to the use of such water. Thereupon the
Division Superintendent of the proper division shall fix a time and
place for taking the testimony and shall give notice thereof as
required by the provisions of Sections 861 and 862 of the Revised
Statutes, 1899, in the case of original hearings. The petitioner
shall, at the time of submitting his proof and testimony at such

comme dans d'autres cas. (Chap. LXVII, L. de l'Et. de 1901.)

Preuve d'ajudication ouverte à l'inspection.
Qui peut contester.

Article premier.

Lorsque les droits à l'usage de l'eau d'un fleuve et de tous ses tributaires dans l'Etat ont été adjugés conformément à la loi, et qu'il résulte des procès-verbaux de cette adjudication qu'il y a eu différence de procédures, le Comité de contrôle de l'Etat sera et est autorisé à faire connaître le dépôt à l'inspection du public de toutes les preuves ou évidences d'appropriation d'eau, et des déclarations du Comité y relatives, du fleuve et de ses tributaires conformément aux dispositions de l'article 866 des statuts revisés de 1899 ; toutes personnes, corporations ou associations qui désirent contester les revendications ou

---

hearing, file a correct map of his ditch and the lands irrigated therefrom. Provided, That the hearings permitted by this section shall be subject to the same provisions of law as to inspection of testimony, contests and appeals, as in other cases. (Chap. 67, S. L. 1901.)

Proof of Adjudication Open to Inspection — Who may Contest.

Section 1.

Whenever the rights to the use of the waters of any stream and all its tributaries within the State have been adjudicated as provided by law, and it shall appear by the records of such adjudication that it had not been had at one and the same proceeding, then in such case the State Board of Control shall be and is hereby authorized to give notice of the opening to public inspection of all proofs or evidences of appropriation of water, and the findings of the

droits d'autres personnes, corporations ou associations, mentionnés dans les dépositions ou établis par le Comité, procédant de la manière prévue dans les articles 867, 868 et 869 des statuts revisés de 1899 ; il est entendu que des contestations ne peuvent être soulevées ni maintenues qu'entre les bénéficiaires qui n'étaient pas parties dans les mêmes procédures d'adjudication dans les enquêtes originales. (Chap. 92, L, de l'Et. de 1903.)

Dispositions et preuves à transmettre au Comité de contrôle.

ARTICLE 2.

Après l'achèvement de l'enquête par témoins sur les contestations engagées en vertu des dispositions de la présente loi, l'Inspecteur en chef transmettra en personne ou par la poste à l'administration du Comité de contrôle toutes les dépositions relatives aux dites contestations ;

---

board in relation thereto from the stream and its tributaries in the manner and according to the provisions of Section 866 of the Revised Statutes, 1899 ; and any persons, corporations or associations who may desire to contest the claims or rights of other persons, corporations or associations, as set up in the proofs or established by the board, shall proceed in the manner provided for in Sections 867, 868 and 869, Revised Statutes, 1899 ; Provided, That contests may not be entered into and shall not be maintained except between appropriators, who where not parties to the same adjudication proceedings in the original hearings. (Chap. 92, S. L. 1903.)

Testimony and Evidence to Be Transmitted to Board of Control.

SECTION 2.

Upon the completion of the testimony and evidence taken in contests initiated under the provisions of this act, it shall be the

l'action y relative sera dirigée par les dispositions de la loi applicables lorsqu'il s'agit de contester des cas en procédures d'adjudication originale. Il est entendu que si, comme résultat d'une contestation, il devient nécessaire d'annuler un certificat définitif délivré antérieurement par ledit Comité et d'en délivrer un nouveau en conformité avec les constatations faites, ce certificat sera délivré sans frais à la personne y ayant droit, n'étant pas celle intéressée au dépôt de ce certificat au bureau du greffier du Comité. (Chap. 92, Loi de l'Et. de 1903.)

Commissaires des eaux.

Districts.

ARTICLE 888.

Le Comité de contrôle divisera l'Etat en districts hydro-

---

duty of the Superintendent to transmit all evidence and testimony in said contests to the office of the Board of Control in person or by registered mail, and the action of said board in relation thereto shall be governed by the provisions of law applicable to contest cases in original adjudication proceedings : Provided, That, if as a result of any such contest it shall be necessary to cancel any final certificate theretofore issued by said board and issue a new certificate in accordance with the findings of the board, such certificate shall be issued without cost to the person entitled to it, other than is incident to a proper recording of such certificate in the office of the County Clerk. (Chap. 92, S. L. 1903.)

Water Commissioners.

Districts.

SECTION 888.

The Board of Control shall divide the State into water districts,

graphiques ; ces districts seront établis de façon à assurer la meilleure protection aux demandeurs prétendant avoir droit à l'eau et l'inspection la plus économique de l'Etat. Ces districts ne seront créés que lorsque la nécessité s'en fera sentir, mais ils le seront au fur et à mesure qu'il sera procédé à l'adjudication des appropriations et priorités des fleuves de l'Etat.

Commissaire. — Mode de nomination.
Durée de ses fonctions.

ARTICLE 889.

Un commissaire sera nommé pour chaque district hydrographique. Ce commissaire sera un habitant du district dans lequel il exercera ses fonctions : il sera nommé par le Gouverneur parmi les personnes qui lui seront recommandées par l'inspecteur en chef de la division hydrogra-

---

said water districts to be so constituted as to secure the best protection to the claimants for water and the most economical supervision on the part of the State; said water districts shall not be created until a necessity therefor shall arise, but shall be created from time to time as the appropriations and priorities thereof from the streams of the State shall be adjudicated.

Commissioner. How Appointed—Term.

SECTION 889.

For each water district there shall be appointed one Commissioner, who shall be a resident of the district in which he is to serve, and who shall be appointed by the Governor, to be selected by him from persons, recommended to him by the Superintendent of the water division in which such water district is situated. Each Commissioner shall hold his office two years, and until his successor is appointed and qualified, and the Governor shall, by like selection and appointment, fill all vacancies which may occur in the

phique dans laquelle est situé ce district hydrographique.
Chaque commissaire restera en fonctions pendant deux ans
et jusqu'à ce que son successeur soit nommé et installé ;
le Gouverneur, en procédant de la même manière, pourvoira à toutes les vacatures qui se produiront dans le service des commissaires des eaux ; il peut toujours, sur une
plainte lui adressée par écrit, révoquer les commissaires
des eaux lorsqu'ils négligent de remplir leurs devoirs.

Fonctions.

ARTICLE 890.

Le commissaire des eaux aura pour mission : 1° de
répartir l'eau du ou des fleuves naturels de son district
entre les divers canaux qu'ils alimentent, conformément
aux droits respectifs de priorité de chacun d'eux, en tout
ou en partie ; 2° de fermer et de fixer, ou de donner des
ordres en conséquence, sous la direction de l'inspecteur
en chef de sa division, les écluses principales des canaux

---

office of Water Commissioner, and may at any time remove any
Water Commissioner for failure to perform his duties as such
Water Commissioner, upon complaint in that respect being made
to him in writing.

Duties.

SECTION 890.

It shall be the duty of said Water Commissioner to divide the
water in the natural stream or streams of his district among the
several ditches taking water therefrom, according to the prior
rights of each, respectively, in whole or in part, and to shut and
fasten, or cause to be shut and fastened, under the direction of the
Superintendent of his water division, the headgates of ditches
heading in any of the natural streams of the district when, in
times of scarcity of water, it is necessary to do so by reason of the

provenant d'un des fleuves naturels du district quand,
en cas de pénurie d'eau, il est nécessaire d'agir ainsi
par suite de la priorité de droits de tiers prenant l'eau
au même fleuve ou à ses affluents.

Les commissaires doivent empêcher les gaspillages.

ARTICLE 891.

Le commissaire des eaux distribuera, réglera et con-
trôlera aussi exactement que possible, l'usage de l'eau de
tous les fleuves dans son district en fermant complètement
ou partiellement les écluses principales, de façon à prévenir le gaspillage de l'eau ou son emploi au delà de la
quantité à laquelle le bénéficiaire a légalement droit;
toute personne lésée par le fait d'un commissaire des eaux
ou par sa négligence de procéder conformément à ce
chapitre, aura le droit d'aller en appel auprès de l'inspecteur en chef divisionnaire; la décision de celui-ci peut en
outre faire l'objet d'un recours auprès de l'ingénieur de

---

priority of rights of other taking water from the same stream or
its tributaries.

Commissioners Shall Prevent Waste.

SECTION 891.

Said Water Commissioner shall, as near as may be, divide,
regulate and control the use of the water of all streams within his
district by such closing or partial closing of the headgates as will
prevent the waste of water, or its use in excess of the volume to
which the appropriator is lawfully entitled, and any person who
may be injured by the action of any Water Commissioner, or by
his failure to act pursuant to this chapter, shall have the right of
appeal to the Division Superintendent and, from his decision, the
party aggrieved may appeal to the State Engineer. And from the
decision of the State Engineer in said matter an appeal may be had

l'Etat de la part de la partie lésée. D'autre part, il peut être interjeté appel contre la décision de l'ingénieur de l'Etat en cette matière auprès du tribunal de district du comté où sont situés le ou les canaux au sujet desquels le litige s'est élevé. (Chap. CII, Loi de l'Et. de 1901.)

Payement.

ARTICLE 892.

Chacun des commissaires des eaux aura droit à une somme de cinq dollars par jour d'occupation ; cette somme sera payée par le comté dans lequel l'ouvrage est exécuté. Chaque commissaire des eaux tiendra un compte exact du temps employé par lui dans son service et du temps consacré à l'accomplissement de ses devoirs respectivement dans chaque comté sur lequel s'étend son district; il en adressera une copie certifiée exacte sous serment au Collège des commissaires du comté où le travail aura

---

to the District Court of the county wherein the ditch or ditches over which the controversy arises are situated.   (Chap. 102, S. L. 1901.)

Pay of.

SECTION 892.

Water Commissioners herein provided for shall each be entitled to pay at the rate of five dollars per day for each day he shall be actively employed in the duties of his office, to be paid by the county in which the work is performed. Each Water Commissioner shall keep a true and just account of the time spent by him in the duties of his office and the time spent by him in the performance of his duties in each county, respectively, into which his water district may extend, and shall present a true copy thereof, verified by oath, to the Board of County Commissioners of the county in which the work may have been done.   And the said Board of County

été fait. Le dit Collège, après approbation de ce compte par l'inspecteur en chef de la division hydrographique, allouera les sommes dues.

Auxiliaires des commissaires des eaux.

ARTICLE 893.

Le commissaire des eaux aura le pouvoir, en cas d'urgence, d'employer des auxiliaires capables pour l'aider dans l'accomplissement de ses devoirs. Ces auxiliaires prêteront les mêmes serments que le commissaire des eaux et se conformeront à ses instructions ; chacun d'eux aura droit à quatre dollars par jour d'occupation, dont le payement sera fait sur des certificats délivrés par l'inspecteur en chef divisionnaire, de la même manière que celle prévue pour le payement des commissaires des eaux. Il est entendu que l'inspecteur en chef divisionnaire peut en tout temps faire cesser les services de ces auxiliaires ;

Commissioners shall, upon approval thereof by the Superintendent of the water division, allow the same.

Assistants to Water Commissioners.

SECTION 893.

Said Water Commissioner shall have power, in cases of emergency, to employ suitable assistants to aid him in the discharge of his duties. Such assistants shall take the same oaths as the Water Commissioner, and shall obey his instructions, and each shall be entitled to four dollars per day for every day he is employed, such payment to be made upon certificates of the Division Superintendent, in the same manner as provided for the payment of the Water Commissioner : Provided, That the terms of service of such Assistant Commissioners may be terminated at any time by the Division Superintendent, and shall in no event continue after the emergency has ceased to exist. (Chap. 28, S. L. 1903.)

dans tous les cas, leur intervention ne continuera pas
après cessation de l'urgence. (Chap. XXVIII, L. de l'Et.
de 1903.)

Moment où les commissaires commenceront leur
travail.

ARTICLE 894.

Les commissaires des eaux commenceront leur travail
sur invitation écrite de deux ou plusieurs bénéficiaires,
propriétaires ou administrateurs de canaux. Ils peuvent
aussi se mettre à l'œuvre sur l'invitation écrite d'un bénéficiaire, propriétaire ou administrateur, si les raisons
invoquées sont jugées suffisantes par eux. (Chap. CII, Loi
de l'Etat de 1901.)

Limite d'usage de l'eau.

ARTICLE 895.

Le droit de priorité de faire usage de l'eau sera limité

Commissioners to Begin Work When.

SECTION 894.

Said Water Commissioners shall begin their work at the written
call of two or more appropriators, owners or managers of ditches.
Said Water Commissioners may begin at the written call of one
appropriator, owner or manager, if the reasons given for the
same are deemed sufficient by the Commissioner. (Chap. 102,
S. L. 1901.)

Water — Limitation on Use of.

SECTION 895.

The priority of right to the use of water shall be limited and
restricted to so much thereof as may be necessarily used for irrigation or beneficial purposes as aforesaid, irrespective of the

et restreint aux besoins de l'irrigation ou d'autres fins utiles comme il est dit ci-dessus, sans tenir compte de la capacité d'écoulement du canal ; le surplus de la quantité d'eau non appropriée s'écoulera dans le fleuve naturel qui alimente le canal et cette quantité sera considérée comme n'ayant pas été appropriée. Dans le cas où le ou les propriétaires d'un fossé, canal ou réservoir ne feraient pas usage de l'eau pour l'irrigation ou d'autres fins utiles, pendant cinq années consécutives, ils seront considérés comme les ayant abandonnés et seront déchus de tous les droits à l'eau, facilités et priviléges y attachés ; quant à l'eau qui leur a été attribuée auparavant, elle pourra de nouveau être appropriée pour l'irrigation ou d'autres fins utiles, de la même manière que si ce fossé, canal ou réservoir n'avait jamais été construit ; de plus, le propriétaire d'un tel fossé, canal ou réservoir n'aura aucun titre pour recevoir de tiers un droit pour l'usage de l'eau s'y écoulant, mais les propriétaires ayant un excédent d'eau et le fournissant à des tiers au moyen d'un fossé,

---

carrying capacity of the ditch, and all the balance of the water not so appropriated shall be allowed to run in the natural stream from which such ditch draws its supply of water, and shall not be considered as having been appropriated thereby; and in case the owner or owners of any such ditch, canal or reservoir shall fail to use the water therefrom for irrigation or other beneficial purposes during any five successive years they shall be considered as having abandoned the same, and shall forfeit all water rights, easements and privileges appurtenant thereto, and the water formerly appropriated by them may be again appropriated for irrigation and other beneficial purposes, the same as if such ditch, canal or reservoir had never been constructed ; neither shall the owner of such ditch, canal or reservoir have any right to receive from others any royalty for the use of water carried thereby, but every such owner or owners having

canal ou réservoir, seront considérés comme des trans-
porteurs ordinaires et seront soumis aux mêmes lois que
celles qui gouvernent ceux-ci. (Chapitre XXXIX, Loi de
l'Et. de 1905.)

(Art. 896 abrogé).

*Cas dans lesquels le propriétaire foncier a droit
de passage. — Dommages.*

ARTICLE 897.

Lorsqu'un particulier, ayant des droits sur l'eau dans
une localité, ne possède pas une étendue de terrain d'une
longueur suffisante le long d'un fleuve pour avoir une
pente suffisante pour irriguer sa terre ou sa ferme, ou si
la terre qu'il cultive est trop éloignée du fleuve et dépour-
vue de facilités d'irrigation, il jouira pour les fins mentionnées ci-dessus d'un droit de passage à travers les
fermes ou les terrains qui le séparent du fleuve, ou à
travers les fermes ou les terrains situés en amont ou en
aval.

---

a surplus of water and furnishing the same to others from any
ditch, canal or reservoir as herein provided, shall be considered
common carriers and shall be subjected to the same laws that
govern common carriers.   (Chap. 39, S. L. 1905.)

(Sec. 896 repealed.)

When Land Owner Entitled to Right of Way — Damages.

SECTION 897.

When any person owning claims in such locality has not
sufficient length of area exposed to said streams to obtain a sufficient fall of water to irrigate his land or his farm, or land used by
him for agricultural purposes is too far removed from said stream,
and he has no water facilities on those lands, he shall be entitled
to a right of way through the farms or tracts of land which lie

Il est entendu qu'à l'occasion de la construction, de l'entretien et de l'usage de tout canal à travers les terrains d'un tiers, la personne qui construit le canal, qui en use ou qui doit l'entretenir sera responsable, vis-à-vis du propriétaire ou de l'exploitant de ces terrains, de tous les dommages causés à celui-ci par la construction, l'entretien ou l'usage de l'aqueduc.

Etendue du droit d'accès.

ARTICLE 898.

Le droit de passage ne s'étendra qu'à l'aqueduc, à la digue ou à la coupure nécessaire pour les fins mentionnées ci-dessus.

Pétition aux commissaires. — Notification de la nomination d'experts.

ARTICLE 899.

Sur refus de propriétaires de terrains d'autoriser le

---

between him and said stream, or the farms or tracts of land which lie above and below him on said stream for the purposes hereinbefore stated : Provided, That in the construction, keeping up and using any such ditch through the lands of another person, the person or persons constructing or using said ditch, or whose duty it shall be to keep the same in repair, shall be liable to the person owning or claiming such land for all damages accruing to such person by reason of said construction, keeping up and using such ditch.

Extent of Right of Way.

SECTION 898.

Such right of way shall extend only to a ditch, dyke, or cutting, sufficient for the purposes required.

passage du canal projeté à travers leur propriété, les personnes qui veulent entreprendre le travail pourront adresser une pétition signée par elles aux commissaires du comté où les terrains sont situés. Cette pétition décrira, aussi exactement que possible, les terrains à traverser, indiquera les noms du ou des propriétaires ou d'autres personnes intéressées et sollicitera la nomination de trois experts pour fixer l'indemnité à allouer aux personnes intéressées. A la réception de cette pétition, les dits commissaires de comité feront connaître, au moins trente jours avant la nomination des experts, par insertion dans un journal publié dans le comté, ou par l'affichage d'au moins trois avis dans trois endroits différents, que les experts seront nommés le...

Procédure des experts. — Payement des taxes.

ARTICLE 900.

Avant d'entrer en fonctions, les experts prêteront le

Petition to Commissioners — Notice of Appointing Appraisers.

SECTION 899.

Upon the refusal of owners of tracts of land, or lands, through which said ditch is proposed to run to allow of its passage through their property, the persons desiring to open such ditch may present to the County Commissioners of the County in which said lands are located a petition signed by the person or persons, describing, with convenient accuracy, the lands so desired to be taken as aforesaid, setting forth the name or names of the owner or other person interested, and praying the appointment of three appraisers to ascertain the compensation to be made to such owner or persons interested. Upon the receipt of said petition, the said County Commissioners shall give notice, at least thirty days prior to the appointment of the said appraisers, by public notice in a newspaper, when published in the county, or by posting three or more

serment de remplir fidèlement et impartialement leurs devoirs. Ils recevront les preuves et entendront les allégations des parties, et la majorité d'entre eux, après avoir inspecté les lieux, fixera sans crainte, faveur ou partialité : 1° la compensation équitable à accorder au propriétaire ou aux particuliers intéressés du chef des terrains à occuper ; et 2° tous les dommages causés au propriétaire ou aux particuliers intéressés à la suite de l'emploi de ces terrains, en déduisant les bénéfices réels ou avantages qui peuvent résulter pour eux de la construction de l'aqueduc ou du canal. Les trois experts ou la majorité d'entre eux signeront un certificat de leurs constatations et imposition; ce certificat sera adressé au bureau du greffier du comté où sont situées les terres.

Après le payement de la compensation, s'il y a lieu, le dit ou les dits particuliers auront le droit d'accès pour construire l'aqueduc ou le canal.

---

notices in three different places in said county, stating that such appraisers will be appointed on the . . . . day of . . . .

Proceedings of Appraisers — Payment of Assessment.

Section 900.

The said appraisers, before entering upon the duties of their office, shall take an oath to faithfully and impartially discharge their duties as said appraisers. They shall hear the proofs and allegations of the parties, and any two of them, after reviewing the premises, shall, without fear, favor or partiality, ascertain and certify the compensation proper to be made to said owner, or persons interested, for the lands to be taken or affected, as well as all damages accruing to the owner or person interested in consequence of the condemnation of the same, taken or injuriously affected as aforesaid, making such deduction allowance for real benefits or advantages as such owner or parties interested may

Entretien des canaux en bon état.

ARTICLE 901.

Le ou les propriétaires de tout canal d'irrigation ou autre canal en entretiendront soigneusement les berges, de manière que les eaux ne puissent inonder ou endommager les propriétés de tiers.

Maintien des droits établis.

ARTICLE 902.

Aucune disposition de ce chapitre ne sera interprétée de manière à diminuer les droits établis antérieurement à l'usage d'une conduite d'eau en faveur du propriétaire d'un moulin ou d'un canal ou de toute autre personne.

---

derive from the construction of any such ditch or flume. They, or a majority of them, shall subscribe a certificate of their said ascertainment and assessment, which shall be recorded in the County Clerk's office of the county in which said lands are situated, and upon the payment of the compensation (if any), the said person or persons shall have the right of way to construct said ditch or flume.

Ditches to Be Kept in Repair.

SECTION 901.

The owner or owners of any ditch for irrigation or other purposes shall carefully maintain the embankment thereof, so that the waters of such ditch may not flood or damage the premises of others.

Vested Rights Preserved.

SECTION 902.

Nothing in this chapter contained shall be so construed as to impair the prior vested rights of any mill or ditch owner, or other person, to the use of any such water course.

Quand les commissaires doivent établir des ponts
sur les aqueducs. — Dépenses.

ARTICLE 903.

Quand un fossé ou un canal coupe un chemin public
et qu'il n'est pas établi un pont dans les trois jours, les
commissaires du comté où sont situés le canal et le chemin construiront ce pont et inviteront le ou les propriétaires du canal à en payer les dépenses ; en cas de refus
de payement, une action civile peut être intentée pour
assurer le recouvrement des dépenses, ainsi que de tous
les frais qui en résultent.

Règlement par arbitrage du droit de passage.

ARTICLE 904.

En cas d'opposition du ou des propriétaires de terrains

When Commissioners to Bridge Ditches — Expenses.

SECTION 903.

When any such ditch or water course shall be constructed across
any public traveled road, and not bridged within three days thereafter, it shall be the duty of the County Commissioners of the
county in which said ditch and road are located to put a bridge over
said ditch or water course, and call upon the owner or owners of
said ditch or water course to pay the expenses of constructing said
bridge, and if payment thereof be refused, a civil action may be
maintained for the recovery of the same, together with all accruing
costs.

Claim for Right of Way May Be Arbitrated.

SECTION 904.

Upon the refusal of the owner or owners of land or lands
through which any person or persons are desirous of constructing
any irrigation ditch or ditches, then it shall be lawfull for the
parties interested to settle the matter by the appointment of a

à travers lesquels des particuliers désirent construire un ou plusieurs canaux d'irrigation, les parties intéressées pourront faire régler le différend par un Conseil d'arbitrage composé de trois membres, conformément aux dispositions suivantes.

Nomination et procédure des arbitres.

ARTICLE 905.

La création du Conseil d'arbitrage aura lieu de la manière suivante : la ou les personnes désirant construire un ou plusieurs canaux et le ou les propriétaires des terrains à travers lesquels la construction est projetée choisiront respectivement un propriétaire désintéressé résidant dans le comté où sont situés les terrains ; les deux arbitres ainsi nommés en désigneront un troisième ayant les mêmes pouvoirs qu'eux-mêmes, et ces trois arbitres entendront immédiatement les preuves et les allégations des parties intéressées. La majorité de ce Conseil d'arbitrage

---

Board of Arbitration consisting of three men, as hereinafter provided.

Appointment and Proceedings of Arbitrators.

SECTION 905.

The creation of the Board of Arbitration shall be as follows : The person or persons desiring the construction of such ditch or ditches, and the owner or owners of the land or lands through which the construction of such ditch or ditches is contemplated, shall each choose one disinterested resident property holder of the county in which the land or lands mentioned above are situated, and the two so chosen shall designate a third person with like qualifications as themselves, and it shall be lawful for these persons to immediately proceed to hear the proof and allegations of the parties concerned. It shall be lawful for any two of such Board of Arbitration to make such assessment of damages as may in their

évaluera équitablement les dommages en tenant compte des bénéfices, s'il y a lieu, qui peuvent résulter pour le ou les propriétaires de terrains à travers lesquels la construction du ou des canaux est projetée.

Appel auprès des commissaires.

ARTICLE 906.

Si une ou les deux parties ne sont pas satisfaites de la décision du conseil d'arbitrage, un appel peut être interjeté par écrit, dans les dix jours de la date de cette décision.

Cet appel sera adressé au collège des commissaires du comté où résident les réclamants.

Dans ce cas, la partie appelante fournira un cautionnement pour tous les frais; ensuite le cas sera considéré comme si aucune action n'avait été intentée et les parties pourront procéder en vertu du présent chapitre comme si les procédures pour assurer la compensation à allouer

---

judgment be deemed just and right, taking into consideration the benefits, if any, that may accrue to the owner or owners of the land or lands through which the construction of such ditch or ditches is contemplated.

Appeal to Commissioners.

SECTION 906.

Should the verdict or assessment of such Board of Arbitration be unsatisfactory to either or both of the parties interested, then recourse may be had by an appeal made in writing, whitin ten days from the rendering of such verdict by such Board of Arbitration, addressed to the Board of County Commissioners of the county in which the contestants reside; in which case the party taking the appeal shall give bonds for all costs; then the case shall stand as though no action had been taken in the matter, and the parties may then proceed under this chapter in the same manner

avaient été engagées en première instance devant les commissaires du comté.

En cas d'absence d'appel, la sentence arbitrale est définitive.

ARTICLE 907.

Lorsqu'aucune des parties intéressées n'interjette appel, la sentence du Conseil d'arbitrage entrera en vigueur et sera définitive. Il est entendu que la somme fixée par le Conseil d'arbitrage a été offerte ou payée ou qu'un acte pour ce droit de passage a été exécuté et délivré ou présenté par la ou les parties sur les terrains de laquelle ou desquelles le droit de passage est demandé.

---

as though the proceedings to ascertain the compensation to be given had been taken before the County Commissioners in the first instance.

If No Appeal Is Taken, Award Is Final.

SECTION 907.

In case no appeal be taken as above provided by either of the parties interested, then the finding of such Board of Arbitration shall be binding and final : Provided, The sum of money agreed upon by the Board of Arbitration has been tendered or paid, or a deed for such right of way executed and delivered or tendered by the party or parties over whose land the right of way is sought.

Canaux appartenant à des associations.

*Le tribunal de district peut nommer une personne
pour distribuer l'eau.*

ARTICLE 908.

Lorsque le ou les locataires de deux ou plusieurs particuliers, propriétaires solidaires d'un canal d'irrigation, ne parviennent pas à se mettre d'accord sur la distribution de l'eau amenée par le canal, chacun de ces propriétaires pourra en appeler au tribunal du district où est situé ce canal, par une requête certifiée, mentionnant le fait et sollicitant la nomination d'une personne capable de se charger du canal, afin de faire une distribution équitable de l'eau qui s'y écoule entre les différents propriétaires ou parties ayant droit à l'usage des eaux amenées par ce canal.

Partnership ditches.

District Court May Appoint Person to Distribute Water.

SECTION 908.

Whenever two or more persons, joint owners in an irrigation ditch, their lessee or lessees, are unable to agree relative to the division or distribution of water received through such ditch, it shall be lawful for any such owner or owners, his or their lessee or lessees, or either of them, to apply to the District Court of the district in which such ditch shall be located, by a verified petition setting forth such fact, asking for an order appointing some suitable person to take charge of such ditch for the purpose of making a just distribution of the water through the same, to the several owners or parties entitled to the use of the waters received through such ditch.

Moment où le greffier délivrera des assignations.

ARTICLE 909.

La requête mentionnée dans l'article précédent sera adressée au greffier du tribunal de district du comté où le canal est situé en tout ou en partie ; après avoir reçu cette requête, le greffier lancera immédiatement des assignations comme dans d'autres cas, informant le ou les locataires de l'aqueduc autres que ceux ayant envoyé la requête, les requérant de comparaître dans les cinq jours à partir de la date de la délivrance des assignations et de répondre à la requête. Il est entendu, toutefois, que ces assignations seront notifiées au moins deux jours avant la date y indiquée pour la réponse.

Enquête.

ARTICLE 910.

L'enquête prévue en vertu de ce chapitre peut être

Clerk Shall Issue Summons, When.

SECTION 909.

The petition mentioned in the preceeding section shall be filed with the Clerk of the District Court of the county in which such ditch shall be located, or a portion thereof, and upon the filing of such petition it shall be the duty of said Clerk to immediately issue summons as in other cases, notifying the owner or owners, lessee or lessees, of such ditch other than those filing such petition, and requiring them to appear within five days from the date of the issuance of such summons, and to make answer to such petition : Provided, however, That such summons shall be served at least two days before the date fixed therein for the answer.

Hearing.

SECTION 910.

The hearing provided for under this chapter may be heard either

faite ou devant le tribunal dont le juge siège en conseil, ou devant un commissaire du tribunal de district du dit comté ; elle aura lieu au jour fixé dans les citations pour faire la réponse à la requête déposée, ou aussitôt que posble après.

La décision prise ainsi sera définitive, à moins qu'elle ne fasse l'objet d'un appel devant le tribunal de district du comté ; cet appel peut être interjeté de la manière prévue pour les appels dans les tribunaux de justice, sauf toutefois que le juge ou commissaire du tribunal fixera le montant du litige conformément à la valeur de la propriété intéressée et aux dommages qui peuvent être subis. (Chap. LXXXXIII, L. de l'Etat de 1903).

Fonctions des personnes nommées.

ARTICLE 911.

Si le tribunal, le juge ou le commissaire, procédant à

---

before the court, the Judge thereof sitting at chambers, or a District Court Commissioner of said county, and shall be had upon the day fixed in the summons for making answer to the petition filed, or as soon thereafter as possible.

The decision so rendered shall be final unless an appeal is taken to the District Court of the county, which may be taken in the manner provided for appeals from Justice Court; Provided, however, That the Judge or Court Commissioner shall fix the amount of the undertaking in appeal according to the value of the property involved and the damages which may be sustained. (Chap. 93, S. L. 1903.)

Duties of Person Appointed.

SECTION 911.

Upon it being made to appear to the satisfaction of the court, Judge or Commissioner hearing such application, that the protec-

l'enquête, estime que la protection des droits à l'usage de l'eau du canal du ou des requérants exige la délivrance d'une ordonnance, il désignera une personne apte n'ayant pas un intérêt personnel dans le canal pour en distribuer équitablement les eaux conformément aux droits des différents propriétaires ou de leurs locataires. La personne ainsi désignée exercera le contrôle exclusif sur ce canal pour la distribution de l'eau qui y est amenée jusqu'à ce qu'elle soit révoquée par ordonnance du tribunal, du juge ou du commissaire.

Dépôt d'un rapport.

Article 912.

Tous les mois, ou plus souvent s'il y a lieu, la personne ainsi nommée soumettra au tribunal, au juge ou au commissaire qui l'a nommée, un rapport complet et détaillé de ses services et, le cas échéant, des dépenses qu'elle a faites à l'occasion de l'accomplissement de ses fonctions ;

---

tion of the rights to the use of the water in said ditch of the applicant or applicants requires the issuance of such order, he shall appoint some suitable person, not having a personal interest in such ditch, to divide and distribute the waters received through such ditch as in his judgment justice may require, in accordance to the rights of the several owners, or their lessee or lessees. The person so appointed shall have exclusive control of such ditch for the purpose of dividing and distributing the water received into the same until such time as he may be removed by the order of the proper court, Judge or Commissioner.

Statement Required.

Section 912.

The person so appointed shall render to the court, Judge or Commissioner appointing him, monthly, or oftener if required, a

après l'approbation de ce ou ces comptes rendus, un jugement sera rendu à la prochaine session du dit tribunal
pour toute somme non payée, contre les divers propriétaires du canal qui refusent ou négligent de payer leur
part proportionnelle de cette dépense au profit de la personne nommée comme ci-dessus.

Indemnités.

ARTICLE 913.

La personne nommée comme il est dit ci-dessus recevra,
à titre d'indemnité pour ses services, outre le remboursement de ses dépenses, la somme de trois dollars par
jour ou par fraction de jour dépassant un demi-jour,
employé effectivement et nécessairement à l'accomplissement des devoirs de sa charge ; comme garantie du payement de ses services et de ses dépenses telles qu'elles
sont fixées, elle pourra déposer au bureau du greffier du
comité où le canal est situé, la ou les notes détaillées à

---

full and itemized statement of the services rendered by him, and
the expenses, if any, incurred by him in the discharge of his duty,
and upon the approval of such account or accounts, judgment shall
be rendered at the next term of said court for any unpaid balance
thereon against the several owners of such ditch who refuse or
neglect to pay their pro rata share of such expense in favor of such
person so as aforesaid appointed.

Compensation.

SECTION 913.

The person appointed as hereinbefore provided shall receive as
compensation for his services the sum of three dollars per day for
each day or part of a day in excess of a half day, actually and
necessarily spent in the performance of the duties of his office, together with actual expenses ; and as security for the payment of his

la condition d'être accompagnées d'une attestation quant au montant non payé; lorsque ces notes seront déposées, elles constitueront un gage valable à charge de l'intérêt dans ledit aqueduc du propriétaire en défaut de payer ; ce gage peut être réalisé de la même manière que ceux des ouvriers et des entrepreneurs.

Honoraires.

ARTICLE 914.

Les honoraires du greffier, du shérif et du commissaire seront les mêmes que ceux alloués pour des services semblables en d'autres cas ; ils seront payés, en première instance, par la ou les parties demandant le service, mais finalement de la manière fixée par le tribunal, le juge ou le commissaire du tribunal de district ; un jugement sera rendu dans ce sens.

---

services and expenses as may be allowed, he may file in the office of the County Clerk of the county wherein said ditch is located, the itemized account or accounts when allowed as above, provided it be accompanied with an affidavit as to the amount unpaid thereon, and when so filed it shall constitute a valid lien against the interest in said ditch of the owner in default of payment, which may be enforced in the same manner as provided by law for the enforcement of mechanics' and builders' liens.

Fees.

SECTION 914.

The fees of the Clerk, of the Sheriff and Commissioner, shall be the same as those allowed for similar services in other cases, and shall in the first instance be paid by the party or parties applying for the service, but ultimately as may by the court, Judge or District Court Commissioner be apportioned, for which judgment shall be so rendered.

Entretien et conservation des canaux.

ARTICLE 915.

Lorsque des canaux d'irrigation appartiennent à deux ou plusieurs personnes et que l'une ou plusieurs d'entre elles refusent ou négligent de supporter leur part du travail nécessaire pour en assurer le bon entretien et la manœuvre ou pour construire des écluses appropriées ou des instruments de jaugeage aux endroits où l'eau est prise au canal principal, le ou les propriétaires désirant l'exécution des travaux peuvent, après préavis de dix jours notifié à ceux qui ont négligé de coopérer au travail nécessaire, en assurer l'exécution ; ils pourront aussi récupérer la dépense de ces travaux et de la main-d'œuvre à charge des défaillants devant tout tribunal ayant juridiction compétente en la matière. (Chap. LXXXXIII, L. de l'Etat de 1903.)

Maintenance of Ditch.

SECTION 915.

In all cases where irrigating ditches ares owned by two or more persons and one or more of such persons shall fail or neglect to do his, her or their proportionate share of the work necessary for the proper maintenance and operation of such ditch or ditches or to construct suitable headgates or measuring devices at the points where water is diverted from the main ditch, such owner or owners desiring the performance of such work as is reasonably necessary to maintain the ditch, may, after having given ten days' written notice to such owner or owners who have failed to perform his, her or their proportionate share of such work, necessary for the operation and maintenance of said ditch or ditches, perform his, her or their share of such work, and recover therefor from such person or persons so failing to perform his, her or their share of such work in any competent court having jurisdiction of the matter, the expense or value of such work or labor so performed. (Chap. 93, S. L. 1903.)

*Garantie de la bonne exécution des travaux à faire
à un canal.*

ARTICLE 916.

Si un co-propriétaire reste en défaut de payer sa part
proportionnelle dans la dépense, comme il est stipulé ci-
dessus, dans les trente jours après réception d'un avis
portant que la dépense a été faite par son ou ses co-pro-
priétaires, la ou les personnes ayant exécuté le travail
peuvent en assurer le payement en adressant au greffier
du comté où est situé le canal, un rapport détaillé et
assermenté. Ce rapport indiquera la date de l'exécution,
ainsi que la nature du travail fourni. Après son dépôt, le
rapport constituera un titre valable à l'égard de la ou
des personnes qui resteront en défaut d'exécuter leur part
proportionnelle dans le travail nécessaire pour l'entretien
du canal ; ce gage ainsi constitué peut être réalisé de la
même manière que ceux des ouvriers et des entrepreneurs.

Lien for Work Performed on Ditch.

SECTION 916.

Upon the failure of any co-owner to pay his proportionate share
of such expense, as mentioned in the preceding section, within
thirty days after receiving a statement of the same as performed by
his co-owner or owners, such person or persons so performing such
labor may secure payment of said claim by filing an itemized and
sworn statement thereof, setting forth the date of the performance
and the nature of the labor so performed with the County Clerk of
the county wherein said ditch is situated, and when so filed it shall
constitute a valid lien against the interest of such person or persons
who shall fail to perform their proportionate share of the work
requisite to the proper maintenance of said ditch, which said lien
when so taken may be enforced in the same manner as provided by
law for the enforcement of mechanics' and builders' lien.

Procédure relative à l'appropriation de l'eau.

Demande.

ARTICLE 917.

Toute personne, association ou corporation ayant l'intention d'acquérir le droit à l'usage utile des eaux publiques de l'Etat de Wyoming, adressera une demande à l'ingénieur de l'Etat pour obtenir un permis à cette fin, avant de commencer la construction, l'élargissement ou l'extension d'un fossé, canal ou d'autres ouvrages de distribution ou de faire un travail relatif à cette construction ou à l'appropriation projetée. Cette demande doit comprendre le nom et l'adresse postale du requérant, la source du canal d'alimentation, la nature de l'usage proposé, la situation et la description du fossé, du canal ou de l'ouvrage projeté, la date du commencement de la

---

Procedure relative to the appropriation of water.

Application.

SECTION 917.

Any person, association or corporation hereafter intending to acquire the right to the beneficial use of the public water of the State of Wyoming shall, before commencing the construction, enlargement or extension of any ditch, canal or other distributing works, or performing any work in connection with said construction, or proposed appropriation, make an application to the State Engineer for a permit to make such appropriation. Such application must set forth the name and postoffice address of the applicant, the source of the water supply, the nature of the proposed use, the location and description of the proposed ditch, canal or other work,

construction, le temps nécessaire pour son achèvement et le délai requis pour l'application complète de l'eau à l'usage proposé.

Fonctions de l'ingénieur de l'Etat.

ARTICLE 918.

Lorsque le droit d'usage projeté a en vue des besoins agricoles, la requête mentionnera, aussi exactement que possible, les subdivisions légales du terrain à irriguer, ainsi que la superficie totale à défricher. Après avoir reçu cette requête, faite dans la forme prescrite par l'ingénieur de l'Etat, celui-ci y inscrira la date de la réception qu'il annotera également dans un registre *ad hoc* dans son bureau.

Il examinera la dite requête et s'assurera si elle renferme toutes les indications nécessaires pour montrer la situation, la nature et la valeur de l'usage projeté. S'il résulte de cet examen que la requête est défectueuse, l'ingénieur

---

the time within which it is proposed to begin construction, the time required for the completion of construction, and the time required for the complete application of the water to the proposed use.

Duty of State Engineer.

SECTION 918.

In case the proposed right of use is for agricultural purposes, the application shall give the legal subdivisions of land proposed to be irrigated, with the total acreage to be reclaimed, as near as may be. On receipt of this application, which shall be of a form prescribed by the State Engineer, it shall be the duty of that officer to make an endorsement thereon of the date of its receipt, and to make a record of such receipt in some suitable book in his office. It shall be his duty to examine said application and ascertain if it sets forth all the facts necessary to show the location, nature and

de l'Etat la renverra à fin de correction. La date du renvoi et les raisons y seront inscrites au dos et mentionnées dans un registre spécial.

Les mêmes annotations seront faites pour la date du renvoi de requêtes corrigées et pour la date du refus et du renvoi de requêtes rejetées.

Approbation des requêtes.

ARTICLE 919.

Toutes les requêtes conformes aux dispositions de ce chapitre et aux règlements du bureau de l'ingénieur de l'Etat seront inscrites dans un registre *ad hoc* et ce fonctionnaire approuvera toutes les requêtes faites en due forme qui ont pour objet une demande d'eau pour un usage utile, lorsque l'usage projeté ne tend pas à diminuer la valeur de droits existants ou n'est pas autrement préjudiciable à l'intérêt général; mais lorsqu'il n'y a pas d'eau non appropriée dans la source d'alimentation proposée, ou

---

amount of proposed use. If, upon such examination, the application is found defective, it shall be the duty of the State Engineer to return the same for correction. The date of such return, with the reasons therefor, shall be endorsed on the application and a record made thereof in the book kept for recording receipts of such applications. A like record shall be kept of the date of the return of corrected applications and of the date of the refusal and return of applications rejected.

Approval of Application.

SECTION 919.

All applications which shall comply with the provisions of this chapter and with the regulations of the Engineer's office shall be recorded in a suitable book kept for that purpose, and it shall be the duty of the State Engineer to approve all applications made in

lorsque l'usage projeté est contraire aux droits existants ou pourrait porter préjudice à l'intérêt général, l'ingénieur de l'Etat devra rejeter la demande et refuser de délivrer le permis sollicité.

Manière d'endosser une demande.

ARTICLE 920.

L'approbation ou le rejet d'une demande y sera transcrit au dos et mention de cet endossement sera fait au bureau de l'ingénieur de l'Etat.

• La demande ainsi endossée sera renvoyée au requérant. En cas d'approbation, le requérant sera autorisé, à la réception : 1° à procéder à la construction des travaux nécessaires ; 2° à prendre toutes les mesures nécessaires pour employer l'eau à un usage utile ; et 3° à compléter l'appropriation proposée

En cas de rejet, le requérant ne prendra aucune mesure

---

proper form which contemplate the application of the water to a beneficial use and where the proposed use does not tend to impair the value of existing rights or be otherwise detrimental to the public welfare ; but where there is no unappropriated water in the proposed source of supply, or where the proposed use conflicts with existing rights, or threatens to prove detrimental to the public interest, it shall be the duty of the State Engineer to reject such application and refuse to issue the permit asked for.

Application, How Endorsed.

SECTION 920.

The refusal or approval of an application shall be endorsed thereon and a record made of such endorsement in the State Engineer's office. The application so endorsed shall be returned to the applicant. If approved, the applicant shall be authorized, on receipt thereof, to proceed with the construction of the necessary works, and to take all steps required to apply the water to a bene-

pour l'exécution des travaux projetés ou pour poursuivre la dérivation et l'usage de l'eau publique aussi longtemps que ce rejet ne sera pas rapporté.

Information supplémentaire.

ARTICLE 921.

Avant d'approuver ou de rejeter une demande, l'ingénieur de l'Etat peut exiger toute information supplémentaire qui lui permette de sauvegarder les intérêts publics; en cas de demandes tendant à dériver plus de vingt-cinq pieds cubes d'eau par seconde ou à défricher plus de mille acres de terrain, il faut exiger un rapport sur les faits suivants : Lorsqu'il s'agit de compagnies constituées en corporations, il peut exiger : 1º le dépôt des statuts de l'incorporation ; 2º les noms et les résidences des administrateurs et fonctionnaires de celle-ci ; et 3º le montant du capital émis et versé.

---

ficial use, and to perfect the proposed appropriation. If the application is refused, the applicant shall take no steps towards the prosecution of the proposed work of the diversion and use of the public water so long as such refusal shall continue in force.

Additional Information.

SECTION 921.

Before either approving or rejecting an application, the State Engineer may require such additional information as will enable him to properly guard the public interests, and may, in the case of applications proposing to divert more than twenty-five cubic feet of water per second of time, or to reclaim over one thousand acres of land, require a statement of the followings facts : In case of incorporated companies, he may require the submission of the articles of incorporation, the names and the places of residence of its directors and officers, and the amount of its authorized and of

Si le requérant n'est pas une compagnie constituée en corporation, il peut exiger un rapport indiquant : 1° le ou les noms de la ou des parties proposant de construire l'ouvrage ; et 2° les renseignements nécessaires pour le mettre à même de décider si elles ont ou non la capacité financière pour exécuter le travail projeté et si la demande a été faite de bonne foi ou non.

Délai d'achèvement des travaux.

ARTICLE 922.

Dans l'endossement d'approbation d'une demande, l'ingénieur de l'Etat stipulera que les travaux d'irrigation commenceront dans l'année de la date de l'approbation et seront achevés dans les cinq années, à partir de la même date.

Pour l'achèvement des travaux et l'application du droit, il peut imposer au requérant un délai moins long que

---

its paid-up capital. If the applicant is not an incorporated company, he may require a showing as to the name or names of the party or parties proposing to construct the work, and a showing of facts necessary to enable him to determine whether or not they have the financial ability to carry out the proposed work, and whether or not the said application has been made in good faith.

Limitation on Time of Completing Work.

SECTION 922.

In his endorsement of approval on any application the State Engineer shall require that actual construction work shall begin within one year from the date of such approval, and that the construction of any proposed irrigation work shall be completed within a period of five years from the date of such approval. He may limit the applicant to a less period of time for the completion of work than is asked for, and likewise the perfecting of the proposed

celui qui est demandé. L'ingénieur de l'Etat pourra, pour un motif sérieux, prolonger le délai dans lequel les travaux d'irrigation ou autres devront être achevés en vertu d'un permis délivré à cette fin.

Appels.

ARTICLE 923.

Tout requérant lésé par l'endossement de sa requête par l'ingénieur de l'Etat peut, par une information écrite et sans arguments d'aucune espéce, se pourvoir en appel auprès du comité de contrôle pour en obtenir l'examen et l'annulation; s'il se croit lésé par l'ordonnance du comité de contrôle relativement à sa requête, il peut interjeter appel auprès du tribunal de district du comté où se trouve l'endroit de la dérivation de l'appropriation projeté. Cet appel devra se faire dans les soixante jours à partir de la délivrance de l'ordonnance par le comité de contrôle et il

---

right for a less period than named in the application. The State Engineer shall have authority, for good cause shown, to extend the time within which irrigation or other works shall be completed under any permit therefor issued by said Engineer.

Appeals.

SECTION 923.

Any applicant feeling himself aggrieved by the endorsement made by the State Engineer upon his application may, in writing in an informal manner and without pleadings of any character, appeal to the Board of Control for an examination and reversal of the endorsement of the State Engineer; and if he shall deem himself aggrieved by the order made by the Board of Control with reference to his application, he may take an appeal therefrom to the District Court of the county in which the point of diversion of the proposed appropriation shall be situated. Such appeal shall

sera interjeté lorsque le requérant aura déposé au bureau du greffier du tribunal de district une copie de l'ordonnance attaquée, certifiée exacte par le secrétaire du comité de contrôle, en même temps que la pétition adressée à ce tribunal indiquant les raisons du pourvoi de l'appelant ; cet appel sera instruit et jugé sur les preuves produites par le requérant et par le comité de contrôle, ou par toute autre personne dûment autorisée à cette fin.

Plans à déposer.

Article 924.

Chaque demande de permis pour emploi de l'eau à des usages utiles doit être accompagnée d'un plan en double, indiquant exactement la situation et les dimensions de l'ouvrage projeté. Ces plans doivent être faits sur toile à calquer à une échelle d'au moins deux pouces pour mille ;

---

be taken within sixty days from the issuance of the order by the Board of Control, and shall be perfected when the applicant shall have filed in the office of the Clerk of such District Court a copy of the order appealed from, certified by the Secretary of the Board of Control as a true copy, together with the petition to such court setting forth the appellant's reason for appeal, and such appeal shall be heard and determined upon such competent proof as shall be adduced by the applicant and such like proofs as shall be adduced by the Board of Control, or some person duly authorized in its behalf.

Maps to Be Filed.

Section 924.

Each application for permit to appropriate water for beneficial uses must be accompanied by a map or plat in duplicate, showing accurately the location and extent of the proposed work. These maps

ils doivent indiquer la situation de l'écluse principale ou l'endroit de la dérivation de l'eau par des distances d'un point de repère du gouvernement ; ils doivent indiquer également la situation précise du fossé ou du canal, la marque d'eau du réservoir et à l'endroit où des lignes de sections cadastrales sont coupées, la distance au point de repère du gouvernement le plus proche.

Le plan doit aussi indiquer le cours de la rivière, du fleuve ou autre source d'alimentation, la situation et la superficie des terrains à défricher, la position et l'étendue de tous les réservoirs ou bassins dont la création est projetée à l'effet d'accumuler de l'eau, l'endroit où les travaux traversent tous les autres aqueducs, canaux ou réservoirs ou avec lesquels sont faites des jonctions. Quant aux fleuves, fossés, canaux et réservoirs n'ayant aucun rapport avec les travaux projetés, ils doivent être marqués à l'encre d'une couleur différente de celle employée pour représenter l'ouvrage projeté.

---

or plats must be drawn on tracing linen, on a scale not less than two inches to the mile; they must show the location of the head gate or point of diversion by courses and distances from some government corner; they must show the actual location of the ditch or canal, or water line of the reservoir, and must show, wherever section lines are crossed, the distance to the nearest government corner. The map or plat must show the course of the river, stream or other source of supply, the location and area of all lands proposed to be reclaimed, the position and area of all reservoirs or basins intended to be created for the purpose of storing water; the location of the intersection with all other ditches, canals, laterals or reservoirs which are caused by this work, or with which connections are made; but all streams and all intersecting ditches, canals and reservoirs not connected with the proposed work must be represented in ink of different color from that used to represent the proposed work. These maps must contain the

Ces plans doivent en outre mentionner le nom de l'ouvrage projeté et, si possible, le numéro du permis. Ils doivent indiquer aussi les noms du ou des requérants et être accompagnés d'un certificat mentionnant avec la date du mesurage, le nom et l'adresse postale de l'arpenteur.

L'ingénieur doit examiner les plans.

ARTICLE 925.

L'ingénieur de l'Etat doit examiner ces plans, s'assurer s'ils sont conformes à la description contenue dans la demande et les approuver après rectification, le cas échéant ; il doit aussi en déposer une copie dans son bureau et renvoyer l'autre, approuvée, à la partie déposante.

Description supplémentaire.

ARTICLE 926.

Lorsque les fossés ou canaux ont une capacité de plus

---

name of the proposed work, and where possible the number of the permit. They must, in addition, have the name or names of the applicant or applicants, and a certificate of the surveyor, giving the date or survey, his name and postoffice address.

Engineer Must Examine Maps.

SECTION 925.

It shall be the duty of the State Engineer to examine these maps or plats and to ascertain if they agree with the description contained in the application, and when found to agree, or made to agree, to approve the same, file one copy in his office, and return the other, approved, to the party filing them.

Additional Description.

SECTION 926.

In case of ditches or canals carrying more than fifty cubic feet

de cinquante pieds cubes d'eau par seconde, l'ingénieur peut exiger, en dehors des plans décrits ci-dessus, un profil longitudinal du fossé indiquant le fond et le niveau d'eau proposé. L'échelle horizontale de ce profil ne sera pas inférieure à un pouce pour mille pieds et l'échelle verticale à un pouce par vingt pieds.

Plans.

ARTICLE 927.

Comme supplément aux plans décrits ci-dessus, l'ingénieur peut exiger un croquis des coupes transversales à un nombre suffisant d'endroits pour indiquer les différentes formes que prendra le canal achevé, ainsi que la proportion d'eau à transporter respectivement en excavation et en remblai. Ces plans seront dressés à une échelle horizontale et verticale d'un pouce pour 20 pieds.

Les plans de digues, coffres, talus, barrages ou d'autres

---

of water per second the Engineer may require, in addition to the maps or plats above described, the following : A longitudinal profile of the ditch showing the bottom and proposed water line; the horizontal scale of this line shall not be less than one inch to one thousand feet, and the vertical scale not less than one inch to twenty feet.

Plans.

SECTION 927.

The Engineer may require, in addition to the maps or plats above described, a plan showing cross sections at a sufficient number of points to show all the different forms which the ditch, when completed, will take, and showing what proportion of the water is to be conveyed in excavation and what proportion to be conveyed in fill. These plans shall be drawn on a horizontal and vertical scale of one inch to twenty feet. Plans of any dams,

ouvrages projetés pour obstruer une rivière, un fleuve, un
lac, un étang ou autre source d'alimentation, seront dressés à une échelle longitudinale d'un pouce pour deux
cents pieds au moins et pour les coupes transversales à
l'échelle d'un pouce pour vingt pieds ; ces plans indiqueront les matériaux à employer pour ces travaux. Le bois
de charpente, les broussailles, les pierres ou autres matériaux, à l'exception de la terre, employés dans ces travaux, seront indiqués en détail sur un plan à l'échelle
d'au moins un pouce pour quatre pieds. Les plans de tous
les réservoirs indiqueront la surface du sol couvert par
l'eau et un nombre suffisant de lignes de niveau, de façon
à pouvoir déterminer aussi exactement que possible la
contenance du réservoir ou bassin. Si les niveaux sont
indiqués par des lignes de contour, ils seront établis à une
échelle suffisamment grande pour montrer les tranches
ne dépassant pas cinq pieds de distance verticale ; d'autre
part, le plan de chaque réservoir sera accompagné d'un
croquis, à l'échelle d'au moins un pouce pour quatre pieds,

---

cribs, embankments or other proposed works to obstruct any river,
stream, lake or pond, or other source of water supply, shall be
drawn on a longitudinal scale of not less than one inch to two
hundred feet, and for cross sections on a scale of not less than one
inch to twenty feet ; and shall show what material is intended to
be used and placed in such work. Timber, brush, stone or other
material except earth used in such works shall be shown in detail
on a plan, the scale of which shall not be less than one inch to
four feet. The maps of all proposed reservoirs shall show the
surface of the ground under water, and a sufficient number of lines
of level shall be shown so that the contents of the reservoir or
basin may be accurately determined. If the levels shall be shown
by contour lines they shall be on a scale sufficiently large to show
vertical levels not exceeding five feet, and with all such reservoir
plans there shall be furnished a plan, on a scale of not less than

indiquant la méthode de pourvoir à un trop-plein de ce réservoir et de le vider.

Certificat à délivrer aux bénéficiaires.

ARTICLE 928.

Lorsque le comité de contrôle juge qu'une appropriation a été complétée conformément à la requête et à l'endossement par l'ingénieur de l'Etat, il transmettra au greffier du comté un certificat signé par le président et revêtu du sceau du secrétaire ; ce certificat, semblable à celui décrit dans l'article 873 sera déposé au bureau du greffier du comté comme il est prévu dans le dit article.

Date de priorité.

ARTICLE 929.

La priorité de toute appropriation prendra cours à partir du dépôt de la demande au bureau de l'ingénieur.

---

one inch to four feet, showing the method of providing a waste way for such reservoir, and method of drawing off the water from such reservoir or basin.

Certificate to Appropriator.

SECTION 928.

Upon it being made to appear to the satisfaction of the Board of Control that any appropriation has been perfected in accordance with such application, and the endorsement thereon by the State Engineer, it shall be the duty of the Board of Control, by the hand of its President, attested under the seal of the Secretary, to send to the County Clerk a certificate of the same character as that described in Section 873, which said certificate shall be recorded in the office of the County Clerk as provided in said section.

Entretien de l'écluse principale.

ARTICLE 930.

L'usager de toute partie des eaux publiques de l'Etat entretiendra, à la satisfaction de l'inspecteur en chef divisionnaire de district où l'appropriation est faite, une écluse principale convenable à l'endroit où l'eau est dérivée ; cette écluse sera construite de manière à pouvoir être fermée par le commissaire des eaux ; l'usager construira et entretiendra, lorsqu'il en est requis par l'inspecteur en chef divisionnaire, un appareil de jaugeage aussi près que possible de la prise d'eau pour faciliter au commissaire des eaux la fixation de la quantité d'eau qui peut être dérivée du fleuve dans le dit canal. Tout propriétaire ou directeur d'un réservoir, situé à travers ou sur le lit d'un fleuve naturel, sera obligé de construire et d'entretenir, lorsqu'il en sera requis par l'inspecteur en

---

Date of Priority.

SECTION 929.

The priority of such appropriation shall date from the filing of the application in the Engineer's office.

Headgate, Maintenance of.

SECTION 930.

The appropriator of any of the public waters of the State shall maintain, to the satisfaction of the Division Superintendent of the district in which the appropriation is made, a substantial headgate at the point where the water is diverted, which shall be of such construction that it can be locked and kept closed by the Water Commissioner ; and such appropriator shall construct and maintain, when required by the Division Superintendent, a flume or measuring device, as near the head of such ditch it is practicable, for the purpose of assisting the Water Commissioner in determining the amount of water that may be diverted into said ditch

chef divisionnaire, un appareil de jaugeage d'après un plan approuvé par l'ingénieur de l'Etat, en aval de ce réservoir, à un endroit situé à une distance ne dépassant pas 600 pieds ; un appareil semblable sera construit en amont du réservoir dans chaque fleuve ou source d'alimentation amenant de l'eau dans le réservoir, afin de faciliter au commissaire des eaux ou à l'inspecteur en chef la détermination et la dérivation de la quantité d'eau à laquelle les usagers privilégiés ont droit.

Si un usager d'eaux publiques adjugées refuse ou néglige de construire ou de placer cette écluse ou cet appareil de jaugeage, dix jours après l'invitation lui adressée par l'inspecteur en chef divisionnaire, le commissaire des eaux du district où l'écluse est située fermera le canal au passage de l'eau, sur l'ordre de l'inspecteur en chef divisionnaire ; ce passage ne pourra être rétabli ni l'eau dérivée de la source d'alimentation, sans encourir les pénaliés prévues

---

from the stream. Any and every owner or manager of a reservoir, located across or upon the bed of a natural stream, shall be required to construct and maintain, when required by the Division Superintendent, a flume or measuring device of a plan to be approved by the State Engineer, below such reservoir at a point not to exceed 600 feet distant therefrom, and a flume or measuring device above such reservoir on each and every stream or source of supply discharging into such reservoir, for the purpose of assisting the Water Commissioner or Superintendent in determining the amount of water which prior appropriators are entitled and thereafter diverting it for such prior appropriator's use. .

If any appropriator of public waters that have been adjudicated upon, should refuse or neglect to construct and put in such headgate, or measuring device, after ten day's notice to do so by the Division Superintendent, it shall be the duty of the Water Commissioner of the district in which such headgate is located, on order of the Division Superintendent, to close such ditch to the passage

par la loi pour l'ouverture d'écluses fermées légalement, avant qu'il n'ait été donné satisfaction aux exigences de l'inspecteur en chef divisionnaire quant à cette écluse où cet appareil. Si un propriétaire ou directeur d'un réservoir situé à travers le lit d'un fleuve naturel néglige ou refuse d'y placer les appareils de jaugeage dans les dix jours après invitation par l'inspecteur en chef divisionnaire, le commissaire des eaux ouvrira la décharge du réservoir qui ne pourra être fermée sans encourir les pénalités prévues pour modification ou obstruction d'écluses principales, avant qu'il n'ait été donné satisfaction aux exigences de l'inspecteur en chef divisionnaire quant à ces appareils de jaugeage. (Ch. LXXXXII, L. de l'Et. 1901.)

Projets de barrages.

ARTICLE 931.

Seront soumis à l'approbation de l'ingénieur de l'Etat

---

of water, and the same shall not be opened or any water diverted from the source of supply, under the penalties described by law, for the opening of headgates lawfully closed, until the requirements of the Division Superintendent as to such headgate or measuring device have been complied with, and if any owner or manager of a reservoir located across the bed of a natural stream shall neglect or refuse to put in such measuring devices after ten day's notice to do so by the Division Superintendent, the Water Commissioner shall open the sluice gate or outlet of such reservoir and the same shall not be closed under penalties of the law for changing or interfering with headgates, until the requirements of the Division Superintendent as to such measuring devices are complied with. (Chap. 92, S. L. 1901.)

Dams, Plans of.

SECTION 931.

Duplicate plan for any dams across the channel of a running

les projets en double de tout barrage à travers le lit d'un fleuve coulant, ayant une hauteur de plus de cinq pieds ou de tout autre barrage destiné à retenir l'eau ayant plus de dix pieds de hauteur ; la construction de ces barrages sera interdite aussi longtemps que ces projets n'auront pas été approuvés.

Droit d'inspection de l'ingénieur.

ARTICLE 932.

L'ingénieur de l'État aura compétence pour examiner et inspecter, pendant la construction, tout barrage autorisé en vertu des dispositions de ce chapitre, ou tout fossé, canal ou autre ouvrage débitant plus de 50 pieds cubes d'eau par seconde ; au moment de cette inspection, il peut ordonner aux parties construisant ce barrage ou autres ouvrages d'y faire les travaux supplémentaires ou les changements qu'il considère nécessaires pour la sécu-

---

stream, above five feet in height, or of any other dam intended to retain water, above ten feet in height, shall be submitted to the State Engineer for his approval, and it shall be unlawful to construct such dam until the said plans have been approved.

Engineer's Authority to Inspect.

SECTION 932.

The State Engineer shall have authority to examine and inspect, during construction, any dam authorized under the provisions of this chapter, or any ditch, canal or other work carrying over fifty cubic feet of water per second of time; and at the time of such inspection he may order the parties constructing such dam, or other works, to make any addition or alteration which he considers necessary for the security of the work or the safety of any person or persons residing on or owning land in the vicinity of such works.

rité des travaux en exécution ou des personnes résidant sur le terrain, ou des propriétaires avoisinant les travaux.

Inspection requise.

Article 933.

Si pendant la construction ou après l'achèvement de travaux d'irrigation, des personnes occupant ou possédant des terrains dans le voisinage desdits travaux expriment, par écrit, à l'ingénieur de l'Etat le désir de voir procéder à une inspection de ces travaux, l'ingénieur peut ordonner cette inspection. Avant de donner suite à la demande, il peut obliger le demandeur à déposer une somme suffisante pour payer les dépenses de l'inspection et lorsqu'il lui semble que la demande n'est pas justifiée, il peut ordonner que le payement de toute ou partie de la dépense soit faite sur la somme déposée. Lorsque l'ingénieur estime que la demande est fondée, il peut obliger la Compagnie à payer, en tout ou en partie, les dépenses de

---

Inspection, When Desired.

Section 933.

Should any person or persons residing on or owning land in the neighbourhood of any irrigation works after completion, or in course of completion, apply to the State Engineer in writing desiring and inspection of such works, the State Engineer may order an inspection thereof. Before doing so he may require the applicant for such inspection to make a deposit of a sum of money sufficient to pay the expenses of an inspection, and in case the application appears to him not to have been justified, he may cause the whole or part of such expense to be paid out of such deposit. In case the application appears to the State Engineer to have been justified, he may require the company to pay the whole or any part of the expenses of the inspection, and the same may be collected in the

l'inspection qui peuvent être recouvrées, comme celles résultant de la construction d'écluses et d'appareils de jaugeage.

Réservoirs. — Accumulation d'eau pour usages utiles.
(Chap. LXIX, L. de l'Et. de 1903.)

Demandes d'autorisation de construire des réservoirs.
Permis.

ARTICLE PREMIER.

Toute personne, corporation, association ou organisation quelconque, ayant l'intention, dans un but utile, d'accumuler ou d'amasser des eaux non appropriées de l'Etat de Wyoming, s'adressera à l'ingénieur de l'Etat, avant de commencer la construction d'un ouvrage à cet effet ou de faire un travail relatif à la construction projetée, pour obtenir un permis de construire un réservoir. La demande doit contenir le nom et l'adresse postale du demandeur, la source de l'alimentation d'eau,

---

same manner as is provided for the collection of the expenses of constructing headgates and measuring flumes.

Reservoirs—Storage of Water For Beneficial Uses.
(Chap. 60, S. L. 1903.)

Reservoirs—Application For—Permit.
SECTION 1.

Any person, corporation, association, or organization, of any nature whatsoever, hereafter (intending) to store or impound, for a beneficial use, any of the unappropriated waters of the State of Wyoming, shall, before commencing construction of any works for such purpose, or performing any work in connection with said pro-

la nature de l'usage proposé, la situation et la description
de l'ouvrage projeté, le délai dans lequel on propose de
commencer la construction et le temps exigé pour l'achèvement de celle-ci.

Autorité de l'ingénieur de l'Etat.

ARTICLE 2.

Toutes les demandes faites en vertu de la présente loi
seront subordonnées aux dispositions des articles 918 à
927 inclusivement et des articles 931, 932 et 933 des statuts revisés de 1899, qui indiquent les devoirs et l'autorité
de l'ingénieur de l'Etat et pourvoient à la protection des
droits des demandeurs ; il est entendu qu'une énumération
des terrains dont l'irrigation est proposée en vertu de la
présente loi ne sera pas exigée.

---

posed construction, make an application to the State Engineer, for
a permit to construct a reservoir. The application must set forth
the name and postoffice address of the applicant ; the source of the
water supply ; the nature of the proposed use ; the location and
description of the proposed work ; the time within which it is proposed to begin construction, and the time required for the completion
of construction.

Authority State Engineer.

SECTION 2.

All applications under this act shall be subject to the provisions of
Sections 918 tot 027, both inclusive, and Sections 931, 932 and 933
of the Revised Statutes, 1899, which set forth the duties and authority of the State Engineer and provide for the protection of the
rights of applicants ; Provided, That an enumeration of any lands
proposed to be irrigated under this act shall not be required.

Fonctions du commissaire des eaux.
Mode de payement des frais,

Article 3.

Lorsque le propriétaire, le directeur ou le locataire d'un réservoir construit sous le régime des dispositions de la présente loi désire faire usage. du lit d'un fleuve ou d'un autre canal afin de transporter l'eau accumulée ou amassée du réservoir à l'usager, il en informera par écrit le commissaire des eaux du district où l'eau accumulée doit être employée, en indiquant la date à laquelle on propose de prendre l'eau au réservoir, le volume de celle-ci en pieds-acres et les noms de toutes les personnes et aqueducs ayant droit à son usage.

Le commissaire des eaux aura alors pour devoir de fermer ou d'ajuster les écluses principales de tous les aqueducs d'usagers du fleuve ou du canal n'ayant pas droit à

Duty Water Commissioner—Costs, How Payable.

Section 3.

Whenever the owner, manager or lessee of a reservoir, constructed under the provisions of this act, shall desire to use the bed of a stream, or other water course, for the purpose of carrying stored, or impounded water, from the reservoir to the consumer thereof, he shall, in writing, notify the Water Commissioner of the district in which the stored or impounded water is to be used, giving the date when it is proposed to discharge water from such reservoir, its volume in acre feet and the names of all persons and ditches entitled to its use. It shall then be the duty of such Water Commissioner to close, or so adjust the headgates of all ditches of appropriators from the stream or water course, not entitled to the use of such stored water, as will enable those having the right, to secure the volume to which they are entitled. The Water Commissioner shall keep a true and just account of the time spent by

l'usage de l'eau accumulée, de manière à assurer aux ayants-droit le volume qui leur revient. Il annotera avec soin le temps employé par lui à l'accomplissement de ses devoirs et les commissaires du comté où la dépense a été faite présenteront une note de la moitié de la dépense faite au propriétaire, directeur ou locataire du réservoir ; si celui-ci néglige de payer les frais trois jours après la présentation de la note, ceux-ci seront mis à charge du réservoir et recouvrés comme des taxes délinquantes jusqu'au payement total.

Nomination d'un ingénieur assistant.

ARTICLE 4.

Si, d'après l'ingénieur de l'Etat, il est nécessaire pour la protection des divers intérêts en cause ou qui pourraient être affectés par les travaux entrepris sous le régime de la présente loi, sauf dans le cas où les travaux sont entrepris par les Etats-Unis, ce fonctionnaire nommera un

---

him in the discharge of his duties as defined in this section, and it shall be the duty of the County Commissioners, of the county wherein the expense is incurred, to present a bill of one-half the expense so incurred to the reservoir owner, manager or lessee, and if such owner, manager or lessee shall neglect for three days, after the presentation of such bill of costs, to pay same, the said costs shall be made a charge upon said reservoir and shall be collected as delinquent taxes until the complete payment of such bill of costs has been made.

Assistant Engineer—Appointed When.

SECTION 4.

If, in the opinion of the State Engineer, the same shall be necessary for the protection of the various interests involved, or likely to be affected by any construction work, undertaken under the provisions of this act, except where the work is undertaken by

ingénieur auxiliaire ; celui-ci surveillera et dirigera les travaux pendant leur exécution sous la direction de l'ingénieur de l'Etat et ses ordres seront reçus et exécutés par quiconque sera chargé de l'ouvrage.

Il est entendu qu'il peut être interjeté appel contre ces ordres auprès de l'ingénieur de l'Etat, dont la décision sera définitive.

Il est entendu, en outre, que le délai dans lequel les travaux seront entrepris et poursuivis sera sous le contrôle de l'ingénieur de l'Etat, et qu'il ne sera pas permis de procéder à l'exécution des travaux ou de les poursuivre lorsque l'autorisation nécessaire aura été refusée et aussi longtemps qu'il en sera ainsi.

L'ingénieur de l'Etat évaluera les frais de surveillance.

ARTICLE 5.

Avant de nommer un auxiliaire pour surveiller un ouvrage visé par la présente loi, l'ingénieur de l'Etat

---

the United States, it shall be the duty of the said State Engineer to appoint an Assistant Engineer, who shall, under the direction of the State Engineer, superintend and direct such work during its actual prosecution, and whose orders shall be received and obeyed by whomsoever may have charge of the work : Provided, That appeal from such directions or orders may be made to the State Engineer, whose decision shall be final ; and Provided, further, That the time, or times, when or within which construction work shall be undertaken or prosecuted, shall be under the control of the State Engineer, and it shall be unlawful to proceed with or continue on such work when authority therefor has been withheld and while it shall remain in force.

State Engineer Shall Estimate Costs of Superintendence.

SECTION 5.

Before appointing any assistant to superintend any work con-

fournira à ceux qui l'entreprennent une estimation des frais de surveillance pour telle période qu'il juge utile et ne dépassant pas les 60 jours. Le montant de cette estimation sera payé en une fois par les entrepreneurs à l'ingénieur de l'Etat qui l'employera pour rémunérer les services rendus par l'auxiliaire. Il est entendu que si, à l'expiration de la période pour laquelle des fonds ont été avancés, il y a un excédent, celui-ci sera restitué aux personnes qui en ont fait l'avance.

Annulation du permis.

ARTICLE 6.

Le défaut de se conformer aux dispositions des articles 4 et 5 de la présente loi pourra entraîner l'annulation du permis à tout moment pendant l'exécution des travaux, et l'ingénieur de l'Etat est autorisé, par la présente, à annuler tout permis non conforme à ces dispositions ; cette annulation aura pour conséquence la déchéance de

---

templated by this act, the State Engineer shall furnish to those undertaking the work an estimate of the cost of such superintendence for such period, not exceeding sixty days, as he may deem expedient, and the amount so estimated shall be at once paid to the State Engineer by those undertaking the work, and shall be used by him in payment of services rendered by such assistant ; Provided, That at the end of the period for which funds were advanced, any unexpended balance shall be returned to the persons advancing it.

Permit May Be Cancelled—When.

SECTION 6.

Failure to comply with the provisions of Sections 4 and 5 of this act shall subject the permit to cancellation at any time during the progress of the work, and the State Engineer is hereby authorized to cancel any permit wherein the provisions of the above sec-

tous les droits acquis en vertu de tout permis antérieurement approuvé par l'Ingénieur de l'Etat.

Il est entendu qu'il peut être interjeté appel contre toute décision de l'Ingénieur de l'Etat rendue en vertu de cet article, auprès du comité de contrôle et contre la décision de celui-ci auprès du tribunal de district.

Comment est obtenu l'usage.

ARTICLE 7.

L'usage de l'eau accumulée en vertu des dispositions de la présente loi peut être obtenu de la manière à convenir entre les parties intéressées. (Chap. XIV, L. de l'Et. de 1905.)

Priorité.

ARTICLE 8.

La priorité du droit d'accumulation d'eau en vertu de

---

tions have not been, or are not being, complied with, and said cancellation shall operate as a forfeiture of all rights acquired, under and by virtue of any permit theretofore approved by the State Engineer : Provided, That appeal from any decision of the State Engineer, rendered under this section, may be made to the Board of Control, and from the decision of the Board of Control appeal may be taken to the District Court.

Use—How Obtained.

SECTION 7.

The use of water stored under the provisions of this act may be acquired on such terms as shall be agreed upon between the parties in interest. (Chap. 14, S. L. 1905.)

Priority.

SECTION 8.

The priority of right to store or impound water under this act

la présente loi prendra cours à dater du dépôt de la demande au bureau de l'ingénieur de l'Etat.

Définition d'un pied-acre.

ARTICLE 9.

Un pied-acre d'eau, tel qu'il est employé dans la présente loi, équivaut à un volume suffisant pour couvrir un acre de terrain à une hauteur verticale d'un pied, ou à un total de 43,560 pieds cubes.

(Chap. LXIII, L. de l'Et. de 1905.)

Aqueducs. — Chemins inondés.

ARTICLE 1965.

Il est interdit à toute personne, compagnie, corporation ou association de personnes de barrer les eaux d'un fleuve ou d'un canal d'irrigation ou de mines, ou aucun autre cours d'eau de façon que l'eau ainsi arrêtée puisse inonder

---

shall date from the filing of the application in the Stats Engineer's office.

Acre Foot Defined.

SECTION 9.

An acre foot of water, as used in this act, is defined to be a volume sufficient to cover one acre of land to a vertical depth of one foot, or a total of 43,560 cubic feet. (Chap. 63, S. L. 1905.)

Ditches—Flooding Roads.

SECTION 1965.

No person or persons, company or corporation, or association of persons, shall be permitted or allowed to dam the water or waters of any stream or irrigating of mining ditch or any water way so that the water thus dammed, or any part thereof, shall overflow

un chemin public ou une grand'route ou affouiller, rendre
moins solide ou endommager un pont ou les talus d'une
route ; de même, aucune personne, association ou corporation possédant ou contrôlant un canal ou des terrains
irrigués ne permettra que l'eau superflue puisse couler à
travers ou sur un chemin public ou une grand'route.
Toute personne trouvant un chemin public, une grand'-
route ou un pont inondé ou endommagé ainsi, peut en
informer l'inspecteur en chef des routes du comté où le
fait s'est produit; ce fonctionnaire procédera à une
enquête et fera rapport à l'attorney de ce comté. Si ce
rapport montre qu'un dommage a été causé, l'attorney
général entamera des poursuites contre la ou les parties
dont la négligence a provoqué les dommages.

---

any public road or highway, or undermine, weaken or damage
any bridge, or any walls or embankment of any road, nor shall
any person, association or corporation, owning or controlling any
ditch or irrigated lands, allow any waste water from the same to
flow across or upon any public roads or highway. Any person
finding a public road or highway or any bridge flooded or damaged
by such waste water may report the same to the Road Supervisor
of the county in which such road, highway or bridge may be located, who shall make an examination and report to the Prosecuting
Attorney of the said county.   If the report of the said Road Supervisor shows that such damage has occurred, it shall then be the
duty of the said Prosecuting Attorney to institute proceedings
against the party or parties whose negligence has caused such
damage.

Terrains cédés conditionnellement à l'Etat

Epoque du commencement des travaux.

ARTICLE 942.

La personne, société, association ou compagnie constituée en corporation adressant une demande au comité pour le choix de terres par l'Etat, doit avoir déposé chez l'ingénieur de l'Etat une requête pour obtenir un permis d'approprier de l'eau pour le défrichement des terres décrites dans la demande au comité. Cette demande sera faite conformément aux dispositions du chapitre 14 des statuts revisés de 1899, sauf que l'époque du commencement des travaux, telle qu'elle est indiquée dans l'article 902, commencera dans l'année à partir de la date où les terres décrites dans la demande au comité ont été distraites de l'Etat. Les plans indiquant les travaux d'irri-

---

Lands conditionally ceded to the state.

Work to Begin — When.

SECTION 942.

The person, company of persons, association or incorporated company, making application to the board for the selection of lands by the State, shall have filed with the State Engineer an application for a permit to appropriate water for the reclamation of the lands described in the request to the board. This application shall be prepared in conformity with the provisions of Chapter 14, Revised Statutes of 1899, except that the time for beginning construction, as specified in Section 922 thereof, shall begin within one year from the date the lands, described in the said request to the board, are segregated to the State. The maps showing the proposed irrigation works and the lands to be irriga-

gation et les terres à irriguer seront dressés conformément aux règlements du bureau de l'ingénieur de l'Etat et aux règles du département de l'Intérieur. (Chap. 79, L. de l'Etat de 1905.)

Droits à l'eau attachés au terrain.

ARTICLE 955.

Les droits à l'eau de tous les terrains acquis en vertu des dispositions de ce chapitre y seront attachés et en dépendront aussitôt que le titre passera des Etats-Unis à l'Etat.

Dispositions spéciales.

Mesure légale.

ARTICLE 968.

Un pied cube d'eau par seconde sera la mesure légale

---

ted shall be prepared in accordance with the regulations of the State Engineer's office and the rules of the Department of the Interior. (Chap. 79, S. L. 1905.)

Water Rights Attach to Land.

SECTION 955.

The water rights to all lands acquired under the provisions of this chapter shall attach to and become appurtenant to the land as soon as title passes from the United States to the State.

Special provisions.

Legal Standard.

SECTION 968.

A cubic foot of water per second of time shall be the legal stan-

pour le jaugeage de l'eau dans cet Etat, pour déterminer le cours de l'eau dans les fleuves naturels, ainsi que pour la distribution de l'eau.

Comté qui payera les dépenses d'impression.

ARTICLE 969.

Toutes les notes pour l'impression des avis aux demandeurs d'eau dans les adjudications dont il est question dans ce titre seront payées par le comté ou sera situé le fleuve dont l'appropriation des eaux aura été ainsi adjugée ; les dites notes seront approuvées par l'Inspecteur en chef de la division hydrographique dans laquelle l'adjudication est faite.

Les propriétaires de canaux doivent protéger les poissons.

ARTICLE 970.

Toute personne, corporation ou compagnie qui con-

---

dard for the measurement of water in this State, both for the purpose of determining the flow of water in natural streams and for the purpose of distributing the water therefrom.

County to Pay Expense of Printing.

SECTION 969.

All bills for the printing of notices to claimants of water in the adjudications provided for in this title shall be paid for by the county in which the stream, the appropriation of whose waters shall have been so adjudicated, shall be situated, the said bills to be approved by the Superintendent of the water division in which the adjudication is made.

Ditch Owners o Protect Fish.

SECTION 970.

It shall be the duty of every person, corporation or company

struira, entretiendra ou fera manœuvrer un fossé ou canal sous le régime des dispositions de ce titre, devra construire et entretenir, à l'endroit où l'eau est dérivée de son lit naturel, un ouvrage de nature à empêcher les poissons d'entrer dans le dit fossé ou canal.

Toute personne, compagnie ou corporation qui contreviendra aux dispositions de ce titre sera coupable d'un délit et punie d'une amende de cent dollars au maximum ou d'un emprisonnement dans la maison d'arrêt du comté, de dix jours au minimum ou de soixante jours au maximum, ou des deux peines à la fois.

Pénalité en cas d'entrave à l'écluse principale.

ARTICLE 971.

Toute personne qui ouvrira, fermera, modifiera ou entravera volontairement et sans autorité une écluse principale ou un réservoir d'eau, ou emploiera ou conduira volontairement, dans ou par son fossé, l'eau qui lui a été

---

who shall construct, maintain or operate any ditch or canal under the provisions of this title to construct and maintain, at the point and place where the water is diverted from its natural channel, some fit and proper obstruction whereby all fish will be prevented from entering said ditch or canal. Any person, company or corporation violating the provisions of this section shall be adjudged guilty of a misdemeanor, and on conviction thereof shall be punished by a fine of not more than one hundred dollars, or by imprisonment in the county jail not less than ten days nor more than sixty days, or by both such fine and imprisonment.

Interference With Headgate — Penalty.

SECTION 971.

Any person who shall wilfully open, close, change or interfere with any headgate or water box without authority, or who shall wilfully use water or conduct water into or through his ditch

refusée par le Commissaire des eaux ou une .autre autorité compétente, sera coupable d'un délit et punie, après constatation, d'une amende de cent dollars au maximum ou d'un emprisonnement dans la maison d'arrêt du comté pendant six mois au maximum ou des deux peines à la fois; la possession ou l'usage de l'eau, lorsque celle-ci aura été légalement refusée par le Commissaire des eaux ou toute autre autorité compétente, sera la preuve *prima facie* du délit de la personne qui en fait usage (Chap. 86, L. de l'Et. de 1901).

Pouvoir d'arrestation.

Article 972.

Les Commissaires des eaux ou leurs auxiliaires auront le pouvoir, dans leurs disticts, d'arrêter tout délinquant et de le livrer au shérif du comté intéressé ; immédiatement après la remise de tout délinquant ainsi arrêté entre les mains du shérif,le Commissaire des eaux qui a fait l'ar-

---

which has been lawfully denied him by the Water Commissioner or other competent authority, shall be deemed guilty of a misdemeanor, and on conviction thereof, shall be fined in a sum not exceeding one hundred dollars or imprisonment in the county jail for a term not exceeding six months, or by both such fine and imprisonment; (and the possession or use of water when the same shall have been lawfully denied by the Water Commissioner or other competent authority shall be prima facie evidence of the guilt of the person using it). (Chap. 86, S. L. 1901.)

Power to Arrest.

Section 972.

The Water Commissioners, or their assistants, within their districts shall have power to arrest any person or persons offending, and turn them over to the Sheriff of the proper county ; and imme-

restation doit adresser une plainte écrite et assermentée au juge de paix compétent contre la personne arrêtée.

Pénalité en cas de destruction d'installations hydrauliques.

Article 973.

Toute personne qui sciemment et volontairement coupera, affouillera, brisera ou ouvrira une écluse, une berge, une digue ou un talus d'un canal, aqueduc, réservoir, tunnel ou conduite d'alimentation dont elle est copropriétaire, qui appartiennent à un tiers ou se trouvent en possession légales d'autres personnes et employés pour l'irrigation, la meunerie ou les besoins domestiques, avec l'intention malveillante de causer un dommage à une tierce personne, association ou corporation ou de se procurer illégalement un profit personnel, avec l'intention de voler, de prendre ou de faire écouler du canal, réservoir ou conduit d'alimentation de l'eau pour son

---

diately upon delivering any such person so arrested into the custody of the Sheriff, it shall be the duty of the Water Commissioner making such arrest to immediately, in writing and upon oath, make complaint before the proper Justice of the Peace against the person so arrested.

Destroying Water Improvements, Penalty.

Section 973.

Any person or persons who shall knowingly and wilfully cut, dig or break down, or open any gate, bank, embankment or side of any ditch, canal or reservoir, flume, tunnel or feeder, in which such person or persons may be joint owners, or on the property of another, or in the lawful possession of another or others, and used for the purpose of irrigation, milling, manufacturing, mining or domestic purposes, with intent maliciously to injure any person,

propre bénéfice ou avantage, au détriment d'une autre personne, association ou corporation usant légalement de l'eau du canal, aqueduc, réservoir, tunnel ou conduite d'alimentation, sera coupable d'un délit, et après constatation, punie d'une amende ne dépassant pas cent dollars ou incarcérée dans la prison du comté pendant six mois au maximum, ou des deux peines à la fois, à la discrétion du tribunal.

Responsabilité des propriétaires de réservoirs.

ARTICLE 974.

Les propriétaires de réservoirs seront responsables pour tout dommage résultant de la fuite ou du débordement des eaux ou de l'inondation causée par la rupture des digues des réservoirs.

---

association or corporation, or for his or her own gain unlawfully, with the intention of stealing, taking or causing to run or pour out of such canal or reservoir, feeder or flume any water for his or her own profit, benefit or advantage, to the injury of any other person, persons, association or corporation lawfully in the use of such water, or of such ditch, canal, tunnel, feeder or flume, he, she, it or they so offending shall be deemed guilty of a misdemeanor, and on conviction thereof shall be fined in any sum not exceeding one hundred dollars, and may be imprisoned in the county jail not exceeding six months, or both, in the discretion of the court.

Liability of Owners of Reservoirs.

SECTION 974.

The owners of reservoirs shall be liable for all damage arising from leakage or overflow of the waters therefrom, or by floods caused by breaking of the embankments of such reservoir.

Taxes des témoins.

ARTICLE 975.

Tout témoin obligé sous peine d'amende de comparaître, à la requête d'une partie, devant le tribunal ou devant le juge de celui-ci en vacation, ou devant la personne désignée pour recevoir les témoignages dans les causes prévues par ce titre, aura droit aux mêmes taxes et frais de voyage que les témoins en matière civile devant le tribunal de district ; ces taxes et frais de voyage seront payés par la partie requérant le témoignage.

Capital des compagnies d'irrigation. — Imposition.

ARTICLE 976.

Toute compagnie ou association de canaux ou d'irrigation, dont la propriété ou le capital appartient en totalité

Fees of Witnesses.

SECTION 975.

Every witness who shall attend before the court, or the Judge thereof in vacation, or before the person appointed to take testimony in the causes provided for in this title, under subpoena, by request of any party, shall be entitled to the same fees and mileage as witnesses in civil cases in the District Court, and shall be paid by the party requiring his testimony.

Capital Stock of Ditch Companies, Assessable.

SECTION 976.

Any ditch or irrigation company or association, all the property or capital stock of which is owned by farmers or others, owning lands under the line of such company's or association's ditch and receiving water therefrom, by reason of their being owners or stockholders in said company or association, shall have the right to levy and collect such annual assessments on the capital stock of

à des fermiers ou autres, possédant des terres dans le ressort de cette compagnie ou association qui leur procure de l'eau en leur qualité de propriétaires ou d'actionnaires, aura le droit de lever et de percevoir sur le capital versé ou non, sur ses membres ou sur les propriétaires, les impositions annuelles jugées nécessaires par ses administrateurs ou par la majorité des actionnaires, pour entretenir les canaux, aqueducs, écluses, tunnels, et pour payer toutes les dépenses nécessaires de la compagnie : il est entendu que cet article ne s'appliquera qu'aux compagnies ou associations hydrauliques dont le capital ou la propriété appartient en totalité à des personnes ou corporations possédant des terres dans le ressort des canaux appartenant à ses compagnies, en qualité d'actionnaires des dites compagnies. Il est entendu, en outre, que la dite compagnie ou corporation aura le droit de fermer l'écluse principale et de refuser l'eau à tous les actionnaires, propriétaires ou membres qui sont en défaut ou refusent de payer les impositions après un avertissement de dix

---

said company, or members or owners of such association, whether said capital stock be fully paid up or otherwise, as may be deemed necessary by the trustees of said company, or a majority of the stock of such association, for the purpose of maintaining its ditches, flumes, tunnels, and the payment of all necessary expenses of such company : Provided, That this section shall only apply to such water companies or associations whose capital stock or ditch property is wholly owned by persons or corporations owning land under the line of their ditches, and using water therefrom by reason of being such stockholders in said companies : And Provided, further, That said company or association shall have the right to close the headgate and refuse water to all such stockholders, owners or members who fail or refuse to pay said assessments after ten day's notice thereof, in writing, made by the president, agent or attorney of said company or association.

jours, fait par écrit par le président, agent ou avoué de la dite compagnie ou association.

Préservation des droits établis.

ARTICLE 977.

Ce titre ne sera en aucune manière interprété de façon à affaiblir ou à diminuer les droits déjà attribués à une ou plusieurs personnes, compagnie ou corporation, en vertu d'une loi en vigueur antérieurement.

Obligation pour le propriétaire d'un canal d'entretenir des ponts au passage des routes.

ARTICLES 1959.

Toutes personnes, compagnies ou associations de personnes, manœuvrant ou entretenant, en tout ou en partie, soit comme propriétaires, agents, occupants ou bénéficiaires, un fossé, un canal ou conduite d'eau n'étant pas un fleuve naturel, pour l'irrigation ou toute autre fin,

---

Vested Rights Preserved.

SECTION 977.

This title shall in no wise be construed as impairing or abridging any rights already vested in any person or persons, company or corporation, by virtue of the law heretofore in force.

Owner of Ditch Must Maintain Bridge at Road Crossing.

SECTION 1959.

Any person, company, corporation or association of persons, operating or maintaining in whole or in part, either as owners, agent, occupant or appropriator any ditch, canal or water course, not being a natural stream, for irrigation or any other and different purpose, shall put in, construct, maintain and keep in repair at his, her, its or their expense, for one year, where the same

placeront, construiront, conserveront et entretiendront
à leurs frais, pendant une année, à l'endroit où le fossé
ou le canal traverse une grand'route ou un chemin public,
un pont solide ayant une largeur d'au moins quatorze pieds.

Toute violation des dispositions de cet article constituera un délit et, après constatation, le délinquant payera
une amende ne dépassant pas cent dollars pour chaque jour
de retard où ce fossé, canal ou conduite d'eau ne sera pas
pourvu d'un pont ou sera pourvu d'un pont insuffisant et
non entretenu. Il est entendu qu'après l'expiration d'une
année à partir de la construction, l'inspecteur voyer des
routes du district intéressé visitera le pont après avoir
reçu avis par le ou les propriétaires du fossé, canal ou
conduite d'eau sur lequel le pont est construit ; si le pont
est trouvé en bonnes conditions, ce fonctionnaire l'accep-
tera pour le comté où il est situé et celui-ci sera ensuite
chargé de sa conservation (Chap. XXI, Loi de l'Etat de
1901).

---

crosses any public highway or publicly traveled road, a good substantial bridge, not less than fourteen feet in width, over such ditch,
canal or water course where it crosses such road. Any violation of
the provisions of this section shall be a misdemeanor, and upon conviction thereof, the person so offending shall pay a fine in any sum
not exceeding one hundred dollars for each day such ditch, canal or
water course shall be unbridged, insufficiently bridged to remain
out of repair. Provided, That after the expiration of one year,
from the construction of said bridge, the Road Supervisor of the
road district in which said bridge is located shall, upon being notified by the owner or owners of the ditch, canal or water course
over which such bridge is constructed, at once inspect said bridge,
and if it is found in good and lawful condition, shall accept the
same for the county in which it is located, and said bridge shall
thereafter be maintained by the said county. (Chap. 21, S. L.
1901.)

Lois générales d'incorporation.

Certificat d'une Compagnie de canaux.

ARTICLE 3066.

Lorsque trois ou un plus grand nombre de personnes se constituent en association sous l'empire de ce chapitre et forment une Compagnie aux fins de construire un ou plusieurs canaux pour amener l'eau en vue de l'exploitation de mines ou de moulins ou de l'irrigation de terrains, elles indiqueront ce qui suit dans leur certificat comme supplément aux matières requises dans l'article 3029 : Le ou les fleuves auxquels l'eau doit être prise ; le ressort du ou des canaux, aussi exactement que possible, et l'usage auquel l'eau doit être employée.

General Incorporation laws.

Certificate of Ditch Company.

SECTION 3066.

Whenever any three or more persons associate under the provisions of this chapter to form a company for the purpose of constructing a ditch or ditches for the purpose of conveying water to any mines, mills or lands to be used for mining, milling or irrigating of lands, they shall in their certificate, in addition to the matters required in Section 3029, specify as follows : The stream or streams from which the water is to be taken out ; the line of said ditch or ditches, as near as may be, and the use to which said water is intended to be applied.

Droit de passage pour une Compagnie de canaux.

Article 3067.

Toute Compagnie de canaux constituée sous l'empire des dispositions de ce chapitre aura droit de passage sur les terres indiquées dans le certificat, ainsi que le droit de faire écouler l'eau du ou des fleuves dénommés par son ou ses canaux. Il est entendu que les directions projetées n'entraveront aucun autre canal dont les droits sont plus anciens que ceux acquis sous le régime de ce chapitre et en vertu du dit certificat. D'autre part, l'eau d'aucun fleuve ne sera détournée de son cours primitif au détriment d'exploitants de mines, de moulins ou autres propriétés le long du dit fleuve, qui peuvent avoir une priorité de droit ; en tout temps, il sera laissé suffisamment d'eau dans le dit fleuve pour l'usage des exploitants de mines et des agriculteurs qui peuvent avoir un droit plus ancien à cette eau le long du dit fleuve.

Right of Way for Ditch Company.

Section 3067.

Any ditch company formed under the provisions of this chapter shall have the right of way over the lines named in the certificate, and shall also have the right to run the water of the stream or streams named in the certificate through their ditch or ditches : Provided, That the lines proposed shall not interfere with any other ditch whose rights are prior to those acquired under this chapter and by virtue of said certificate. Nor shall the water of any stream be directed from its original channel to the detriment of any miners, mill men or others along the line of said stream, who may have a priority of right, and there shall be at all times left sufficient water in said stream for the use of miners and agriculturists who may have a prior right to such water along said stream.

Vente d'eau par une Compagnie de canaux.

ARTICLE 3068.

Toute Compagnie construisant des canaux sous l'empire des dispositions de ce chapitre fournira de l'eau à la catégorie de personnes qui en font l'usage prescrit de la manière indiquée dans le certificat, soit à des exploitants de mines, à des meuniers ou fermiers, chaque fois qu'il y aura de l'eau non vendue dans ses canaux ; en tout temps, elle donnera la préférence à l'usage de l'eau dans les dits canaux à la catégorie de personnes dénommées dans le certificat aux prix fixés par les commissaires de comté, aussitôt que les canaux seront achevés et prêts à fournir de l'eau.

Maintien du canal en bon état.

ARTICLE 3069.

Toute Compagnie de canaux organisée en vertu des dispositions de ce titre sera requise de maintenir en

---

Ditch Company Shall Sell Water.

SECTION 3068.

Any company constructing a ditch or ditches under the provisions of this chapter shall furnish water to the class of persons using water in the way named in the certificate, as the way the water is designated to be used, whether miners, mill men or farmers, whenever they shall have water in their ditch or ditches unsold, and shall at all times give the preference to the use of water in said ditch or ditches to the class of persons so named in the certificate, the rates at which water shall be furnished to be fixed by the County Commissioners, as soon as such ditch or ditches shall be completed and prepared to furnish water.

Ditch to Be Kept in Good Condition.

SECTION 3069.

Every ditch company organized under the provisions of this

bon état les berges de son ou ses canaux, de manière que l'eau ne puisse s'en échapper au préjudice d'une mine, d'une route, d'un fossé ou autre propriété existants avant la construction du canal ; et lorsqu'il sera utile d'établir un canal au-dessus de ou à travers un filon ou une mine la Compagnie fera un aqueduc suffisant afin d'empêcher l'eau d'y pénétrer, pour protéger cette mine ou propriété contre l'eau du canal.

Il est entendu que lorsque le canal a un droit de priorité par suite de son établissement, les propriétaires de la mine ou de la propriété seront obligés de se protéger eux-mêmes contre tous les dommages qui pourraient en résulter, et le propriétaire de la mine sera responsable de tous les dommages causés au canal par les travaux ou opérations accomplis dans cette mine ou propriété.

Les Compagnies de canaux et d'irrigation peuvent émettre des obligations.

ARTICLE 3070.

Toute corporation organisée en vertu des lois de Wyo-

---

chapter shall be required to keep the banks of their ditch or ditches in good condition, so that the water shall not be allowed to escape from the same, to the injury of any mining claim, road, ditch or other property located and held prior to the location of such ditch ; and whenever it is necessary to convey any ditch over, or across, or above any lode or mining claim, the company shall, if necessary to keep the water of said ditch out from any claim, flume the ditch so far as necessary to protect such claim or property from the water of said ditch : Provided, That in all cases where the ditch has priority of right by location, the owners of such claim or property shall be compelled to protect themselves from any damages that might be created by said ditch, and the owner of such claim shall be liable for any damages resulting to said ditch

ming aux fins de construire ou de faire manœuvrer un système d'ouvrages hydrauliques, dans les limites légales d'une ville ou cité et toute Compagnie de canaux et d'irrigation organisée en vertu des lois de Wyoming auront le pouvoir de et sont autorisées, par la présente, à hypothéquer ou à engager par des actes fiduciaires, en tout ou en partie, leurs propriétés mobilières et immobilières et leurs privilèges, afin de garantir les fonds empruntés par elles pour la construction ou la manœuvre de leurs travaux hydrauliques ou canaux ; elles peuvent aussi émettre des obligations constituées, les rendre payables au porteur ou autrement, négociables par délivrance et les vendre à tels intérêt et prix qu'elles jugent convenir ; les dites obligations, de même que le principal et les intérêts seront rendus payables dans ou au dehors de cet Etat, aux moments et lieux à indiquer par la dite Compagnie.

Application des cinq articles précédents.

ARTICLE 3071.

Les cinq articles précédents s'appliqueront à toutes les

---

by reason of the works or operations performed on such claim or property.

Ditch and Water Companies May Issue Bonds.

SECTION 3070.

Every corporation organized under the laws of Wyoming for the purpose of constructing or operating a system of waterworks, within the corporate limits of any city or town, and every ditch and water company organized under the laws of Wyoming shall have power, and is hereby authorized to mortgage or execute deeds of trust, in whole or in part, of their real and personal property and franchises, to secure money borrowed by them for the construction or operation of their waterworks or ditches, and may

Compagnies de canaux formées et incorporées en vertu des lois de Wyoming.

Procédures d'expropriation des Compagnies de canaux, de télégraphes et autres.

ARTICLE 3084.

(Donne aux Compagnies de canaux le droit de domaine éminent).

Flottage de bois dans les fleuves.
(Chap. XVI, Loi de l'Etat de 1903.)

Devoirs du propriétaire.

ARTICLE PREMIER.

Toute personne, association ou corporation ayant le

---

also issue their corporate bonds, to make all of said bonds payable to bearer or otherwise, negotiable by delivery, and bearing interest at such rates, and may sell the same at such rates and prices as they may deem proper; and said bonds shall be made payable at such times, and the principal and interest thereof may be made payable within or without this State, at such place as may be determined upon by said company.

Application of Five Preceding Sections.

SECTION 3071.

The five preceding sections shall apply to all ditch companies already formed and incorporated under the laws of Wyoming.

Condemnation Proceedings by Ditch, Telegraph and Other Companies.

SECTION 3084.

(Gives ditch companies the right of eminent domain.)

désir ou l'intention de faire remonter ou descendre des troncs d'arbres ou du bois de charpente dans un fleuve de cet Etat devra, avant de commencer l'opération, s'adresser à l'ingénieur de l'Etat pour obtenir un permis de flottage. Cette demande sera faite par écrit et exposera que le flottage de bois sera fait avec toute la célérité possible et de manière à ne pas entraver ou endommager les canaux d'irrigation ou autres propriétés le long du fleuve sur lequel le flottage aura lieu. Le requérant sera invité par l'Ingénieur de l'Etat à fournir une caution à l'Etat du Wyoming jusqu'à concurrence de la somme qu'il juge suffisante, pour garantir que le flottage sera fait sans retard et que les propriétaires de canaux d'irrigation et de propriétés le long du fleuve sur lequel a lieu le flottage seront protégés.

Lorsque le permis est délivré, le requérant peut procéder au flottage sur les fleuves y mentionnés. Il est entendu

---

Floating Timber In Streams.
(Chap. 16, S. L. 1903.)

Duty of Owner.

Section 1.

Any person, association or corporation desiring or intending to drive or float logs, timber or lumber down or upon any stream in this State shall, before commencing operation, apply to the State Engineer for a permit to drive or float the same. Such application shall be in writing and shall state that the driving of such logs, timber or lumber will be conducted with all possible expedition and in such manner as not to interfere with or injure any irrigating ditch or other property along the stream on which said drive is to take place, and the applicant shall be required by the State Engineer to give bond to the State of Wyoming in such sum as the

cependant qu'aucun permis ne sera accordé pour autoriser le séjour dans un fleuve, pendant l'hiver, de troncs d'arbres et de bois de charpente ; l'ingénieur de l'Etat aura pour obligation de délivrer aux requérants un permis pour faire flotter les bois de charpente sur tous les fleuves de capacité suffisante, en se conformant aux dispositions précitées.

Pénalités.

ARTICLE 2.

Quiconque violera les dispositions de la présente loi encourra, après constatation, une amende ne dépassant pas cent dollars, ou un emprisonnement dans la prison du comté pendant trois mois au maximum, ou l'amende et l'emprisonnement à la fois.

State Engineer may deem sufficient, conditioned for the conducting of said drive without delay and for the protection of the owners of irrigating ditches and property along the stream whereon said drive is to be made. When said permit is issued the said applicant may proceed to conduct said drive upon the stream or streams therein mentioned. Provided, however, That no permit shall be granted allowing any logs, timber or lumber to be left in or upon any stream so as to be frozen in during winter, and it shall be the duty of the State Engineer to issue to all applicants a license to float timber or lumber on all streams of sufficient capacity, upon compliance with the provisions aforesaid.

Penalty.

SECTION 2.

Anyone violating any of the provisions of this act shall, on conviction, be fined in any sum not exceeding one hundred dollars, or imprisoned in the county jail not exceeding three months, or by both such fine and imprisonment.

Transfert de droits à l'eau
(Chap. LXXXXVII. Loi de l'Etat de 1905).

---

*Invalidité en cas de dommage à un propriétaire
privilégié.*

ARTICLE 1.

Le transfert d'un droit à l'eau de terrains sur lesquels
l'eau a été employée antérieurement sur d'autres terrains
ne sera pas valable lorsqu'il lésera un propriétaire anté-
rieur ou postérieur, ou ses ayants-cause, n'étant pas intéressé au transfert.

Transfert par contrat.

ARTICLE 2.

Tout transfert de droits à l'eau sera exécuté par contrat

Transfer of Water Rights.
(Chap. 97, S. L. 1905.)

Not Valid When Injurious to Any Prior Appropriator.

SECTION 1.

No transfer of any water right from any lands upon which the
water has heretofore been used to other lands shall be valid which
shall be injurious to any prior or subsequent appropriator, or his
assigns, not a party to the transfer.

Transfer by Deed.

SECTION 2.

Every transfer of water rights shall be by deed executed and
acknowledged in the manner provided for the execution and acknowledgment of deeds to real estate, and shall be recorded in the

et reconnu de la manière prévue pour l'exécution et la reconnaissance de contrats de propriété immobilière. Ce transfert sera enregistré au bureau du greffier du comté où il est fait usage de ce droit à l'eau, de la même manière que sont enregistrés les contrats fonciers; il sera en outre enregistré au bureau de l'ingénieur en chef de l'Etat de Wyoming.

Refus de reconnaissance par le Comité de contrôle.

ARTICLE 3.

Aucun membre du Comité de contrôle ou un commissaire des eaux ne sera obligé de tenir compte de ce transfert avant que le contrat n'ait été enregistré comme il est dit ci-dessus ; dans tous les cas, si le Comté de contrôle et les commissaires des eaux jugent que le transfert est préjudiciable à une personne quelconque non intéressée au transfert, ils auront le droit de refuser la reconnaissance de celui-ci jusqu'à ce que sa validité ait été

---

office of the County Clerk of the county in which such water right is used as deeds to lands are recorded, and shall also be recorded in the office of the State Engineer of the State of Wyoming.

Refusal to Recognize by Board of Control.

SECTION 3.

No member of the Board of Control, or a Water Commissioner, shall be required to take notice of such transfer until the deed of transfer shall have been recorded as aforesaid, and in all cases the Board of Control and Water Commissioners, if in their judgment the transfer is injurious to any person, not a party to the said transfer, shall have the right to refuse to recognize the same until the validity of such transfer shall have been established by the proper court. If such transfer is allowed by the irrigation officers

établie par le tribunal compétent.Si le transfert est autorisé par les fonctionnaires d'irrigation, avis en sera donné par publication dans un journal circulant dans le comté où le transfert est fait.Cette publication sera faite aux frais de la partie opérant le transfert.

Contrainte.

ARTICLE 4.

Dans tous les cas où le Comité de contrôle ou les commissaires des eaux refusent de reconnaître un transfert et empêchent en conséquence l'usage de l'eau, la ou les personnes possédant le droit à l'eau par ce transfert auront le droit d'intenter une action pour empêcher l'entrave du comité de contrôle ou des commissaires des eaux à l'emploi de la dite eau conformément au dit transfert ; cette action sera poursuivie comme toutes autres actions de contrainte.

---

a public notice shall be given by publication in a paper having general circulation in the county where the transfer is made. Such publication shall be made at the expense of the party making the transfer.

Injunction.

SECTION 4.

In all cases where the Board of Control or Water Commissioner refuses to recognize any transfer and prevents the use of the water in accordance therewith, the person or persons owning such water right by such transfer shall have the right to bring an action of injunction to prevent the interference by such Board of Control or Water Commissioner with the use of the said water in accordance with the said transfer, which said action of injunction shall be prosecuted in all respects as other actions for injunction.

Article 5.

La dite action sera introduite contre le commissaire, ou les membres du comité de contrôle s'opposant à l'usage dudit droit à l'eau conformément au transfert ; il en sera donné connaissance, par avis dans un journal et pendant le temps que le tribunal exigera, aux propriétaires d'eau sur le fleuve en cause. Il incombera à l'Attorney général de l'Etat de soutenir et de défendre les fonctionnaires d'irrigation dans tous les cas où ils seront partie dans une procédure judiciaire. Tout usager aura le droit d'intervenir dans la dite action de plein droit avec des arguments et des preuves appropriés pour faire déterminer complètement ses droits conformément à ce transfert ; dans le cas où il est ultérieurement établi qu'une contrainte a été faite à tort, tout intervenant qui en a souffert d'une façon quelconque, aura le même droit de poursuivre son action

---

Section 5.

The said action of injunction shall be brought against the Commissioner or the member or members of the Board of Control interfering with the use of the said water right in accordance with the transfer, and notice thereof shall be given by publication in such newspaper and for such time as the court may require to all appropriators of water upon the stream involved. It shall be the duty of the Attorney General of the State to appear for and defend the irrigation officials in all cases where they are made a party to any court proceedings. Any appropriator shall have the right to intervene in the said action, with full right by appropriate pleadings and evidence to have his rights in relation to the said transfer fully determined ; and in case any injunction has been granted which is thereafter found to have been wrongfully obtained, any such intervenor who has in any wise suffered from the said injunction shall have the same right to prosecute his action for damages upon the bond given in obtaining said injunction as if he

en dommages-intérêts, comme s'il avait été, à l'origine, partie à la dite action et mentionné dans la contrainte.

Preuve de validité dans les quatre ans.

ARTICLE 6.

Toute personne lésée par un transfert aura le droit d'établir le préjudice souffert par une action appropriée, en tout temps, dans une période de quatre ans après le changement de l'usage de l'eau conformément à ce transfert.

---

had been originally made a party to the said action and mentioned in the said injunction bond.

Test of Validity Within Four Years.

SECTION 6.

Any person aggrieved by any transfer shall have the right to test the validity of the same by appropriate action at any time within four years after the change of the use of the water in accordance with such transfer.

TABLE DES MATIÈRES

Les différents systèmes d'Irrigation.

Canada

Colombie britannique

Etats-Unis de l'Amérique du Nord.

II. — Législation de l'Etat de Wyoming.

Dispositions constitutionnelles.

34

PUBLICATIONS

DE

L'INSTITUT COLONIAL INTERNATIONAL

36, rue Veydt, à Bruxelles.

BIBLIOTHÈQUE COLONIALE INTERNATIONALE

20 fr. le volume.

1re Série. — **La Main-d'œuvre aux Colonies.** Documents officiels sur le contrat de travail et le louage d'ouvrage aux Colonies.
> Tome I. — Colonies allemandes. — État Indépendant du Congo. — Colonies françaises. — Indes orientales néerlandaises. — 1895.
> Tome II. — Inde britannique. — Colonies anglaises. — 1897.
> Tome III. — Colonies françaises (*suite*). — Surinam. — 1898.

2e Série. — **Les Fonctionnaires coloniaux.**
> Tome I. — Espagne. — France. — 1897.
> Tome II. — Pays-Bas. — État Indépendant du Congo. — Inde britannique. — 1897.

3e Série. — **Le Régime foncier aux Colonies.**
> Tome I. — Inde britannique. — Colonies allemandes. — 1898.
> Tome II. — État Indépendant du Congo. — Colonies françaises. — 1899.
> Tome III. — Tunisie. — Érythrée. — Philippines. — 1899.
> Tome IV. — Indes orientales néerlandaises. — 1899.
> Tome V. — Lagos. — Sierra-Leone. — Gambie. — Natal. — Bornéo septentrional britannique. — Cap de Bonne-Espérance. — Rhodésie. — Basutoland. — Iles Salomon. — Iles Fidji. — Côte-d'Or. — 1902.
> Tome VI (Premier supplément). — Colonies françaises. — Indes orientales néerlandaises. — Colonies allemandes. — 1905.

4e Série. — **Le Régime des protectorats.**
> Tome I. — Indes orientales néerlandaises. — Protectorats français en Asie et en Tunisie. — 1899.
> Tome II. — Les protectorats français en Afrique et en Océanie. — 1899.

5e Série. — **Les Chemins de fer aux Colonies et dans les pays neufs.**
> Tome I. — Rapport de la Commission spéciale nommée à Berlin. Conclusions des rapporteurs. — Questionnaire. — Réponses au questionnaire. — 1900.
> Tome II. — Congo. — Indian Midland Railway. — The Southern Mahratta Railway. — Usambara. — Sud-Ouest Brésilien. — Chili. — Transsibérien. — Inde portugaise. — 1900.
> Tome III. — Tunisie. — Algérie. — Sénégal. — Soudan. — Indes orientales néerlandaises. — Transvaal. — Angola. — 1900.

www.ingramcontent.com/pod-product-compliance
Ingram Content Group UK Ltd.
Pitfield, Milton Keynes, MK11 3LW, UK
UKHW021914070726
13614UKWH00001B/18